Experimentator

Die Bände der EXPERIMENTATOR-Reihe sind verfasst von erfahrenen Labor-Profis aus der akademischen Lehre und der forschenden Industrie. In lockerem Laborjargon wenden sie sich an Studierende, TAs und Laboranten, zeigen Auswege aus experimentellen Sackgassen und wecken ein Gepür für die richtige Methode zur rechten Zeit.

In Summa: Fachlich hervorragend. Gibt Denkanstöße, hat Spannung, reißt einen mit. Und lachen kann man auch. Was will man mehr? (Buchjournal)

Weitere Bände in der Reihe http://www.springer.com/series/8443

Sabine Schmitz
Christine Desel

Der Experimentator Zellbiologie

Sabine Schmitz
Jülich
Deutschland

Christine Desel
Kiel
Deutschland

Experimentator
ISBN 978-3-662-56110-2 ISBN 978-3-662-56111-9 (eBook)
https://doi.org/10.1007/978-3-662-56111-9

Die Deutsche Nationalbibliothek verzeichnet diese Publikation in der Deutschen Nationalbibliografie; detaillierte bibliografische Daten sind im Internet über http://dnb.d-nb.de abrufbar.

Springer Spektrum

Verantwortlich im Verlag: Sarah Koch
Zeichnungen: Dr. Martin Lay
Titelbild: „Versuch", Öl auf Leinwand, 60 x 80 cm, März 2001. © Prof. Dr. Diethard Gemsa, Im Köhlersgrund 10, 35041 Marburg, gemsa@staff.uni-marburg.de, www.gemsakunst.de

Springer Spektrum ist ein Imprint der eingetragenen Gesellschaft Springer-Verlag GmbH, DE und ist ein Teil von Springer Nature.
Die Anschrift der Gesellschaft ist: Heidelberger Platz 3, 14197 Berlin, Germany

„Ich möchte die Natur verstehen, ich möchte wissen, wie es dazu gekommen ist, dass etwas so ist, und zwar genau und nachprüfbar und nicht geglaubt oder kulturell eingeprägt".
Christiane Nüsslein-Volhard (deutsche Biologin, Nobelpreisträgerin für Physiologie oder Medizin 1995)

Vorwort zur 1. Auflage

Bücher über Zellbiologie gibt es viele – allerdings gab es bis jetzt noch keins aus der „Experimentator-Reihe". Wer bereits Bücher aus dieser Reihe kennt weiß, dass alle Autoren die jeweilige Materie aus eigener Erfahrung genau kennen und daher auch wissen, wo gerade für den Einsteiger Informationsbedarf besteht und wo im methodischen Bereich der Teufel im Detail steckt. Nach dem „Experimentator Zellkultur" wollte ich dieses Mal einen Koautor dabei haben, der zwei Kapitel über Mikroskopie übernimmt. Die Suche nach einer geeigneten Person gestaltete sich schwieriger und langwieriger als gedacht. Durch die schnelle und unkomplizierte Unterstützung von Christine Desel, die als Beitragsautorin beim „Romeis Mikroskopische Technik" Expertisen im Bereich Mikroskopie und Schreiberfahrung im Fachbuchbereich mitbrachte, konnten wir den „Experimentator Zellbiologie" durch zwei spannende Kapitel erweitern.

Gemeinsam haben wir versucht ein möglichst anwenderfreundliches Werk zu schaffen, mit dem auch der Einsteiger angesichts der Informationsfülle in der Zellbiologie es schafft, sich einen Überblick über die wichtigsten Grundlagen in Theorie und Praxis anzueignen. Der erfahrene Experimentator-Leser wird an der einen oder anderen Stelle ein Dejavu haben, denn einige Manuskriptpassagen sowie die dazu gehörenden Abbildungen sind der 3. Auflage vom „Zellkulturexperimentator" entnommen. Das erschien an den Stellen sinnvoll, wo es Überschneidungen zwischen Zellkultur und Zellbiologie gibt.

Wie auch schon beim „Experimentator Zellkultur" war mir das Lesevergnügen wieder sehr wichtig, deshalb habe ich mich bemüht leicht verständlich zu schreiben und an der einen oder anderen Stelle ein bisschen Zahlenakrobatik zu betreiben. Diese Art dem Leser relevante Informationen auf unterhaltsame Art darzubieten ist vermutlich bisher in keinem anderen Zellbiologiebuch zu finden.

Christine Desel und mir hat das Schreiben des „Experimentators Zellbiologie" jedenfalls viel Spaß gemacht, und so hoffen wir, dass auch die Leserin und der Leser viel Freude am Schmökern haben, neugierig bleiben und erfolgreicher (er)forschen.

Sabine Schmitz
Linnich, im Februar 2018

Danksagungen zur 1. Auflage

» Will das Glück nach seinem Sinn
Dir was Gutes schenken,
sage Dank und nimm es hin
ohne viel Bedenken.
Jede Gabe sei begrüßt,
doch vor allen Dingen
das, worum Du Dich bemühst
möge Dir gelingen.
Wilhelm Busch

Am Herstellungsprozess des „Experimentators Zellbiologie“ waren direkt oder indirekt viele engagierte Kolleginnen und Kollegen beteiligt. So ist es in erster Linie der Hartnäckigkeit von Programmplaner Ulrich Moltmann vom Springer Spektrum Verlag geschuldet, dass ich das Projekt „Experimentator Zellbiologie“ überhaupt begonnen habe. Er war es, der mich dazu ermutigt und auch zu Beginn des Buchprojektes begleitet hat.

Einen ganz entscheidenden Beitrag zur fachlichen Qualität dieses Buches haben meine Kolleginnen Carola Müller und Simone Mörtl geleistet. Carola hat auch diesmal, wie schon beim „Experimentator Zellkultur“, die undankbare Aufgabe der fachlichen Redaktion übernommen und mit großem Interesse und Engagement redigiert, korrigiert und kommentiert. Auch Simone mit ihrer Expertise über DNA-Reparatur war mir eine geduldige und wirklich wertvolle Hilfe bei der Erstellung von ► Kap. 7. Von der stets konstruktiven Kritik, die in den vielen Anregungen und Vorschlägen steckte, hat der „Experimentator Zellbiologie“ enorm profitiert. Danke auch an Susann Frank und Ulf Geisen, die kritisch gelesen und hilfreiche Tipps gegeben haben, sowie allen, die mit ihren tollen Bildbeiträgen das Buch lebendig gemacht haben.

Außerdem danke ich Sarah Koch, der Nachfolgerin von Ulrich Moltmann, dafür, dass sie mich (uns) bis zum Ende des Weges begleitet hat, auch wenn es an der ein oder anderen Stelle nicht so einfach war. Besonderer Dank gebührt dem Lektorat des Verlags, speziell Bettina Saglio, die mich auch bei diesem Buchprojekt so hervorragend unterstützt hat. Ihre inzwischen jahrzehntelange Geduld mit mir ist wirklich bewundernswert. Im Endspurt hat uns auch der Grafiker Martin Lay unterstützt, damit Christines und meine Abbildungen „wie aus einem Guss“ aussehen. Bei derart vielen Abbildungen keine leichte Aufgabe.

Zum Schluss danken wir beide auch unseren Familien, denn wenn man schreibt kann man gerade nichts anderes machen und das bedeutet entweder Verzicht auf Aufmerksamkeit oder aber Beteiligung am Projekt. Aus dem Grund geht Christines besonderer Dank an ihre Tochter Jule, die ihr bei der Erstellung der Grafiken sehr viel geholfen hat. Ohne die Unterstützung unserer Familien und ohne die Gewissheit, dass sie hinter uns stehen, hätten wir dieses Projekt nicht verwirklichen können.

Euch allen vielen Dank!

Sabine Schmitz und Christine Desel

Inhaltsverzeichnis

Theoretische Grundlagen der Zellbiologie

S. Schmitz, C. Desel, *Der Experimentator Zellbiologie*, Experimentator,
https://doi.org/10.1007/978-3-662-56111-9_1

> Der Zweifel ist der Beginn der Wissenschaft.
> Wer nichts anzweifelt, prüft nichts.
> Wer nichts prüft, entdeckt nichts.
> Wer nichts entdeckt, ist blind und bleibt blind.
> Teilhard de Chardin (1881–1955)

Das folgende Kapitel soll dem Leser lediglich als Einstieg in die Zellbiologie dienen und bietet daher einen stark komprimierten Überblick. Der Fokus liegt dabei auf den eukaryotischen Zellen, wobei tierische und menschliche Zellen den Pflanzenzellen vergleichsweise gegenübergestellt werden. Da es über die prokaryotischen Bakterien eigene Fachliteratur gibt, werden sie an dieser Stelle nur der Vollständigkeit halber erwähnt.

Da sich das vorliegende Buch an Praktikanten, Bachelor-, Master- und Promotionsstudenten der Naturwissenschaften, aber auch an den fortgeschrittenen Zellbiologieexperimentator richtet, werden zudem Grundkenntnisse über die Cytologie vorausgesetzt. Wie für die Reihe „Der Experimentator" üblich, liegt der eigentliche Schwerpunkt auf den praktischen Arbeiten in der Zellbiologie, mit denen sich die weiteren Kapitel dieses Buches eingehend befassen.

1.1 Systematik der Lebewesen

Die erstmalige Einteilung der Lebewesen in **Prokaryoten** und **Eukaryoten** geht auf den französischen Biologen Edouard Chatton zurück und wurde von ihm 1925 eingeführt und veröffentlicht. Die neuere Systematik in der Einteilung der Lebewesen hingegen beruht auf drei Domänen, nämlich Eukaryoten (*Eukaryota* bzw. *Eukaryonta*; altgriechisch = gut, echt und *káryon* = Nuss, Kern), Prokaryoten (Bakterien; altgriechisch *pró* = vor, vorher und *káryon* wie oben Nuss, Kern) und schließlich den sogenannten **Archaeen** (Archebakterien; altgriechisch, *Archaeon* = uralt, ursprünglich), um die die moderne Systematik erweitert wurde.

Eukaryoten (bzw. Eukaryonten) werden alle Lebewesen genannt, die einen Zellkern besitzen, während Prokaryoten und Archaeen zu den Lebewesen ohne Zellkern gehören. Den Eukaryoten werden Einzeller, Algen, Pflanzen, Pilze, Tiere sowie der Mensch zugeordnet. Die Zellen von Eukaryoten nennt man **Eucyten** (◘ Abb. 1.1). Ihr Zellkern ist durch eine Doppelmembran vom umgebenden Cytoplasma abgegrenzt und enthält die Erbinformation in Form der Desoxyribonukleinsäure

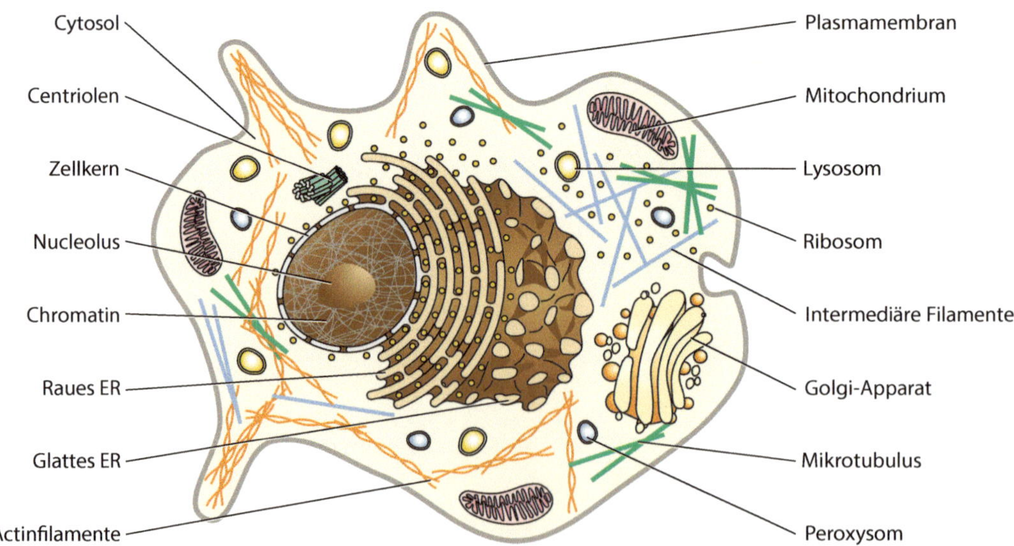

◘ **Abb. 1.1** Die eukaryotische Zelle (Eucyte). Der erwachsene Mensch besteht aus rund 100 Billionen solcher Zellen

(engl. *deoxyribonucleic acid*, DNA). Diesem spannenden Molekül des Lebens ist das ganze ► Kap. 7 gewidmet, daher verzichte ich an dieser Stelle auf weitere Erläuterungen.

Prokaryotische Zellen werden **Protocyten** genannt und im Gegensatz zu den Eukaryoten befindet sich bei ihnen die DNA frei im Cytoplasma. Der Bereich, in dem das bakterielle Genom lokalisiert ist, wird als Nucleoid (= Kernäquivalent) bezeichnet. Er ist dem Zellkern der Eukaryoten funktionell gleichwertig, denn er steuert durch die Genexpression das Wachstum, die Entwicklung und den bakteriellen Stoffwechsel. Die größten DNA-Moleküle der Prokaryoten bezeichnet man als Bakterienchromosomen. Darunter darf man sich allerdings keine Chromosomen vorstellen, wie sie beispielsweise bei Eukaryoten vorkommen. Bei Bakterien wie z. B. *Escherichia coli* besteht das DNA-Molekül aus einem ringförmigen Doppelstrang von etwa 1 mm Länge, welcher dicht strukturiert ist und entweder einzeln oder in wenigen Kopien vorliegen kann. Bei einigen wenigen Bakterien wie z. B. Borrelien und Streptomyceten ist die DNA linear. Darüber hinaus gibt es auch Bakterien, die über kleinere, meist ringförmige, manchmal auch lineare DNA-Moleküle verfügen, die sogenannte Plasmid-DNA. Diese ist autonom replizierend, wird jedoch nicht zum Bakterienchromosom gezählt. Glaubt man aktuellen Schätzungen, dann soll die Anzahl der Prokaryoten auf der Erde unglaubliche 4–6 × 10^{30} Protocyten betragen. Trotz dieser spannenden Fakten über Bakterien möchte ich mich ab jetzt auf die Zellbiologie der Eukaryoten konzentrieren.

Pflanzenzellen (◘ Abb. 1.2) gehören wie die Tier- und Pilzzellen zur Gruppe der Eukaryoten. Beim Vergleich mit tierischen und menschlichen Zellen offenbart sich ihr charakteristisches Merkmal: die Zellwand. Diese umgibt die Pflanzenzelle vollständig und verleiht ihr, zusammen mit der Zentralvakuole, Form und Festigkeit. Wichtigster Unterschied zwischen Pflanzen und tierischen Zellen ist das Vorhandensein der Plastiden, die in grünem Gewebe Chloroplasten und Orte der Fotosynthese sind. Welche Unterschiede und Gemeinsamkeiten es unter den Eukaryoten sonst noch gibt, ist in ◘ Tab. 1.1 einander gegenübergestellt.

Mit den Zellorganellen werden wir uns weiter unten in diesem Kapitel noch intensiver beschäftigen.

Nach diesem kleinen Ausflug in die Systematik sollen im Folgenden die wichtigsten theoretischen Grundlagen besprochen werden. Wer einen größeren Informationsbedarf hat als hier angeboten wird, der findet am Ende des Kapitels eine Reihe von Buchempfehlungen und

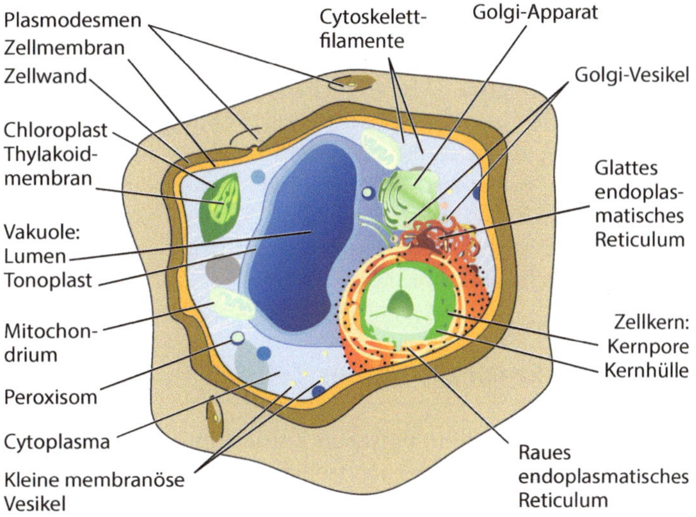

◘ **Abb. 1.2** Aufbau einer Pflanzenzelle. (Nach: http://www.biologie-schule.de/img/pflanzliche-zelle-pflanzenzelle)

Tab. 1.1 Gemeinsamkeiten und Unterschiede von humanen und tierischen Zellen im Vergleich zur Pflanzenzelle

Zelltyp	Humane/tierische Zelle	Pflanzenzelle
Gemeinsame Organellen	Zellkern, Mitochondrien, endoplasmatisches Reticulum (ER), Golgi-Apparat, Ribosomen	
	Unterschiede	
Zellwand	Keine	Vorhanden
Cytoskelett	von schwach bis stark	Vorhanden
Plastiden	Keine	Vorhanden
Vakuolen	Vorhanden	Zentralvakuole
Lysosomen	Vorhanden	Keine
Stützfunktion durch	Cytoskelett	Zellwand
Interzellulärer Kontakt durch	Desmosomen	Plasmodesmen
Energiespeicher	Glykogen	Stärke
Entgiftung	Peroxysomen	Glyoxysomen

Literaturquellen, die für eine tiefergehende Auseinandersetzung mit der Zellbiologie geeignet sind.

Fortfahren möchte ich mit einigen spannenden historischen Fakten über die wichtigsten zellbiologischen Entdeckungen und den interessierten Leser am Ende des Kapitels mit ein bisschen Zahlenakrobatik unterhalten.

1.2 Theoretische Grundlagen und historische Fakten

Zellen können als die kleinste lebende Funktionseinheit eines Organismus betrachtet werden. Der Name stammt aus dem Lateinischen (***cella*** = Keller, kleiner Raum). Im Griechischen werden Zellen auch ***cytos*** genannt. Sie sind der Grundbaustein aller im Körper vorkommenden biologischen Strukturen.

1.2.1 Die Entdeckung der Zellen

Der Beginn der zellbiologischen Entdeckungen kann auf die Mitte der 1660er-Jahre datiert werden. Sie sind eng mit der Entdeckung und Nutzung der Lichtmikroskopie verknüpft. Wen wundert es da, dass die „Zellen" von einem Mikroskopbauer, nämlich dem Engländer Robert Hooke, entdeckt wurden. Eigentlich untersuchte er Kork, als ihm poröse Strukturen auffielen, die er mit Klosterzellen verglich, in denen die Mönche lebten. Es handelte sich dabei um die Zellwände von abgestorbenen und daher leeren Zellen der Korkeichenrinde. Die Geburtsstunde der Zellbiologie ist allerdings untrennbar mit einem weiteren Namen verbunden. Der Niederländer Anton van Leeuvenhoek (Abb. 1.3) machte Mitte der 1660er-Jahre etwas, was auch heute noch gern in Schülerpraktika durchgeführt wird – er untersuchte das Leben im Wassertropfen mit einem seiner selbst gebauten Mikroskope. Was da so vor seinen Augen keuchte und fleuchte, nannte er *„animalcula"*. Diese „kleinen Tierchen" und auch verschiedene Bakterien, die er im Wasser, aber auch in seinem eigenen abgeschabten Zahnbelag fand und detailliert beschrieb, wurden von der damaligen Fachwelt misstrauisch zur Kenntnis genommen. Erst als Robert Hooke die Beobachtungen van Leeuvenhoeks bestätigte, fanden dessen Berichte Akzeptanz und er gelangte zu großer Berühmtheit.

■ **Abb. 1.3** Anton van Leeuvenhoek. (© Picture-alliance/MAXPPP)

Von der Entdeckung der Zellen und weiteren zellulären Strukturen wie etwa der Vakuole dauerte es allerdings weitere knapp 170 Jahre, bis 1838/39 die immense Bedeutung der Zellen erkannt wurde. Zwei deutsche Forscher gelten als Urväter der **Zelltheorie** – der Botaniker Matthias Schleiden und der Zoologe Theodor Schwann (■ Abb. 1.4). Schleiden beschäftigte sich 1838 mit Strukturvergleichen von pflanzlichen Zellen und mit dem Pflanzenembryo und formulierte aus seinen Beobachtungen die Zelltheorie für die Pflanzen. Schwann hingegen analysierte die zellulären Grundlagen tierischer Zellen. Nach ihm wurde die äußere Hülle der Nervenfaser benannt. Beim Vergleich von pflanzlichen mit tierischen Zellen stellte Schwann strukturelle Ähnlichkeiten fest. Noch im selben Jahr erweiterte er die Aussagen der Zelltheorie auf tierische Organismen. Auf diese Weise entstanden die **Lehrsätze der Zelltheorie**. Weiter ergänzt wurden diese Lehrsätze 1855 von dem deutschen Pathologen Rudolph Virchow (■ Abb. 1.5). Die Kernaussagen der Zelltheorie lauten:

1. Alle Organismen bestehen aus einer oder mehrerer Zellen.
2. Die Zelle ist die grundlegende strukturelle Einheit des Lebens.
3. Alle Zellen gehen durch Teilung aus bereits existierenden Zellen hervor.
4. Alle Zellen sind in ihrem Grundbauplan und biochemisch im Wesentlichen gleich aufgebaut.
5. Die Zelle ist die grundlegende Einheit für die Struktur und Funktion der Organismen.
6. Der grundlegende Metabolismus findet innerhalb der Zellen statt.
7. Genetisches Material und Erbinformationen werden bei der Zellteilung weitergegeben.

■ **Abb. 1.4** Matthias Schleiden (*links*) und Theodor Schwann (*rechts*). (© Picture alliance/Mary Evans Picture Library)

M. J. Schleiden

T. Schwann

Abb. 1.5 Rudolf Carl Virchow. (© Picture alliance/ akg images)

Was aus heutiger Sicht banal klingen mag, waren für die damalige Zeit fundamentale neue Erkenntnisse. Bis heute ist die Zelltheorie die Grundlage der modernen Zellbiologie.

1.2.2 Aufbau von Zellen

Um den Aufbau und die Funktion von Zellen zu verstehen, muss man sich zunächst mit ihren Eigenschaften beschäftigen. Betrachtet man Zellen unter dem Mikroskop, so stellt man fest, dass deren Inneres nicht leer, sondern im Gegenteil, ganz schön „voll" ist. Diese Beobachtung liefert Hinweise auf den hohen Organisationsgrad von Zellen und lässt Rückschlüsse auf die Komplexität zellulärer Vorgänge zu. Je mehr Elemente zusammenwirken müssen, um eine funktionelle Einheit zu bilden, desto mehr Kontrolle ist nötig, damit auch wirklich alles fehlerfrei und hübsch der Reihe nach abläuft. Voraussetzung dafür ist eine geringe Toleranz gegenüber Fehlern, was die Beschaffenheit und die Wechselwirkungen der beteiligten Komponenten angeht.

Bei der mikroskopischen Betrachtung fällt auf, was auch schon den Urvätern der Zelltheorie aufgefallen ist, nämlich dass es strukturelle Ähnlichkeiten zwischen verschiedenen Zelltypen gibt. So haben etwa die Zellorganellen bei allen Zelltypen eine bestimmte Form und Lage. Betrachtet man nun einen bestimmten Typ von Zellorganell, stellt man fest, dass sich auch hier der Aufbau wiederholt, weil sie immer wieder aus den gleichen Makromolekülen aufgebaut sind. Tatsächlich hat sich der Organisationsgrad im Verlauf der Evolution nur ganz allmählich verändert. Selbst die Zellen von Geweben unterschiedlicher Spezies sowie die Organellen, aus denen sie aufgebaut sind, weisen strukturelle Ähnlichkeiten auf. Auch viele grundlegende zelluläre Vorgänge, wie etwa die Proteinbiosynthese oder die Energiegewinnung, sind bei allen Lebewesen miteinander vergleichbar. Für jegliche Form von zellulärer Aktivität wird Energie benötigt, die in Form von chemischer Energie (Glucose; Adenosintriphosphat (ATP)) bereitgestellt wird. Selbst die einfachsten chemischen Reaktionen werden durch Enzyme katalysiert und reguliert.

Darüber hinaus zeigen Zellen mechanische Aktivitäten wie etwa den Umbau des Cytoskeletts oder auch Migration. Zellen reagieren auf eine Vielzahl von Stimuli (Licht, Nahrung, Botenstoffe, Wachstumsfaktoren etc.) oder auch auf schädliche Stoffe (z. B. Zellgifte, Strahlung, hohe Temperatur usw.). Bei vielzelligen Organismen wird die Reaktion auf solche Reize über Rezeptoren vermittelt.

Die gesamte Information über den Aufbau und die Funktion von Zellen ist in deren Genen verankert, die wiederum auf den Chromosomen liegen. Die Chromosomen werden bei der Zellteilung auf die Tochterzellen verteilt und die darin enthaltenen Informationen auf diese Weise von einer Zellgeneration an die nächste weitergegeben.

Die wichtigsten charakteristischen Eigenschaften von Zellen sind in Tab. 1.2 zusammengefasst [1].

1.2.3 Die Endosymbiontentheorien

Da Zellen über ein ausgesprochen vielseitiges „Interieur" verfügen, drängt sich die Frage nach der Herkunft der Zellorganellen auf. Tatsächlich kann der Ursprung der Zellarten und

Tab. 1.2 Charakteristische Eigenschaften von Zellen. (Modifiziert nach Karp [1])

Elementare Zelleigenschaften	Beschreibung
Evolution	Die „Urzelle" ist Ausgangspunkt für alle Entwicklungsprozesse, die Zellen in ihrer Evolution durchlaufen und zur Spezialisierung beitragen.
Hoher Organisationsgrad	Strukturelle Ähnlichkeiten im Aufbau von Zellen, Zellorganellen und Makromolekülen spiegeln den hohen Organisationsgrad wider, der Zellen und Geweben verschiedener Spezies gemeinsam ist.
Informationsspeicherung und -weitergabe	Jede Zelle speichert in ihrem Kern die genetische Information in Form von Chromosomen. Diese enthalten die Programme für Zellaktivitäten, Zellvermehrung und evolutionäre Veränderungen.
Zellvermehrung	Die Zelle vermehrt sich durch Verdopplung des Erbmaterials und anschließende Teilung der Mutterzelle in 2 Tochterzellen. Diese Vorgänge unterliegen genetischen Kontrollmechanismen.
Energiegewinnung und -verbrauch	Chemische Energie wird in Form von energiereichen Kohlenhydraten (Stärke, Glucose) bereitgestellt und nach Spaltung in leichter verfügbarer Form (z. B. ATP) gespeichert.
Zellstoffwechsel	Die Zelle funktioniert wie eine chemische Fabrik, in der der gesamte Stoffwechsel durch bestimmte Enzyme (Katalysatoren) beschleunigt wird.
Mechanische Aktivität	Migration, strukturelle Umbauten des Cytoskeletts und andere zelluläre Aktivitäten werden z. T. mithilfe von „molekularen Maschinen" (Motorproteine) ausgeführt.
Reaktion auf äußere und innere Reize	Externe und interne Stimuli (Nahrung, Botenstoffe, Hormone, Noxen etc.) werden über Rezeptoren ins Zellinnere geleitet und mit unterschiedlichen Reaktionen beantwortet. Darunter fallen z. B. Änderungen des Stoffwechsels, die Zellteilung und auch der Zelltod.
Selbstregulation	Regulationsmechanismen kontrollieren zahlreiche zelluläre Vorgänge, wie z. B. DNA-Verdopplung, Zellzyklus, Zellteilung, Proteinsynthese, Hormonsekretion usw., und sorgen für einen geordneten Ablauf. Dies wird an bestimmten zellulären Kontrollpunkten (Checkpoints) überprüft.

die Entstehung der Zellorganellen durch die Endosymbiontentheorie erklärt werden. Im Jahr 1883 formulierte der Botaniker Andreas Franz Wilhelm Schimper erstmals seine grundlegenden Gedanken zur Entstehung der Chloroplasten. Dann wurde es zunächst still um diese Theorie, bis sie 1905 von Konstantin Sergejewitsch Mereschkowsky, einem russischen Evolutionsbiologen, aufgegriffen wurde.

Die Endosymbiontentheorie ist eine Hypothese, die davon ausgeht, dass zumindest einige Zellorganellen der Eukaryotenzelle (Lebensform mit Zellkern, vergl. ▶ Abschn. 1.1) aus ursprünglich frei lebenden Prokaryoten (zelluläre Lebensform ohne Zellkern, z. B. einzellige Bakterien) entstanden sind. Bei allen Eukaryoten sind damit Mitochondrien und Plastiden, bei Pflanzenzellen darüber hinaus die Chloroplasten gemeint. Man geht davon aus, dass auf einer frühen Stufe der Evolution diese Organellen als Endosymbionten in die Zellen aufgenommen worden sind und sich in diesen „Urzellen" erst im Laufe der Zeit zu den hoch spezialisierten Zellorganellen, wie man sie heute kennt, entwickelt haben. Voraussetzung hierfür ist allerdings, dass der Endosymbiont zwar durch Phagocytose aufgenommen, aber von der Wirtszelle nicht verdaut wird. So sollen etwa aerobe Bakterien die Vorläufer der Mitochondrien gewesen sein, während Plastiden auf Cyanobakterien zurückgehen sollen. Für die Richtigkeit der Endosymbiontenhypothese spricht, dass Mitochondrien und Plastiden ihr eigenes genetisches Material in Form von DNA besitzen. Bei den Prokaryoten liegt sie als Ringstruktur und nicht an Histone (basische Proteine, die Bestandteil des Chromatins sind) gebunden vor. In Eukaryoten besitzen Mitochondrien und Plastiden eigene DNA und können sich innerhalb der Zelle eigenständig vermehren. Sie verfügen allerdings nicht mehr über genügend eigene Erbinformation, um eigenständig außerhalb der eukaryotischen Zelle leben zu können.

Ein weiteres zellanatomisches Merkmal ist die Doppelmembran, die die Organellen umgibt. Der Theorie zufolge soll die innere Membran vom Endosymbionten selbst abstammen, während die äußere bei der Aufnahme in die Wirtszelle von deren Zellmembran abgeschnürt wurde. Belege hierfür finden sich in der Beobachtung, dass die inneren Membranen tatsächlich über eine andere Zusammensetzung als die Membranen eukaryotischer Zellen verfügen. Beispielsweise enthält die innere Membran den bakteriellen Membranbaustein Cardiolipin, dafür fehlen charakteristische Membranbausteine eukaryotischer Zellen wie etwa Sterole (z. B. Cholesterol). Im Gegensatz dazu enthält die äußere Membran Sterole, aber wenig bis kein Cardiolipin, welches ein typischer Bestandteil der inneren Mitochondrienmembran ist. Die Endosymbiontentheorie ist als Hypothese zur Entstehung der Zellorganellen mittlerweile allgemein anerkannt [2, 3].

Die Evolution der Zellorganellen war aber damit noch nicht abgeschlossen, denn in chromophytischen Algen (Phytoplankton) findet man Organellen, die sogar vier Hüllmembranen besitzen. Um die Existenz solch komplexer Organellen zu erklären, musste die klassische Endosymbiontentheorie notwendigerweise noch ergänzt werden. Das führte schließlich zur Formulierung der sekundären Endosymbiontentheorie [4]. Eine der Erklärungsmöglichkeiten für die vielen Membranen komplexer Organellen ist die Aufnahme eines photosynthetisch aktiven Organismus durch die eukaryotische Wirtszelle. Weitere vielschichtige Ereignisse waren nötig, um die Evolution der Endosymbionten hin zu den gegenwärtigen Organellen voranzutreiben [5]. Die sekundäre Endosymbiontentheorie ist in ◘ Abb. 1.6 veranschaulicht.

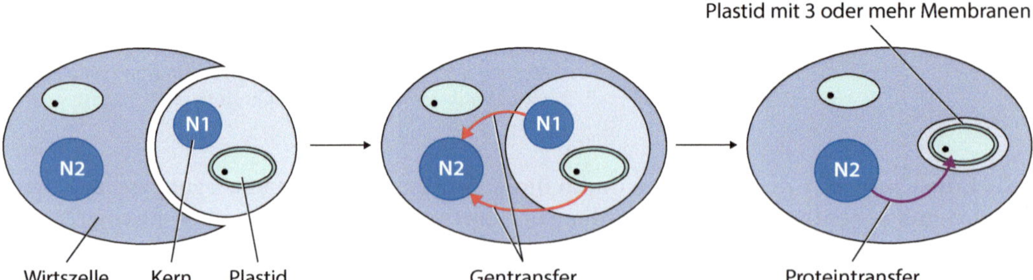

◘ **Abb. 1.6** Schema der sekundären Endosymbiose. Danach ging eine eukaryotische Wirtszelle mit einem anderen Eukaryoten eine Symbiose ein. Das Kerngenom des Endosymbionten (N1) wurde später sukzessive in den Kern der Wirtszelle (N2) ausgelagert. So wurden der Endosymbiont und dessen Plastid nach und nach zu einem *komplexen* Plastid der Wirtszelle umfunktioniert. (Mit freundlicher Genehmigung von Martin Neukamm, AG Evolutionsbiologie, http://www.ag-evolutionsbiologie.de)

Die einstigen Eindringlinge wurden „versklavt“ und verloren einen großen Teil ihres eigenen Genoms und damit ihre Autonomie. Daraus ergab sich der evolutionäre Zwang, Mechanismen zu entwickeln, die die Biogenese von Organellen und den Austausch von Metaboliten ermöglichten. Im Laufe dieser Prozesse erwarben die Endosymbionten viele Eigenschaften der Wirtszelle, verloren dafür jedoch viel von ihrer ursprünglichen eubakteriellen Identität und wurden schließlich zu den außergewöhnlich verschiedenartigen Organellen, wie wir sie heute vorfinden.

Damit ist die Geschichte aber immer noch nicht zu Ende, denn der höchste Grad der Komplexität von Organellen wurde bei einigen Dinoflagellaten (z. B. *Peridinium balticum, Glenodinium foliaceum*) entdeckt. Deren Chloroplasten besitzen sage und schreibe fünf Hüllmembranen. Die Existenz dieser komplexen Organellen wird durch die Aufnahme von photosynthetischen Symbionten mit sekundären Plastiden erklärt, was in der tertiären Endosymbiontentheorie formuliert ist. Eine solche tertiäre Endosymbiose wurde zwischen Kalkalgen und den oben erwähnten Dinoflagellaten nachgewiesen. Wer sich noch eingehender mit diesem spannenden Thema und den neuesten Betrachtungen auf diesem Gebiet beschäftigen will, dem sei die ausgewählte Literatur am Ende des Kapitels [6, 7] empfohlen.

Nach diesem spannenden Ausflug in die Entwicklungsgeschichte der Organellen gehen wir wieder zurück zu deren Entdeckung durch eine ganze Reihe verschiedener Wissenschaftler. Einen Überblick darüber, wann und von wem sie entdeckt und beschrieben bzw. begrifflich geprägt wurden, bietet ◘ Tab. 1.3.

1.2.4 Form und Funktion von Zellen

Obwohl alle Zellen gemeinsame Eigenschaften haben, können sie sich in Form und Funktion sogar sehr stark voneinander unterscheiden. Im menschlichen Körper gibt es mehrere Hundert verschiedene Zellarten, deren Form und Größe von deren Funktion bestimmt wird. So sind beispielsweise Nervenzellen lang und dünn, weil sie Signale von Gehirn und Rückenmark zu den Körperteilen und umgekehrt übermitteln und dabei regelrecht „Distanzen“ überbrücken. Die längsten Nervenzellen befinden sich daher in den Beinen, wo sie bis zu einem Meter lang sein können. Die meisten Epithelzellen hingegen sind polar aufgebaut und haben eine apikale (der Haut oder der Organoberfläche zugewandt) und eine dem Inneren zugewandte (z. B. Darmlumen, Drüse) basale Seite. Mundschleimhautzellen wiederum sind rund und flach, da sie eine Schutzschicht bilden und deshalb „zusammengepresst“ sind. Die roten Blutkörperchen (Erythrocyten) dagegen haben eine scheibenförmige Gestalt mit einer beidseitigen „Eindellung“ in der Mitte. Diese entsteht während der Entwicklung dieser Zellen, wenn der Zellkern abgebaut wird und dabei die Eindellung hinterlässt. Die Hauptfunktion der Erythrocyten besteht im Transport von Sauerstoff (O_2) und Kohlendioxid (CO_2) zwischen der Lunge und den Organen bzw. Geweben. Sie sind mit einem Durchmesser von 0,01 mm die kleinsten Zellen im menschlichen Körper. Zu den Minimalisten unter den Zellen gehören auch bestimmte Keimzellen, nämlich die Spermien. Ihr Kopf misst gerade mal 0,005 mm.

Veränderungen von Form und Größe können das Ergebnis von Differenzierungsprozessen sein, wie etwa bei bestimmten Bindegewebszellen, den Fibroblasten. Fibroblasten reifen nach und nach zu Fibrocyten heran, wobei sie ihre Form verändern. Als Fibroblasten haben sie eine längliche Form, viel Cytoplasma und zahlreiche Fortsätze, als Fibrocyten sind sie von spindelförmiger Gestalt ohne Fortsätze.

Größenveränderungen können sowohl durch externe wie auch durch interne Faktoren beeinflusst werden. So ändert sich die Größe infolge veränderter osmotischer Verhältnisse (Quellen bzw. Schrumpfen) genauso wie durch den Ablauf genetisch gesteuerter Prozesse wie etwa bei der Apoptose (Zelltod, vergl. hierzu ▶ Abschn. 6.2), die ebenfalls mit einer Zellschrumpfung einhergeht.

Tab. 1.3 Die Entdeckung der Zellorganellen

Organell	Jahr der Entdeckung	Entdecker
Vakuole	1660er-Jahre	Anton van Leeuwenhoek untersucht Bakterien und entdeckt dabei die Vakuolen
Zellmembran	1665	Robert Hooke prägt den Begriff „Zelle"
Zellkern	1833	Robert Brown entdeckt den „Nukleus" in Pflanzenzellen
Mitochondrien	1857	Albert von Kolliker entdeckt Mitochondrien in Muskelzellen
	1894	Richard Altmann erkennt sie als Zellorganellen
	1898	Carl Benda prägt den Begriff
Centriole/Centrosom	1883	Edouard Van Beneden entdeckt und beschreibt die Centrosomen
	1888	Theodor Boveri prägt den Begriff
Golgi-Apparat	1897	Camillo Golgi identifiziert die Struktur und benennt sie 1898 nach sich selbst
Cytoskelett	1931	Nikolai K. Koltsov vermutet, dass die Form von Zellen durch das tubuläre Netzwerk des Cytoskeletts bestimmt wird
		Paul Wintrebert prägt den Begriff
Cytosol	1935	Albert Claude, Christian de Duve und George E. Palade entdecken und beschreiben das Cytoplasma, sie erhalten 1974 dafür gemeinsam den Nobelpreis für Physiologie und Medizin
Endoplasmatisches Reticulum (ER)	1945	Albert Claude entdeckt das ER in Belgien
		Keith Porter am Rockefeller Institute in Amerika prägt den Begriff
Lysosomen/Peroxisomen	1949/1950	Christian de Duve entdeckt sie in Zellextrakten
	1954	J. Rhodin untersucht sie in Nierenzellen der Maus
Ribosomen	1940	Albert Claude entdeckt Ribosomen mittels Dunkelfeldmikroskopie
	1955	George E. Palade untersucht sie mittels Elektronenmikroskopie
Mikrotubuli	1953	Eduardo De Robertis und Carlos M. Franchi entdecken sie in Nervenzellen
	1963	Sabatini, Bansch und Barnette erklären die Struktur der Mikrotubuli
		David B. Slautterback erforscht deren Struktur in Süßwasserpolypen (Hydra)
Mikrofilamente/Actin	1968	Edward D. Korn entdeckt sie in Acanthamoeba
Intermediärfilamente	1968	Howard Holtzer entdeckt die neuen Filamente in Skelettmuskelzellen

1.3 Von der Zelle zum Organismus

Zellen sind die kleinste funktionelle Einheit eines Organismus. Sie sind in der Regel in höhere Organisationsformen eingebunden. Die nächst höheren Organisationsformen von Zellen sind Gewebe und Organe. Gleichartige Zellen arbeiten in funktionellen Einheiten zusammen, um eine bestimmte Aufgabe zu erfüllen und bilden so gemeinsam ein **Gewebe** (lateinisch = *tela*). Die Gewebelehre, auch **Histologie** genannt, ist die Lehre vom Aufbau, der Differenzierung und Funktion einzelner Gewebe. Die meisten Körperzellen sind zu Geweben zusammengefasst, wobei viele verschiedene Gewebetypen existieren. Trotz der stattlichen Anzahl von Geweben und Nebengeweben lassen sich die meisten Gewebe vier Hauptgruppen zuordnen. Dazu zählt man das Epithel, das Bindegewebe, das Muskel- und das Nervengewebe. Das Hautgewebe oder Epithel bedeckt die äußeren und inneren Oberflächen. Bindegewebe verbindet die Körperteile und hält sie an ihrem Platz, auch Knochen stellen eine spezielle Art von Bindegewebe dar. Die beiden anderen Typen sind die Muskeln und das Nervengewebe, das sich z. B. im Gehirn findet. Die Unterteilung der vier Grundgewebearten und deren Aufgaben und Funktionen ist in ◘ Tab. 1.4 zusammengefasst.

1.3.1 Differenzierung

Unter „Zelldifferenzierung" versteht man die Umwandlung einer Zelle aus einem Funktionszustand in einen anderen. Dies kann der Übergang von der Wachstumsphase in eine Ruhe- oder Dauerphase (z. B. Sporenbildung) sein. Häufiger und besonders bei Eukaryoten versteht man darunter den Übergang in einen speziellen Funktionszustand, wie es bei der Bildung von Geweben und Organen der Fall ist [8].

◘ **Tab. 1.4** Einteilung und Funktion der vier Grundgewebearten

Grundgewebearten	Unterteilung in	Aufgabe/Funktion
Binde-/Stützgewebe	Kollagenes, elastisches, retikuläres Bindegewebe, Fettgewebe, Sehnengewebe	Sichert den Zusammenhalt des inneren Körpergerüstes Formgebung durch die Binde- und Stützfunktion Abgrenzung, Polsterung einzelner Organe
	Knorpel, Knochen, Zähne	
Epithelgewebe	Drüsengewebe	Abgabe und Aufnahme von Stoffen (Sekretion, Resorption)
	Oberflächenepithel	Bedeckt äußere bzw. innere Oberflächen des Körpers, z. B. Oberflächenepithel von Haut/Schleimhaut, übt eine Schutzfunktion aus, z. B. Austrocknung, Barriere für Keime
	Sinnesepithel	Wahrnehmung, Aufnahme von Reizen
Muskelgewebe	Glatt, quergestreift	Teil des aktiven Bewegungsapparates
	Herzmuskulatur	Besitzt kontraktile Eigenschaften
	Skelettmuskulatur	Aufrechterhaltung von Dauerspannung, motorische Funktion
Nervengewebe	Peripher (Nervenbahnen)	Dient der Verarbeitung und Fortleitung von Nachrichten
	Zentrales Nervensystem (Gehirn)	Empfang und Verarbeitung von rezeptorvermittelten Reizen Kommunikation mit inneren Körperstrukturen und Außenwelt

Der Prozess der Differenzierung ist mit einer Einschränkung von Fähigkeiten (Verlust der Toti-, Pluripotenz; vergl. Abb. 1.7) verbunden und führt u. a. zu charakteristischer Enzymausstattung und meistens zu einer Veränderung der Morphologie der Zelle. Die differenzierten Zellen befinden sich dann in der G_0-Phase (vergl. hierzu ▶ Kap. 5).

Während des Differenzierungsablaufs werden Hunderte von Genen aktiviert, exprimiert oder deaktiviert. Man spricht dann von differenzieller Genaktivierung. Mit der Etablierung der molekularbiologischen Techniken Ende der 1980er- und Anfang der 1990er-Jahre ist die differenzielle Genaktivierung Gegenstand zahlreicher Forschungsvorhaben, wobei Steuerung und Regulation dieser Prozesse von besonderem Interesse sind.

Bereits in einem frühen Entwicklungsstadium eines Lebewesens findet gleichzeitig mit der Zellvermehrung ein Differenzierungsprozess statt. Bei niederen Organismen führen oft schon Änderungen einzelner äußerer Faktoren, wie z. B. die Änderung der Kohlenstoff- oder Stickstoffkonzentration, zur Induktion von Differenzierungsvorgängen. In vielzelligen Organismen ist die Differenzierung ein äußerst komplexer Vorgang, der durch eine Vielzahl von Faktoren induziert und beeinflusst wird. Dazu gehören beispielsweise Polarität, Konzentrationsgradienten, Nachbarschaftsverhältnisse, neurale und oder chemische Reize.

Eine besondere Situation liegt bei den Tumorzellen vor. Eine differenzierte Zelle kehrt unter dem Einfluss verschiedenster möglicher Transformationsfaktoren (Mutagene, Viren, Onkogene) aus der G_0-Phase in die Teilungsphase zurück und verlässt diese dann nicht mehr. D. h. die Zellen haben die Proliferationskontrolle, der sie im Gewebe unterliegen, verloren. Dabei verlieren sie und ihre Tochterzellen die im Verlauf der Differenzierung erworbenen gewebsspezifischen Eigenschaften und Funktionen – der Tumor ist dedifferenziert. Eine andere Möglichkeit der Tumorentstehung ist das Fehlen einer Differenzierung, der aus pluripotenten Stammzellen hervorgegangen Tochterzellen.

1.3.2 Die Keimblätter

Die drei Keimblätter sind Gewebecluster, die sich im Rahmen der Embryogenese bilden. Sie entstehen nach der Befruchtung durch Zellteilung aus der Zygote über die Embryonalstadien Morula (lat. *morum* = Maulbeere, auch Maulbeerkeim) und Blastozyste (griechisch *blasto, kystis* = Blase, auch Blasenkern),

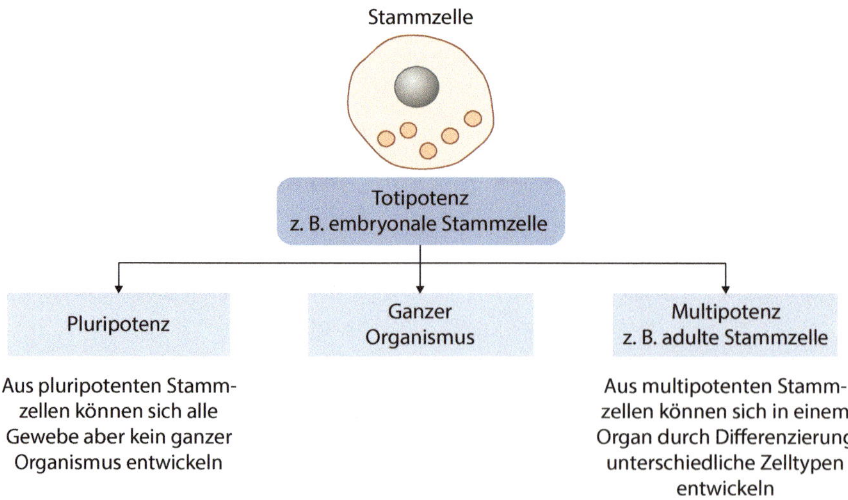

Abb. 1.7 Je nach Differenzierungspotenzial können sich aus embryonalen Stammzellen die unterschiedlichsten Zelltypen entwickeln

aber auch durch Zellwanderung bei der Gastrulation (Gastrula = Becherkeim). Während dieser Phase der menschlichen Embryogenese stülpt sich die Blastozyste ein und im Anschluss erfolgt die Bildung der drei Keimblätter. Zunächst entwickelt sich aus der Blastozyste eine zweischichtige Struktur, nämlich das innere (Entoderm) und das äußere Keimblatt (Ektoderm). Das Entoderm wird auch als Urdarm oder Archenteron bezeichnet, die Öffnung des Entoderms nach außen wird „Urmund" (Blastoporus) genannt.

Durch Wanderung und Verlagerung von Zellen schiebt sich dann das Mesoderm zwischen Entoderm und Ektoderm. Dabei entsteht die Struktur aus drei Keimblättern, wie sie typisch für den Embryo ist. Von den Keimblättern leiten sich alle Strukturen des menschlichen Körpers ab, die im Verlauf der Organogenese (Organbildung) und Histogenese (Gewebebildung) entstehen.

1.3.3 Verlauf der Keimblattentwicklung

Im Verlauf der frühen Embryonalentwicklung werden im Keim drei flache, „blattartige" Zelllagen im Keimschild angelegt, aus denen dann durch Zelldifferenzierungen ganz bestimmte Organsysteme hervorgehen, wie in ◘ Tab. 1.5 dargestellt ist. Aus dem außen liegenden Keimblatt, dem Ektoderm, entstehen u. a. die Oberhaut (Epidermis) mit Haaren und Nägeln, die Hautdrüsen einschließlich der Milchdrüse, das gesamte Nervensystem und die Sinneszellen, die äußeren Geschlechtsorgane und der After. Aus dem innen liegenden Keimblatt, dem Entoderm, entwickeln sich z. B. die Atmungs- und Verdauungsorgane, Harnblase, Harnröhre und der Scheidenvorhof. Das dazwischen liegende mittlere Keimblatt, das Mesoderm, ist der Ursprung der Lederhaut (Corium) und der Unterhaut (Subcutis), der Epithelien im Mund (einschließlich der Zunge) und der Nase, der Skelettmuskulatur, des Bindegewebes, des Skeletts, der Kreislauforgane und des Blutes, der Niere mit dem Harnleiter und der inneren Geschlechtsorgane.

Entwicklungsgeschichtlich wird jedes Keimblatt einem anderen Teil des Gehirns zugeordnet. So etwa wird das Ektoderm der Großhirnrinde zugeschrieben, während das Mesoderm dem Kleinhirn (Cerebellum) sowie dem Marklager des Großhirns zugeordnet wird. Hierbei handelt es sich um eine Ansammlung von Nervenfasern, die entweder von Nervenzellen der Großhirnrinde weg- oder zu ihr hinziehen. Das Entoderm schließlich gehört zum ältesten Hirnteil, dem Stammhirn.

Zum Schluss muss der Vollständigkeit halber noch die Keimblatt-Theorie erwähnt werden. Laut dieser Theorie steht das Ektoderm für das „Empfindungssystem" des Menschen und damit für die Empfindungsenergie, das innere Denk- und Gefühlsleben. Während das Mesoderm das „Bewegungssystem" darstellt und damit die Bewegungsenergie repräsentiert, steht das Entoderm für das „Ernährungssystem" und damit für die Ruheenergie. Auf diesen Betrachtungen beruht die Naturelllehre nach Carl Huter [9]. Diese Lehre besagt, dass die Keimblätter für unterschiedliche quantitative und qualitative Kräfte stehen, die im Verhältnis zueinander zu bestimmten Körperbau-, Verhaltens-, Bedürfnis- und Charaktertypen des Menschen führen.

1.3.4 Organe und Organsysteme

Die nächsthöhere Organisationsstufe ist das **Organ**, welches ein spezialisierter Körperteil bzw. eine Funktionseinheit aus verschiedenen Geweben eines Organismus darstellt. Der Begriff „Organ" stammt aus dem Altgriechischen (*organon*) und bedeutet „Werkzeug". Organe sind zu eigenständiger Leistung fähig und erfüllen hochspezialisierte Aufgaben. Das Herz enthält zum Beispiel Haut-, Nerven- und Muskelgewebe, und das Ganze wird von Bindegewebe zusammengehalten. Zusammen pumpen diese Gewebe das Blut durch den Körper. Auch Augen, Gehirn und Leber sind Organe. Das größte Organ des menschlichen Körpers ist jenes, welches ihn umgibt, nämlich die Haut.

Tab. 1.5 Die Keimblätter und die sich daraus entwickelnden Organe und Organsysteme

Keimblatt	Gewebe und Organe, die aus dem Keimblatt gebildet werden
Äußeres Keimblatt (Ektoderm)	Sinnesorgane
	Ein- und Ausgänge (Mund, Anus)
	Schleimhäute, Haut (Cutis)
	Äußere Geschlechtsteile
	Zähne
	Muskulatur
	Zentrales und vegetatives Nervensystem, Gehirn, Rückenmark
Mittleres Keimblatt (Mesoderm)	Knochen und Skelettmuskulatur
	Innere Muskulatur, z. B. Interkostalmuskulatur, glatte Muskulatur der Eingeweide
	Blut, Blutgefäße, Herz und Milz
	Innere Häute (z. B. Zwerchfell) und Bindegewebe
	Lymphknoten und Lymphgefäße
	Nieren und Nebennierenrinde
	Keimdrüsen, innere Geschlechtsorgane
	Mikroglia (Immunzellen des Zentralen Nervensystems)
Inneres Keimblatt (Entoderm)	Verdauungsorgane (Speiseröhre, Magen, Darm) inklusive seiner Drüsen, jedoch mit Ausnahme von Mundhöhle und Anus
	Atmungsorgane (Lunge)
	Stoffwechsel (Leber, Pankreas)
	Schilddrüse
	Thymus
	Harnblase und Harnröhre

Auch mehrere Organe arbeiten funktionell zusammen und bilden ein **Organsystem**. Der Mensch verfügt über insgesamt neun Organsysteme (siehe Abb. 1.8), die ganz unterschiedliche Funktionen haben. Das Skelett- und Muskelsystem übt eine Stützfunktion aus. Es sorgt dafür, dass der menschliche Organismus den nötigen Halt bekommt, was letztlich Voraussetzung für die Fähigkeit zur Bewegung ist. Das Nerven- und Hormonsystem ist verantwortlich für die Koordination der Körpertätigkeiten und das funktionelle Zusammenspiel verschiedener Organe bzw. Organsysteme. Das Kreislaufsystem besteht aus Herz, Blutgefäßen und Blut. Seine Aufgabe liegt im Transport des Blutes durch den Körper und gewährleistet damit die Versorgung von z. B. der Muskeln mit Sauerstoff. Das Atemsystem bestehend aus Lunge und Atemwegen dient dem Gasaustausch. Im Verdauungssystem arbeiten Darm, Leber und Bauchspeicheldrüse zusammen, um gemeinsam die zugeführte Nahrung zu verwerten und daraus nützliche Nähr- und Mineralstoffe zu gewinnen. Dazu wird die Nahrung zerkleinert, durch Verdauung in seine Bestandteile aufgespalten und schließlich abgebaut. Das Ausscheidungssystem beseitigt anschließend die bei der Verdauung entstehenden Abfallstoffe durch Ausscheidung aus dem Organismus. Das Fortpflanzungssystem dient der Vermehrung und sorgt für die Erhaltung der Spezies. Die verschiedenen Organsysteme bilden schließlich zusammen den gesamten Organismus des Menschen. Einen Überblick über die verschiedenen Organisationsstufen bietet Abb. 1.9.

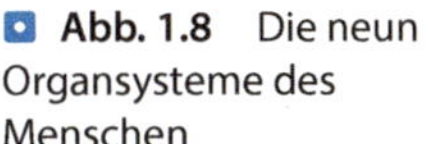

Abb. 1.8 Die neun Organsysteme des Menschen

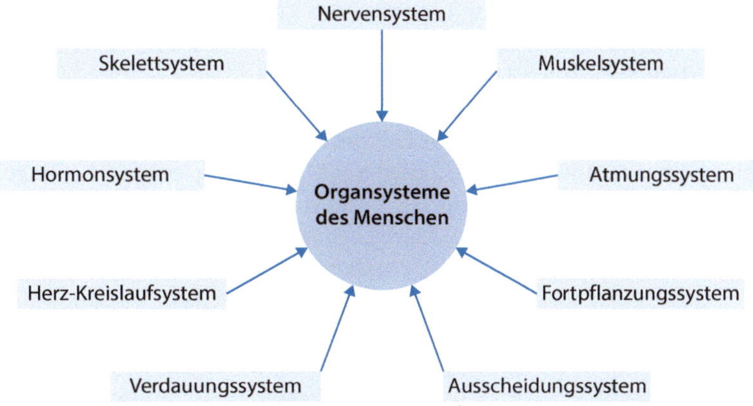

Zelle	Gewebe	Organe	Organsysteme	Organismus
z. B. Blutzelle, Nervenzelle, Hautzelle usw.	z. B. Bindegewebe, Nervengewebe, Muskelgewebe	z. B. Herz, Gehirn, Lunge, Magen	z. B. Atmungssystem, Verdauungssystem, Ausscheidungssystem	z. B. Mensch

Abb. 1.9 Von der Zelle zum Organismus am Beispiel des Menschen

1.4 Ein bisschen Zahlenakrobatik und Bemerkenswertes …

1.4.1 … über das Blut

So verschieden wie die Blutzellen selbst, ist auch ihre Lebensdauer im menschlichen Körper. Lymphocyten z. B. haben eine sehr variable Lebenserwartung, sie können 5 Tage oder sogar viele Jahre alt werden. Die meisten Blutzellen jedoch sterben nach etwa 120 Tagen ab. Doch bevor sie das tun, zirkulieren sie im Blutkreislauf und legen dabei enorme Strecken zurück, die bis zu 1600 km betragen können. Auch die Umlaufleistung des Blutes im Blutgefäßsystem ist beeindruckend. Man hat berechnet, dass bei einem erwachsenen Mann (bezogen auf 6 Liter Blutvolumen) das Blut mehr als 1000-mal pro Tag durch das 100.000 km lange Gefäßsystem gepumpt wird. Das entspricht einem Umlaufvolumen von 7000 Litern. So gesehen sind unsere Blutzellen echte Marathonläufer. Das ist aber noch längst nicht alles. Hätten Sie gewusst, dass sich im menschlichen Blut durchschnittlich 25 Billionen rote Blutkörperchen (Erythrocyten) befinden? Bricht man das herunter auf einen Bluttropfen von der Größe einer Stecknadel, dann befinden sich darin immerhin noch 5 Millionen Erythrocyten. Diese Transportspezialisten erfüllen eine äußerst wichtige Aufgabe, denn sage und schreibe 17.5000-mal werden Sauerstoff und Kohlendioxid auf- bzw. abgeladen. Legt man alle 25 Billionen Erythrocyten (bezogen auf ein durchschnittliches Blutvolumen von 5 Litern) nebeneinander, ergibt sich daraus eine Fläche von 3800 m^2. Das ist mehr als ein halbes Fußballfeld – und das bei einer Zellgröße von nur knapp einem Tausendstel Millimeter! Auch die Neubildungsrate ist beachtlich: Von den 25 Billionen Erythrocyten wird knapp 1 % täglich erneuert. Das entspricht einer Neubildungsrate von 160 Millionen Zellen pro Minute bzw. 230 Milliarden Zellen pro Tag. Rechnet man das noch weiter um auf die Bildungsmenge pro Sekunde, sind es immer noch 2,7 Millionen.

Unser Blut betätigt sich nicht nur als Zulieferer, sondern auch als Müllabfuhr, denn es befreit die Zellen von Abfallstoffen und entgiftet so den Körper. Haben die Blutzellen das Ende ihres Lebens erreicht, werden sie aus dem Organismus entfernt und finden ihre letzte Ruhestätte in der Milz.

1.4.2 … über den Darm

Der menschliche Darm ist zwischen 5,5 und 7,5 m lang. Rund einmal pro Woche erneuert sich die Darmschleimhaut. Das ist jenes Gewebe, das den Darm auskleidet und unter anderem für die Aufnahme von Nährstoffen aus dem Darm ins Blut zuständig ist. Diese Zellen werden sehr stark beansprucht und unterliegen einer hohen Abnutzung. Aus diesem Grund ist ihre Lebensdauer sehr kurz, und verschlissene Zellen müssen regelmäßig durch neue ersetzt werden. Dünndarmzellen haben eine durchschnittliche Lebenserwartung von etwa 1,4 Tagen. Im Dickdarm liegt sie mit 10 Tagen etwas höher. Bei einem Erwachsenen werden pro Tag etwa 200 g Darmzellen abgebaut und durch neue Zellen ersetzt. Dieser enorme Neubildungsbedarf führt dazu, dass der Mensch im Laufe einer angenommenen Lebenszeit von etwa 80 Jahren rechnerisch etwa 6000 kg Darmzellen gebildet hat. Im Darm befindet sich zudem eine ganz stattliche Anzahl von Untermietern, nämlich bis zu 100 Billionen Bakterien. Das sind zehnmal mehr als der Mensch Körperzellen hat.

1.4.3 … über die Haut

Die menschliche Haut ist eines unserer vielseitigsten Organe. Sie nimmt verschiedene wichtige Aufgaben wahr und besitzt faszinierende Eigenschaften, denn sie ist wasserdicht, abwaschbar und elastisch. Der strukturelle Aufbau gliedert sich in Oberhaut (Epidermis), Lederhaut (Dermis) und Unterhaut (Subcutis). Die Epidermis (griech. *epi* = auf, darauf, über; *derma* = Haut) ist lediglich 0,07 bis 0,12 mm dick und wiegt etwa 500 g. Ihre Hauptaufgabe besteht darin, den Körper vor Giften und Krankheitserregern zu schützen. Diese äußerste, sichtbare Hautschicht ist empfindungslos und besteht zum größten Teil aus Hornzellen, die ständig neu gebildet werden. Gleichzeitig werden alte Zellen abgestoßen, so dass sich die Oberhaut nach durchschnittlich 19,2 Tagen erneuert hat. Im Zusammenhang mit der Erneuerung der Haut hat sich der Begriff der „Zellmauserung" etabliert.

Die Haut bildet auch Finger- und Fußnägel sowie Haare. Letztere wärmen uns und nehmen Tastempfindungen wahr. Der Tastsinn ist erst in der zweiten Hautschicht, der Dermis, angesiedelt. Ein Erwachsener besitzt je nach Körpergröße eine Hautoberfläche zwischen ca. 1,65 und 2 m^2. Ihr Gewicht kann bis etwa 13 kg betragen, was etwa 1/6 unseres durchschnittlichen Körpergewichts entspricht. Das bedeutet, dass die Haut nicht nur das größte, sondern auch das schwerste Organ des Menschen ist. Hätten Sie gewusst, dass sich auf gerade mal 1 cm^2 sage und schreibe 6.000.000 Hautzellen sowie 100 Schweißdrüsen, 15 Talgdrüsen, 5000 Sinneskörperchen, 200 Schmerzpunkte, 25 Druckpunkte, 12 Kältepunkte und 2 Wärmepunkte befinden? Unglaublich, nicht?

1.4.4 … über das Gehirn

Im Gehirn des Menschen verrichten etwa 20 Milliarden Nervenzellen ihren Dienst. Allerdings sterben davon bis zu 100.000 pro Tag ab, was zum Glück nur dem 200-Tausendstel unseres Hirnzellenreservoirs entspricht. Man kann es auch anders ausdrücken: Der tägliche Hirnzellverlust beim Menschen ist immerhin vergleichbar mit der Hirnzellmasse eines Fliegenhirns, welches bei der Stubenfliege etwa die Größe eines Stecknadelkopfes hat.

Große Preisfrage für Hirnakrobaten: Wenn das Hirn der Fruchtfliege *Drosophila melanogaster* über ca. 100.000 Neuronen verfügt, wie viele Fruchtfliegengehirne entsprechen durchschnittlich einem menschlichen Gehirn?[1]

1.4.5 Wie viele Zellen hat ein erwachsener Organismus?

Um den Leser nicht unnötig auf die Folter zu spannen: Es sind unvorstellbar viele. Ein erwachsener Mensch beherbergt sage und schreibe 10^{14} oder 100 Billionen oder noch anders ausgedrückt 100.000.000.000.000 einzelne Zellen in seinem Körper. Würde man diese gigantische Anzahl von Zellen wie eine Perlenkette aneinanderreihen, dann wäre sie vier Millionen Kilometer lang – das reicht für etwa 100 Erdumrundungen. Selbst wenn man eine Zelle pro Sekunde an die nächste Zelle reihen würde, so hätte man das Ziel erst nach über drei Millionen Jahren erreicht. Die Neubildungsrate beträgt ungefähr 1 Million neue Zellen pro Stunde. Hierbei muss man allerdings berücksichtigen, dass manche Gewebe, wie die Haut und auch das Darmepithel, enorm hohe Neubildungsraten aufweisen, die von diesem Wert abweichen können. Auf diese Weise kommt eine beträchtliche Biomasse zustande, die der Mensch im Laufe seines Lebens produziert.

Erfasst man das alles in seiner Gesamtheit, erkennt man, dass der menschliche Körper und seine Zellen zu Recht als „Wunderwerke der Natur“ bezeichnet werden [10, 11].

Literatur

1. Karp G (2005) Molekulare Zellbiologie. Springer Spektrum, Heidelberg, Deutschland
2. Gray MW (2012) Mitochondrial evolution. Cold Spring Harb Perspect Biol 4:a011403
3. Dyall SD, Brown MT, Johnson PJ (2004) Ancient invasions: from endosymbionts to organelles. Science 304:253–257
4. Kroth P, Strotmann H (1999) Diatom plastids: secondary endocytobiosis, plastid genome and protein import. Physiol Plant 107:136–141
5. Martin W, Herrmann RG (1998) Update on gene transfer from organelles to the nucleus: gene transfer from organelles to the nucleus: how much, what happens, and why? Plant Physiol 118:9–17
6. Stoebe B, Maier UG (2002) One, two, three: nature's tool box for building plastids. Protoplasma 219:123–130
7. Martin WF, Garg S, Zimorski V (2015) Endosymbiotic theories for eukaryote origin. Philos Trans R Soc Lond B Biol Sci 370:20140330
8. Kleinig H, Maier U (1999) Zellbiologie: Begründet von Hans Kleinig und Peter Sitte, 4. Aufl. Spektrum Akademischer Verlag, Heidelberg
9. Aerni F (2013) Naturell und Temperament: Die Huter'sche Naturell- und Temperamentslehre. Carl-Huter-Verlag, Zürich, Schweiz
10. Gitt W (2003) Faszination Mensch, 2., erw. u. aktualis. Aufl. Git-Verlag, Weinheim, Deutschland
11. Schaal S, Kunsch K, Kunsch S (2016) Der Mensch in Zahlen, 4. Aufl. Springer Spektrum, Heidelberg, Deutschland

[1] Lösung: 200.000

Praktische Grundlagen der Zellbiologie

S. Schmitz, C. Desel, *Der Experimentator Zellbiologie*, Experimentator,
https://doi.org/10.1007/978-3-662-56111-9_2

> » In Wahrheit heißt etwas wollen, ein Experiment machen, um zu erfahren, was wir können.
> Friedrich Nietzsche

In diesem Kapitel werden die wichtigsten grundlegenden Arbeitstechniken vorgestellt, die in der Praxis am häufigsten eingesetzt werden. Aufgrund der großen Bandbreite kann hier nur eine Auswahl angeboten werden. Da sich zudem die Möglichkeiten in der Praxis durch neue Methoden ständig erweitern, muss jeder Experimentator sich zusätzlich über neue Verfahren oder Kits, die der Beantwortung seiner Fragestellung nützlich sein können, selbst auf dem Laufenden halten.

Im folgenden Abschnitt werden Methoden und Arbeitsprotokolle vorgestellt, wie sie nicht nur in studentischen Praktika, sondern ganz allgemein in der Zellbiologie verwendet werden. Die hier vorgestellten Protokolle dienen dabei primär der Veranschaulichung der Methodik. Wenn die wissenschaftliche Fragestellung des Lesers anders gelagert ist, als hier im Anwendungsbeispiel vorgestellt, müssen die Protokolle entsprechend angepasst werden. Hilfreich ist dabei immer ein Blick in die Literatur des jeweiligen Forschungsgebietes, da man dort die aktuellsten technischen Neuerungen und Modifikationen findet. Einige ausgewählte Literaturquellen findet der Leser am Ende des Kapitels.

2.1 Aufschlussverfahren (Homogenisierung)

Bevor der Zellbiologieexperimentator loslegen kann, muss zunächst das Probenmaterial aufgeschlossen werden. Ziel des Zellaufschlusses ist die Lyse der Zellmembran bzw. Zellwand (bei Pflanzen und Pilzen), um an den Zellinhalt wie etwa die Organellen heranzukommen und/oder andere Biomoleküle wie beispielsweise DNA, RNA oder Proteine zu extrahieren. Welches Verfahren geeignet ist, hängt entscheidend von der Art der zu untersuchenden Probe ab. Grundsätzlich kommt eine Vielzahl von biologischem Material dafür infrage:

- Zellen z. B. aus Zellkulturen, Fermentern,
- Organe und Gewebe (z. B. Tumor oder Normalgewebe),
- Haare, Knochen,
- Pflanzenmaterial,
- Bakterien, Hefen, höhere Pilze und deren Sporen.

Prinzipiell lassen sich die Aufschlusstechniken in mechanische und nicht-mechanische Verfahren unterscheiden, Letztere sind meist schonender. Im folgenden Abschnitt werden die gängigsten Verfahren genannt und einige ausgewählte etwas genauer beschrieben.

2.1.1 Nicht-mechanische (chemische) Verfahren

Sie werden bevorzugt bei Zellen verwendet, die sich nicht so leicht aufknacken lassen. Dazu gehören z. B. Hefezellen, deren Zellwand aus drei Schichten aufgebaut ist und hauptsächlich aus Glucan und Mannan besteht. Die äußere ist eine plastische Schicht, gefolgt von einer Stützmembran (Plasmalemma) aus Glucan. Innen befindet sich noch eine sehr feine Innenmembran aus Proteinen. Die nächste Komponente ist die Cytoplasmamembran, über die der Transport von Molekülen abgewickelt wird. Die Autolyse von Hefezellen kann durch Toluol ausgelöst werden, da dieses die Zellmembran durchlöchert. Darüber hinaus kann durch den Einsatz von Enzymen wie Co-Zymase (Zymolyase) der Glucananteil der Zellwand zerstört werden. Diese Kenntnisse sind allerdings keineswegs neu, sondern wurden bereits Anfang des 20. Jahrhunderts von dem Biochemiker Alfred Gottschalk [1] beschrieben.

Membranpermeabilisierende Agenzien sind beispielsweise die nicht-ionischen Detergenzien Tween 20, Triton X-100 und Nonidet P-40. Die beiden letzten sind aggressive Solubilisatoren, die die Plasmamembran sehr effizient auflösen und im Konzentrationsbereich zwischen 0,1 und 1 % bei geringen Temperaturen und unter physiologischen Bedingungen sogar teilweise die Kernmembran angreifen.

Eine mildere Behandlung kann durch Tween 20 erreicht werden. Als 2 %ige Lösung wird es bei der Vorextraktion von Membranen eingesetzt, da es in dieser Konzentration membranständige Proteine entfernt. Darüber hinaus wird es in membranbasierten Immunoassays auch als Blockierungsreagenz eingesetzt, dann meist in einer Konzentration von 0,05 %. Ebenfalls milde Detergenzien sind Saponin und Lysolecithin, da sie die Membran nicht vollständig auflösen. Saponin permeabilisiert nur vorübergehend die Membran, während Lysolecithin sie permanent durchlöchert.

Sollen Bakterien lysiert werden, muss zwischen gramnegativen und grampositiven Bakterien unterschieden werden. Da bei gramnegativen Bakterien eine zusätzliche äußere Membran (innen mit einer Phospholipidschicht, außen mit einer Lipopolysaccharidschicht) vorhanden ist, gibt es verschiedene Herangehensweisen. Eine EDTA-Behandlung (Ethylendiamintetraessigsäure) löst die Lipopolysaccharide der äußeren Zellmembran, dann kann durch eine enzymatische Behandlung mit Lysozym die Peptidoglycanhülle und schließlich mit Triton X-100 die Zellmembran zerstört werden. Außerdem können bei diesen Bakterien auch die Phospholipide durch eine alkalische Lyse verseift werden. Dabei herrschen durch den hohen pH-Wert denaturierende Bedingungen. Bei grampositiven Bakterien kann auf den ersten Schritt verzichtet werden, die Behandlung mit Lysozym und Triton X-100 bewirkt die Zerstörung der Peptidoglycanhülle bzw. der Zellmembran.

▪ Osmotische Lyse

Dieses Verfahren kennt jeder Student der Naturwissenschaften, ist es doch eine Standardmethode in jedem Studentenpraktikum. Das Prinzip beruht auf dem osmotischen Druck eines Lösungsmittels (z. B. Wasser), der aufgrund der Osmose auf eine selektiv durchlässige (semipermeable) Membran einwirkt. Welchen Wert dieser Druck hat, wird bestimmt durch die unterschiedlichen Konzentrationen zweier (durch die Membran getrennter) wässriger Lösungen. Zu beachten ist, dass der osmotische Druck nur von der Zahl der gelösten Teilchen (d. h. der Konzentration) abhängt, nicht aber von der Art der Teilchen. Allerdings gibt es eine Temperaturabhängigkeit.

Genial einfach ist die osmotische Lyse von Zellen durch Einwirkung einer hypotonen Pufferlösung. Wasser dringt in die Zellen ein, wodurch diese nach einiger Zeit platzen. Am bekanntesten ist diese Vorgehensweise für die Lyse von Blutzellen. Allerdings werden mit dieser Methode nur Erythrocyten bzw. Reticulocyten und sphäroplastierte Zellen vollständig homogenisiert. Als Sphäroplasten bezeichnet man die Protoplasten von (gramnegativen) Bakterien, an denen noch Zellwandreste vorhanden sind. Der Begriff ist auch in der Botanik bekannt, wo er analog für die Protoplasten von Pflanzenzellen verwendet wird, deren Zellwand fast vollständig enzymatisch entfernt wurde.

2.1.2 Mechanische Aufschlussverfahren

Diese Verfahren beruhen auf physikalischen Prinzipien und führen meist zu einer Erwärmung des Aufschlussguts. Die Kontrolle der Temperatur ist daher unumgänglich und kann es erforderlich machen, die Probe zu kühlen oder den Aufschluss in Intervallen durchzuführen. Bei bestimmten Proben (Pflanzen, tierische Gewebe) müssen störende Teile erst entfernt bzw. die Probe grob zerkleinert werden. Dabei kommen Skalpell, Schere oder ein Mixer zum Einsatz. Weiter geht es dann mit verschiedenen Verfahren, die im Folgenden kurz beschrieben werden.

▪ Potter-Elvehjem-Verfahren

Diese Aufschlusstechnik ist unter dem Namen „Dounce-Verfahren“ bekannt, im Laborjargon hat sich auch der Begriff „Pottern“ durchgesetzt. Sollen die Zellorganellen erhalten bleiben, ist das Pottern die Methode der Wahl, da es sehr schonend und daher für empfindliche Moleküle und Strukturen besonders gut geeignet ist. Das Material wird durch die rotierenden Bewegungen eines Teflonstempels (Kolben) in einem Glaszylinder homogenisiert. Wichtig ist dabei eine isotonische Homogenisierungslösung (Puffer), denn der Wert des Puffers muss dem im Zellinnern entsprechen, sonst lassen sich keine intakten Organellen isolieren. Ist der osmotische Wert zu hoch (hyperton), schrumpfen die Organellen, ist er zu niedrig (hypoton), quellen sie durch Wasseraufnahme auf und platzen. Das Homogenat kann in weiteren Arbeitsschritten mittels Filtrieren durch eine Gaze oder durch ein Zellsieb zusätzlich von unerwünschten Bestandteilen wie Bindegewebe oder vollständigen Zellen befreit werden, wie in ◘ Abb. 2.1 dargestellt. Die im Homogenat enthaltenen Organellen müssen im Anschluss durch Ultrazentrifugation noch weiter isoliert werden (vergl. hierzu ▶ Abschn. 2.3.3).

Lyse durch Ultraschall

Bei diesem Verfahren wird das Aufschlussgut durch Kavitationskräfte ständig aneinandergestoßen und dabei geschärt. Zum Einsatz kommen hierbei Geräte mit einem Ultraschall-Stabschwinger, der den Schall über eine sogenannte Sonotrode überträgt. Die Temperatur kann durch einen integrierten Temperatursensor überwacht und das Verfahren durch den Puls-Modus leicht reguliert werden. Mit einem Standardgerät lassen sich Probenvolumina im Bereich von 0,1 bis 1000 ml bearbeiten. Die Intensität der Lyse kann zudem auf die Empfindlichkeit der zu bearbeitenden Probe angepasst bzw. entsprechend den geplanten *downstream*-Analysen variiert werden. So ist es beispielsweise möglich, die Beschallungsintensität durch die Einstellung der Ultraschallamplitude zu regulieren und dadurch z. B. milde Bedingungen für eine DNA-Extraktion zu wählen oder alternativ eine intensivere Behandlung, beispielsweise für die Proteinextraktion aus Bakterien, durchzuführen.

Das Ultraschallverfahren findet in weiten Bereichen der zellbiologischen Forschung Anwendung und wird beispielsweise zur Vorbereitung eines Zellextrakts, beim Zellaufschluss, der Protein- und Enzymgewinnung oder der DNA-Extraktion oder Fragmentierung eingesetzt, ist aber auch für die Herstellung von Liposomen geeignet. Die Vorteile dieser Methode sind überzeugend. Das Verfahren ist linear skalierbar und besticht durch eine gute Reproduzierbarkeit. Für den Praktiker ist auch der Zeitaufwand entscheidend, denn der Probenaufschluss mittels Ultraschall ist unglaublich schnell. Zwischen 15 Sekunden und 2 Minuten dauert die Lyse einer Laborprobe, danach kann es direkt weitergehen. Zu beachten ist allerdings, dass sich das Zellmaterial, je nach Probenvolumen, recht stark erwärmen kann und deshalb gekühlt werden sollte.

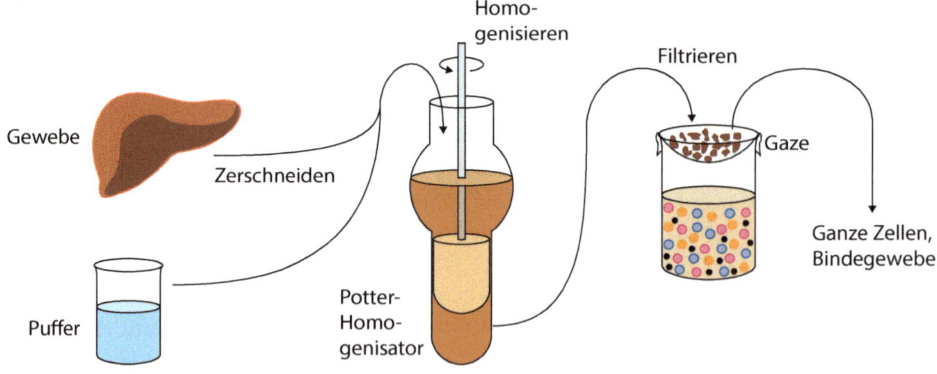

◘ **Abb. 2.1** Vorgehensweise beim Homogenisieren von Gewebe mittels Potter-Elvehjem-Verfahren und anschließender Filtration des Homogenats durch eine Gaze. (Aus: Koolman und Röhm [2], © Thieme, Ausschnitt aus Abbildung „Isolierung von Zellorganellen")

Stickstoff-Dekompressionsmethode

Mit dieser Methode lassen sich ganz unterschiedliche Materialien, wie z. B. tierische und pflanzliche Zellen, aber auch Bakterien schonend aufschließen, und das ganz unabhängig von der Größe der Probe. Das Prinzip beruht auf dem Henry'schen Gesetz, welches besagt, dass der Partialdruck eines Gases über einer Flüssigkeit direkt proportional zur Konzentration des Gases in der Flüssigkeit ist. Jeder Taucher kennt diese physikalischen Zusammenhänge und denkt angesichts der Auswirkungen des Henry'schen Gesetzes an die berüchtigte Dekompressionskrankheit. Aber nicht nur die Zellen von Tauchern, auch biologische Laborproben reichern sich bei zunehmendem Partialdruck mit Gas (z. B. Stickstoff) an, das sich innerhalb der Zellen löst. Bei plötzlicher Druckentlastung ist die Rückdiffusion des gelösten Gases aus den Zellen jedoch zu langsam, wodurch das Gas in Form von immer größer werdenden Gasblasen intrazellulär „ausperlt". Aufgrund der hierbei auftretenden zunehmenden mechanischen Belastung werden die Zellmembranen zum Platzen gebracht und der Zellinhalt freigegeben. Der Grad des Zellaufschlusses wird hierbei von Parametern wie Art und Beschaffenheit des Aufschlussguts, Gasdruck, Temperatur und nicht zuletzt der Art des eingesetzten Gases beeinflusst. Bei diesem Verfahren hat sich der Einsatz von Stickstoff bewährt, da es chemisch inert ist und deshalb für empfindliche Zellbestandteile eine Schutzfunktion vor Oxidationsreaktionen übernimmt. Zudem bleibt auch der pH-Wert der Suspensionslösung stabil. Welche Suspensionslösung man auswählt, hängt davon ab, wie verträglich sie für die Zellbestandteile ist. Beachten sollte man, dass mit diesem Verfahren nur vergleichsweise leicht aufzuschließendes Material effektiv aufgebrochen werden kann. Bakterien wie z. B. *E. coli*, Hefen, Pilze und Sporen werden nur unzureichend oder möglicherweise sogar gar nicht aufgeschlossen. Widerspenstiges Ausgangsmaterial wie diesem muss man daher mittels diverser nicht-mechanischer Verfahren zu Leibe rücken (siehe ► Abschn. 2.1.1).

Kugelmühle

Kugelmühlen bestehen aus einer rotierenden Trommel, in der sich Kugeln aus verschiedensten Materialien wie Stahl, Glas, Porzellan oder Keramik befinden. Auch Kugeln aus einem Materialmix wie beispielsweise Glas/Keramik sind nicht unüblich. Das Aufschlussgut wird durch die hohe dreidimensionale Beschleunigung der Kugeln einem regelrechten Trommelfeuer ausgesetzt und dadurch in Sekundenschnelle aufgeschlossen. Die Auswahl von Material und Durchmesser der Kugeln kann der Homogenisierung von Proben ganz unterschiedlicher Beschaffenheit angepasst werden. Selbst so hartes bzw. schwieriges Material wie Knochen oder Haare lassen sich mit dieser Methode aufschließen. Die einfachste Variante einer solchen Kugelmühle ist ein mit Kugeln, Aufschlusspuffer und der Probe bestücktes Reaktionsgefäß, welches sich mit einem laborüblichen Vortexer in Bewegung bringen lässt.

Geräte für den Probenaufschluss

Für denjenigen Experimentator, der den Probenaufschluss routinemäßig durchführt, gibt es inzwischen sehr effiziente Homogenisierungsgeräte wie etwa den **Precellys Evolution** auf dem Markt. Dieser Homogenisator arbeitet nach dem oben beschriebenen Kugelmühlenprinzip, eignet sich für den Hochdurchsatz und verfügt optional, durch das Cryolys-Modul, über eine Kühlfunktion. Davon profitieren besonders empfindliche Proben. Zum Schnäppchenpreis ist dieser Luxus allerdings nicht zu haben, etwa 10.000 € muss man mindestens berappen, wobei die Kühleinheit noch nicht berücksichtigt ist. Hinzu kommen noch die Kosten für die Aufschluss-Kits (Probengefäße mit Kugeln definierter Größe und aus einem bestimmten Material bzw. Materialmix), was sich auch bei den Verbrauchskosten bemerkbar macht. Die Vorteile eines solchen Gerätes sind die Programmierbarkeit einer beträchtlichen Anzahl von Aufschlussprotokollen sowie eine große Bandbreite bei den Volumina, die von 0,5 bis 15 ml reichen.

Eine Mischung aus enzymatisch/thermischem und mechanischem Probenaufschluss lässt sich mit dem **gentleMACS Octo Dissociator** inklusiv Heizmodul realisieren. Dieses Gerät kann vollautomatisch sowohl ganz unterschiedliche Gewebe homogenisieren als auch aus einer beliebigen Probe eine vitale Einzelzellsuspension gewinnen. Das funktioniert deshalb, weil zwei verschiedene Röhrchenarten (gentleMACS Tubes) zum Einsatz kommen, je nachdem, welche Art des Aufschlusses gewünscht ist. Röhrchen mit einem orangenfarbenen Verschluss (M-Tube) sind für die vollständige Homogenisierung der Probe vorgesehen, während die mit dem violettem Verschluss (C-Tube) für die schonende Gewebedissoziation zwecks Erhalt einer Einzelzellsuspension verwendet werden. Die Verschlüsse der Röhrchen fungieren als Rotor//Stator-Kappe und werden mit der Kappenseite nach unten in das Gerät eingesetzt (◘ Abb. 2.2a, b). Der gentleMACS Octo Dissociator verfügt über mehr als 30 bereits vorinstallierte Programme für die häufigsten Anwendungen, kann aber zusätzlich vom Experimentator mit laboreigenen Programmen „gefüttert" werden. Eine große Bandbreite an Dissoziations- und Extraktionskits steht dem Anwender zur Verfügung, wodurch auch „schwierige" Proben unter standardisierten Bedingungen gehandhabt werden können. Ein Vorteil ist, dass in den Kits gewebsspezifische Enzyme eingesetzt werden, die in Kombination mit dem Heizmodul eine sehr schonende Behandlung der aufzuschließenden Probe gewährleisten. Die Enzyme verdauen die extrazelluläre Matrix, Adhäsionsmoleküle und auch die Zell-Zellkontakt-Proteine unter geringster mechanischer Belastung für die Zellen, wodurch nach Selbstauskunft des Herstellers 95 % der Epitope auf der Zelloberfläche erhalten bleiben. Das kann je nach wissenschaftlicher Fragestellung von essenzieller Bedeutung sein. Ein großes Plus dieses Verfahrens ist, dass die Reproduzierbarkeit der Ergebnisse beträchtlich erhöht wird. Das vollautomatische Procedere ist zudem komfortabel und zeitsparend, da man erst nach Ablauf des Programmes wieder „auf der Bildfläche erscheinen" muss. Zu guter Letzt bietet es ein hohes Maß an Sicherheit bei der Probenaufarbeitung, da diese in einem abgeschlossenen sterilen System stattfindet.

Der prinzipielle Ablauf lässt sich in folgende Schritte gliedern:

1. Entnahme der Probe (z. B. Tumor oder Normalgewebe) und anschließende grobe Zerkleinerung mittels Skalpell und/oder Schere,
2. Herstellung der Enzymmixtur aus den Komponenten des jeweiligen Kits,

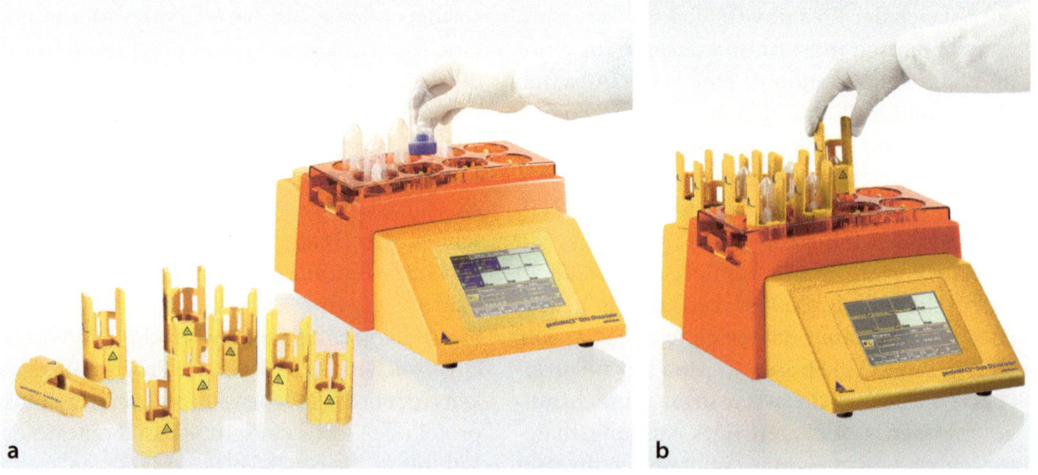

◘ **Abb. 2.2** gentleMACS™ Octo Dissociator with Heaters. Aufsetzen der gentleMACS™ Tubes (**a**) und der Heizelemente (**b**) auf den GentleMACS™ Octo Dissociator with Heaters. (Mit freundlicher Genehmigung von Miltenyi Biotec)

3. Zugabe der zerkleinerten Gewebeprobe zur Enzymmixtur in einem gentleMACS-Tube und Verschluss desselben mit einer Rotor/Stator-Kappe,
4. Aufsetzen des Tubes und eines Heizaufsatzes auf eine Position des Gerätes, dann Starten des Programms.

Welches Programm man wählt, hängt von der Beschaffenheit der Probe ab. Bei Tumorgewebe gibt es beispielsweise Programme für weiches Material (z. B. Haut), mittleres, wie auch hartes Material (z. B. Brusttumor). In etwa einer Stunde werden drei Dissoziationsschritte und zwei Enzyminkubationen vollautomatisch durchlaufen. Nach Ablauf des Programms sollte man eventuell im Homogenat noch verbliebene Zellaggregate und Bindegewebe mittels Filtration durch ein Zellsieb entfernen. Derart aufgeschlossene Proben zeichnen sich durch eine hohe Vitalität der Zellen aus, was jedes Experimentatorenherz höher schlagen lässt. Einen Dämpfer bekommt die Euphorie allerdings beim Blick auf die Anschaffungskosten. Komfort und Reproduzierbarkeit haben ihren Preis, und so muss man mindestens 16.700 € veranschlagen und mit Verbrauchskosten in Höhe von 10 bis 12 € pro Probe rechnen (Stand November 2016). Ob sich eine solche Anschaffung rechnet, hängt einerseits vom Probendurchsatz des Labors ab, andererseits kann die eingesparte Arbeitszeit wiederum in andere Aufgaben investiert werden.

Hält der Experimentator dann glücklich seine vor Vitalität strotzende Probe in der Hand, wird es Zeit, sich Gedanken über das weitere Schicksal der selbigen zu machen. Meistens müssen für typische *downstream*-Analysen in der Zellbiologie Zentrifugationsschritte durchgeführt werden. Kein Problem sollte man meinen. Die Praxis zeigt jedoch, dass auch bei Standardtechniken wie dem Zentrifugieren der Teufel im Detail steckt und wahrscheinlich viele Grundlagen über die Zeit in den tiefsten Abgründen des Gedächtnisses verschwunden sind. Damit beschäftigt sich der nächste Abschnitt dieses Kapitels.

2.2 Grundlagen der Zentrifugation

Jeder Praktikant, Laborant oder Student der Naturwissenschaften tut es – die Rede ist vom Zentrifugieren. Kaum jemand aber hat sich vorher mit den Grundlagen der Zentrifugation beschäftigt und sich gefragt, was Zentrifugation eigentlich bedeutet. Zentrifugation ist ein Verfahren, bei dem Moleküle oder Zellbestandteile in meist wässrigen Lösungen durch Beschleunigung in einem künstlichen Zentrifugalkraftfeld aufgetrennt werden. Folglich beruht das Funktionsprinzip einer Zentrifuge auf der Ausnutzung der Massenträgheit bei gleichförmiger Rotationsbewegung der zu zentrifugierenden Proben, auch relative Zentrifugalkraft oder Zentrifugalbeschleunigung (RZB, engl. RCF = *relative centrifugal force*) genannt. Partikel mit höherer Dichte wandern dabei aufgrund der höheren Trägheit nach außen und befinden sich anschließend als Pellet am Boden des Zentrifugenröhrchens. Partikel mit niedrigerer Dichte hingegen werden dabei verdrängt und gelangen zur Mitte des Röhrchens. Unschlagbar sind die Vorteile dieser Methode gegenüber der Sedimentation von Partikeln allein durch die Schwerkraft. Jeder, der schon einmal darauf gewartet hat, dass sich Partikel allein durch Absinken sedimentieren, weiß, dass man dafür Geduld mitbringen muss. Das gilt erst recht, wenn man das Ganze mit viskösen Lösungen versucht. Dagegen wird die Viskosität bei der Zentrifugation durch die Zentrifugalkraft überwunden und auch andere Kräfte wie z. B. Adhäsion spielen keine Rolle mehr.

Größe, Form und Dichte der zu untersuchenden Partikel sind von entscheidender Bedeutung für die Sedimentationsgeschwindigkeit, die von der relativen Zentrifugalkraft abhängt. Diese wird in Protokollen immer als Vielfaches der Gravitationskonstante g ($1\ g = 9{,}81\ m/s^2$) angegeben. Je höher der g-Wert, desto höher ist auch die Umdrehungszahl des Rotors pro Minute (UPM, engl. RPM = *revolutions per minute*). Allerdings muss an dieser Stelle davor gewarnt werden, RCF mit UPM gleichzusetzen, denn das ist mitnichten der Fall.

2

Wie kommt man von der Umdrehungszahl pro Minute auf den entsprechenden g-Wert? Die RCF ist eine Funktion der Rotorgeschwindigkeit in Umdrehungen pro Minute und der Entfernung der Drehachse zum Rotationsradius, die sich in Gl. (2.1) ausdrücken lässt:

$$RCF = 1.12r\left(\frac{RPM}{1000}\right)^2 \quad \textbf{(Gl. 2.1)}$$

Dabei ist *r* die Entfernung in mm zwischen der Drehachse und dem Rotationsradius. Wenn der Abstand in Zentimetern angegeben ist, muss der Wert mit 10 multipliziert werden, bevor er in die Gleichung eingesetzt werden kann. Allerdings ist der Abstand der Drehachse des Rotors zum oberen bzw. unteren Rand des Zentrifugenröhrchens in Abhängigkeit von der verwendeten Zentrifuge meistens unterschiedlich. Bei der Angabe des Radius muss man deshalb bedenken, ob man den minimalen, den mittleren oder den maximalen Radius des Rotors verwendet. In der Praxis ist r gleichbedeutend mit dem durchschnittlichen Abstand vom Rotationszentrum bis zum distalen Ende des Röhrchens (Ø *r*) und entspricht dem mittleren Radius des Rotors, wie in ◘ Abb. 2.3 dargestellt [3].

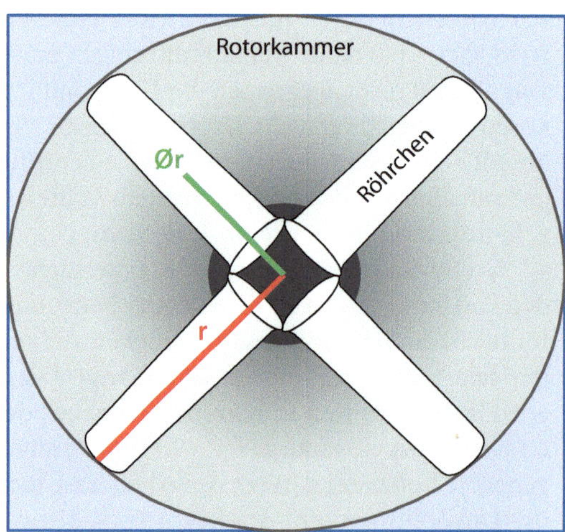

◘ **Abb. 2.3** Der Rotorradius (Ø *r*) ist definiert als der durchschnittliche Abstand vom Rotationszentrum bis zum distalen Ende des Röhrchens. (Modifiziert nach M. Loewen)

RPM hingegen ist nur aussagekräftig in Zusammenhang mit den bekannten Maßen des verwendeten Rotors, da jeder Rotor andere Maße und damit andere Rotationsradien hat. Der besseren Vergleichbarkeit wegen wird in Standardprotokollen daher immer die RCF in g angegeben. Während moderne Laborzentrifugen über eine automatische RPM/RCF-Funktion verfügen, kann man bei einem alten „Schätzchen" Pech haben und muss die jeweils gesuchte Größe von Hand oder mittels Umrechnungsprogramm in Internet berechnen. Um das nicht jedes Mal neu machen zu müssen, empfiehlt es sich, eine Tabelle mit den am häufigsten benutzten Werten an der jeweiligen Zentrifuge zu befestigen.

Tipp

Stehen in einem Protokoll doch mal Angaben in UPM oder RPM, so kann man mit einem RPM/RCF-Rechner im Internet die Umrechnung vornehmen. Als einziges muss der Rotordurchmesser angegeben werden, den man in der Bedienungsanleitung der Laborzentrifuge findet. Solche RPM/RCF-Rechner gibt es auf den Internetseiten von Händlern wie etwa Hettich (www.hettichlab.com) oder Beckman Coulter (www.beckmancoulter.com). Bei Science Gateway kann man ausnutzen, dass die Rotoren der Firmen Sorvall und Beckman sowie ein breites Spektrum anderer Rotoren in einem *pull-down*-Menü bereits voreingestellt sind und nur ausgewählt werden müssen (www.sciencegateway.org/tools/rotor.htm). Zudem gibt es auch die Möglichkeit, Abmessungen eines kundenspezifischen Rotors einzugeben und die Berechnungen durchzuführen. Die Rotoren der hier bereits erwähnten Anbieter und zusätzlich auch Rotoren von Eppendorf findet man auch unter www.endmemo.com/bio/grpm.php.

Je nach Verwendungszweck und auch in Abhängigkeit vom Probenvolumen bietet der Markt Zentrifugen in ganz unterschiedlichen Ausführungen an. Das Spektrum reicht von der einfachen Tischzentrifuge über großvolumige Standzentrifugen, die beide mit und ohne Kühlfunktion angeboten werden. Eine Hochleistungszentrifuge ist die Ultrazentrifuge, die zu präparativen oder analytischen Verfahren genutzt werden kann und sage und schreibe bis zu 150.000 Umdrehungen pro Minute schafft. Auf Besonderheiten bei der Ultrazentrifugation wird später noch eingegangen.

Hauptsache er dreht sich – doch welcher Rotor ist der richtige?

Für die Zentrifugation werden verschiedene Rotortypen verwendet, wobei der Ausschwingrotor und der Festwinkelrotor am weitesten verbreitet sind. Es gibt aber noch Vertikalrotoren und sogenannte NVT-Rotoren (*Near-vertical rotors*). Beim Festwinkelrotor stehen die Probenröhrchen in einem festen Winkel zur Rotorachse, der meist im Bereich zwischen 25 ° und 40 ° liegt. Deshalb befindet sich das Pellet nach der Zentrifugation überwiegend auf einer Seite des Röhrchens (▣ Abb. 2.4). Hat man seine Röhrchen allerdings zu großzügig bestückt, kann es bei diesem Rotortyp passieren, dass die Lösung während der Zentrifugation gegen den Röhrchendeckel gedrückt wird und ausläuft. Diese Panne sollte man unbedingt vermeiden!

Beim Ausschwingrotor hingegen werden die Röhrchen in Gehängen in eine dafür vorgesehene Halterung eingehängt. Während der Zentrifugation richten sich die Röhrchen nach der Schwerkraft aus, da der Rotor eine horizontale Drehung der Probe im Verhältnis zur Rotationsachse bewirkt. Das führt dazu, dass sich aufgrund des Schwerefeldes das Pellet immer am Boden des Röhrchens befindet (▣ Abb. 2.5). Im Gegensatz zum Festwinkelrotor (▣ Abb. 2.4) kann bei dieser Art der Zentrifugation keine Flüssigkeit ausfließen.

Welcher Rotortyp eignet sich für welchen Zweck? Diese Frage hängt einerseits von der wissenschaftlichen Fragestellung, andererseits von den zu verarbeitenden Volumina ab. Da bei Festwinkelrotoren die Trennstrecke kleiner ist, eignen sie sich am besten für die Pelletierung von Zellen oder Membranresten nach vorheriger Zelllyse und für die Fällung von DNA,

▣ **Abb. 2.4** Festwinkelrotor

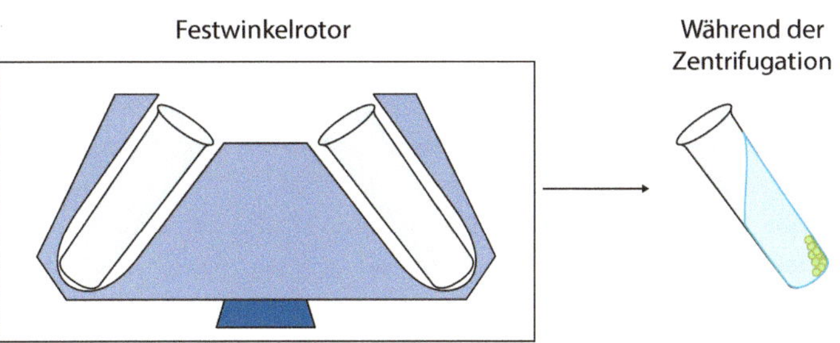

▣ **Abb. 2.5** Ausschwingrotor

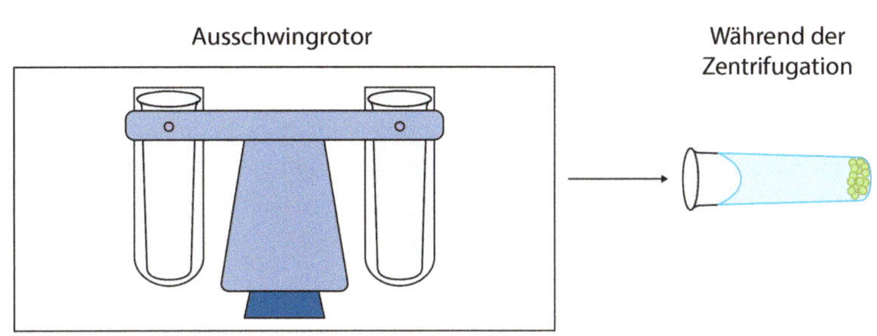

Proteinen usw. (isopyknische Bandierung). Für die meisten laborüblichen Zentrifugationen sind Ausschwingrotoren weit verbreitet, da sie sich ideal für die Trennung großer Volumina eignen.

Vertikalrotoren erinnern optisch ein wenig an Windkraftanlagen. Sie haben die kürzeste Trennstrecke, die bei der Dichtegradientenzentrifugation überhaupt möglich ist. Das wirkt sich positiv auf den Durchsatz aus, der hierbei besonders hoch ist. Ein Nachteil dagegen ist, dass das Pellet bei dieser Methode an der Innenwand des Röhrchens haftet und von dort entnommen werden muss. Diese Aufgabe kann sich mitunter als äußerst schwierig erweisen und einen möglicherweise eher grobmotorisch veranlagten Experimentator vor eine echte Herausforderung stellen.

Bei NVT-Rotoren (*Near-Vertical Rotors*) sind die Röhrchen, wie der Name schon sagt, in einem fast vertikalen Winkel angeordnet. Das ermöglicht sehr kurze Laufzeiten, was sehr zeitsparend ist. Bestandteile der Probe, die nicht bandieren, befinden sich nach der Zentrifugation als Pellet auf den Röhrchenboden, was die Entnahme der Probe ungemein vereinfacht. Die nervenaufreibende Probengewinnung bleibt dem Experimentator daher erspart.

▪ Auf das Röhrchen kommt es an!

Zentrifugenröhrchen sind je nach Ausführung mit bestimmten Rotortypen kompatibel. Dünnwandige, offene Röhrchen eignen sich beispielsweise besonders für Ausschwingrotoren. Dünnwandige, abgedichtete Röhrchen hingegen sind am besten für Festwinkel- und Vertikalrotoren geeignet. Der Allrounder unter den Röhrchen ist offen und dickwandig, wodurch es sowohl für Festwinkel- als auch Ausschwingrotoren eingesetzt werden kann und daher im Labor weit verbreitet ist. Die sogenannten Oak-Ridge-Röhrchen hingegen sind für den Einsatz in Festwinkelrotoren besonders geeignet, weil sie mit silikondichten Schraubverschlüssen erhältlich sind. Die Verwendung empfiehlt sich besonders beim Zentrifugieren gefährlicher, mit dem Material der Röhrchen bzw. Flaschen unverträglicher Substanzen. Besondere Anforderungen müssen die Röhrchen erfüllen, die für die Ultrazentrifugation eingesetzt werden. Darauf wird später noch näher eingegangen. Eine gute Zusammenfassung dieser Zusammenhänge bietet ein Artikel, der in der Zeitschrift *Laborpraxis* erschienen ist [4].

2.3 Zentrifugationsverfahren

Die wichtigsten Zentrifugationsverfahren für die zellbiologische Praxis, nämlich die differenzielle Zentrifugation und die Dichtegradientenzentrifugation, sollen im Folgenden kurz vorgestellt und auch auf die Besonderheiten bei der Ultrazentrifugation eingegangen werden.

2.3.1 Differenzialzentrifugation

Bei der Differenzialzentrifugation (differenzielle Zentrifugation) werden die Partikel mit abnehmender Sedimentationsgeschwindigkeit pelletiert, wobei die zu untersuchende Probe einer Abfolge unterschiedlicher RCF-Werte ausgesetzt und die Dauer der Zentrifugation bei jedem Durchlauf gesteigert wird. Es ist die klassische Methode zur subzellulären Fraktionierung, bei der schrittweise verschiedene Partikel wie Zellorganellen (Zellkerne, Mitochondrien, Lysosomen usw.) aus einem Gewebe wie z. B. einem Leberhomogenat isoliert werden. Größere und dichtere Komponenten wie der Zellkern oder der Golgi-Apparat sedimentieren am schnellsten und bilden ein Pellet am Boden des Röhrchens. Kleinere Komponenten mit geringerer Dichte, wie etwa mikrosomale Vesikel und Lysosomen hingegen, bleiben in Suspension und befinden sich im Überstand. Je nachdem, an welchen Zellorganellen man interessiert ist, wird bei den verschiedenen Zentrifugationsschritten entweder der Überstand oder das resuspendierte Pellet weiter verwendet.

Jetzt mag der eine oder andere Leser sich fragen, warum man das überhaupt macht, wenn man doch mit dem Elektronenmikroskop jedes einzelne Detail einer Zelle genauestens untersuchen kann. Die Antwort darauf ist, dass man mittels Elektronenmikroskopie zwar zelluläre

Details darstellen kann, über die Funktion der untersuchten Zellen aber dennoch nichts weiß.

2.3.2 Dichtegradientenzentrifugation

Bei dieser Zentrifugationsart beruht die Partikeltrennung darauf, dass die Komponenten der zu untersuchenden Probe unterschiedliche Sedimentationsgeschwindigkeiten besitzen. Während der Zentrifugation präzipitieren die Partikel auf unterschiedlichen Höhen im Röhrchen, wenn sie ein Dichtegleichgewicht mit dem Gradientenmaterial erreicht haben. Die Probe wird auf das Flüssigkeitspolster eines Trennmediums definierter Dichte aufgetragen, die vom Rand zum Boden des Zentrifugenröhrchens hin zunimmt. Man kann hierbei zwischen kontinuierlichem (linearen) und diskontinuierlichem oder Stufengradient unterscheiden (◘ Abb. 2.6).

▪ Trennmedien für die Gradientenbildung

Die Bandbreite der eingesetzten Trennmedien (Gradientenbildner) reicht von einfachen Lösungen bis hin zu komplexen synthetischen Produkten, die man käuflich erwerben kann. Ein früher sehr beliebtes, heute etwas angestaubtes Trennmedium ist Cäsiumchlorid (CsCl), eine schwere Salzlösung mit besonderen Eigenschaften. Wird die CsCl-Lösung lange genug und mit hohen g-Werten zentrifugiert, bildet sich ein kontinuierlicher Dichtegradient aus, der von oben nach unten (zum Boden des Röhrchens) zunimmt. Diese Eigenschaften eignen sich hervorragend für die Reinigung genomischer DNA (meist aus Bakterien), von Proteinen, RNA usw. Ein weiterer bekannter Gradientenbildner ist Saccharose (auch Sucrose genannt), mit dem subzelluläre Fraktionen voneinander getrennt werden können.

Die gebräuchlichsten kommerziellen Trennmedien sind Ficoll und Percoll. Letzteres ist ein Kieselgel aus kolloidalen Silikapartikeln, mit einem Durchmesser von 15 bis 30 nm. Die Grundlage von Ficoll hingegen ist ein hydrophiles Zuckerpolymer aus Saccharose, mit einem Molekulargewicht von 400 kD, welches man beispielsweise unter den Handelsbezeichnungen Ficoll-Paque PLUS (Amersham), LSM 1077 (HiMedia) oder auch Biocoll (Biochrom) erwerben kann. Neben den Klassikern gibt es inzwischen auch moderne Trennmedien mit zungenbrecherisch anmutenden Namen wie Nycodenz, Metrizamid und Iodixanol, wobei die beiden letzten als Röntgenkontrastmittel entwickelt wurden. Einen Überblick über aktuelle Materialien und Zentrifugationstechniken findet der Leser bei Dainiak et al. [5].

▪ Zonenzentrifugation und isopyknische Zentrifugation

Grundsätzlich lassen sich zwei Arten der Dichtegradientenzentrifugation unterscheiden, nämlich die **Zonenzentrifugation** und die **isopyknische Zentrifugation**. Bei der

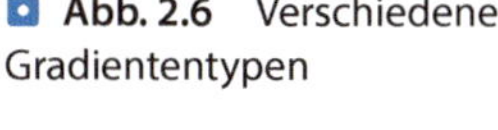

◘ **Abb. 2.6** Verschiedene Gradiententypen

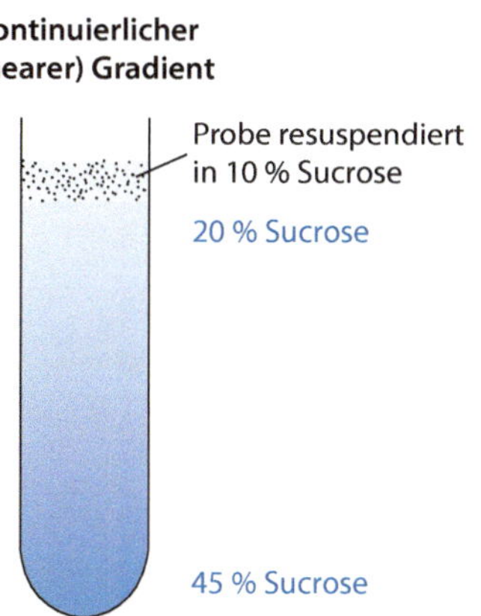

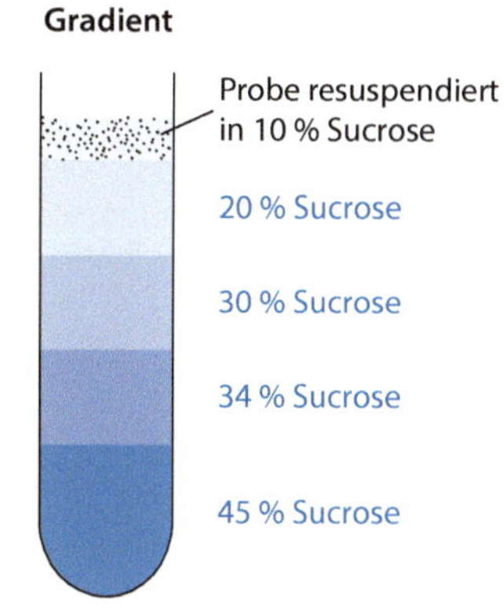

Zonenzentrifugation werden die Partikel nach der Größe (Molekülgewicht) getrennt. Dazu wird die Probe beispielsweise auf einen Gradienten aus Saccharose aufgebracht, wobei die Dichte der Probe zum Boden des Röhrchens hin immer weiter zunimmt. Durch die Zentrifugation bilden die Partikel entsprechend ihrem Sedimentationswert isolierte Banden. Eingesetzt wird diese Art der Dichtezentrifugation für die effektive Trennung von Proteinen, DNA, ribosomalen Untereinheiten oder auch Polysomen.

Die isopyknische Zentrifugation ist eine Gleichgewichtszentrifugation. Das Prinzip der Trennung beruht hierbei auf der unterschiedlichen Dichte der Partikel in der Probe. Die Partikel präzipitieren im Dichtegradienten genau an der Stelle, die ihrer eigenen Dichte entspricht (isopyknische Position). Diese Art der Zentrifugation eignet sich für die Trennung unterschiedlicher DNA-Typen (zirkulär, linear, Doppelstrang, Einzelstrang usw.), für die Trennung von RNA sowie für die Trennung von Lipoproteinen und Zellorganellen. Das Prinzip der jeweiligen Zentrifugationsarten ist in ◘ Abb. 2.7 wiedergegeben. Im Diagramm in ◘ Abb. 2.8 ist dargestellt, wie die Teilchen bei der Zonen- und der isopyknischen Zentrifugation entsprechend ihrer Schwimmdichte sedimentieren [6].

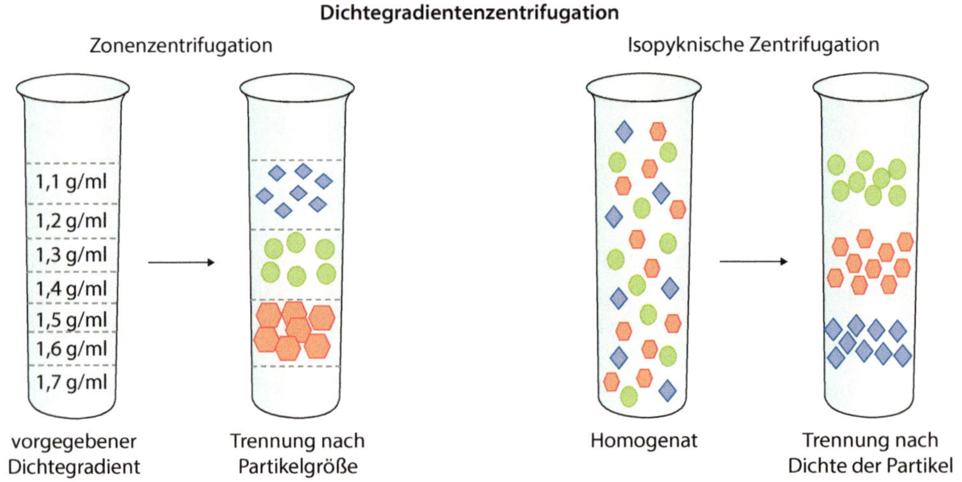

Dichtegradientenzentrifugation

Zonenzentrifugation

Isopyknische Zentrifugation

1,1 g/ml
1,2 g/ml
1,3 g/ml
1,4 g/ml
1,5 g/ml
1,6 g/ml
1,7 g/ml

vorgegebener Dichtegradient

Trennung nach Partikelgröße

Homogenat

Trennung nach Dichte der Partikel

◘ **Abb. 2.7** Unterschiedliche Arten der Dichtegradientenzentrifugation. (Modifiziert nach Boujtita und Nole [4])

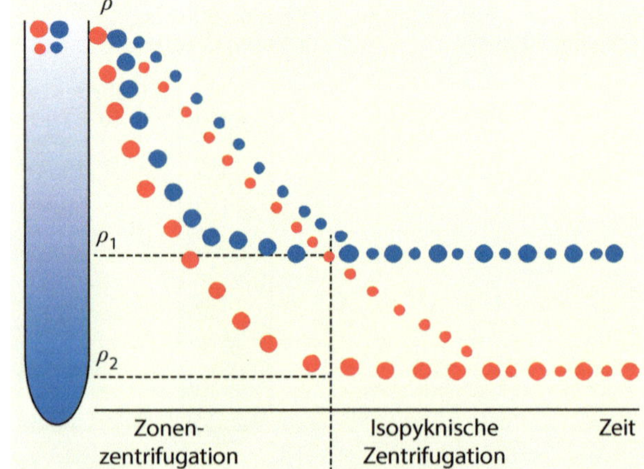

◘ **Abb. 2.8** Sedimentation der Teilchen bei der Zonen- und isopyknischen Zentrifugation, entsprechend ihrer Schwimmdichte. (Aus: Amersham Handbook [6], verwendet mit freundlicher Genehmigung)

2.3.3 Ultrazentrifugation

Was bedeutet Ultrazentrifugation eigentlich? Es handelt sich um ein Verfahren, bei dem Partikel und Makromoleküle durch enorm hohe Zentrifugalkräfte sedimentiert werden. Die hierbei erzeugten Geschwindigkeiten können das bis zu 10^6-Fache der Erdbeschleunigung betragen. Ein Rotor kann es auf bis zu 150.000 Umdrehungen pro Minute bringen und rotiert dabei im Vakuum, wodurch der Einfluss des Luftwiderstandes wegfällt. Das hört sich ganz schön gefährlich an, doch keine Sorge – die Rotoren der Ultrazentrifugen sind für diese Geschwindigkeiten optimiert. Entwickelt wurde diese „Superschleuder" von dem schwedischen Chemiker Theodor Svedberg (◘ Abb. 2.9), der als Erfinder der analytischen Ultrazentrifugation gilt.

1925/26 hatte er die Sedimentationsgeschwindigkeiten von Proteinen bestimmt, um damit auf ihre ungefähre Molekülmasse schließen zu können. Für die damals bahnbrechenden Arbeiten wurde ihm 1926 der Nobelpreis für Chemie verliehen. Auf ihn geht auch die Bezeichnung der Svedberg-Einheit zurück. Eine Svedberg-Einheit (S) ist eine Zeiteinheit von 10^{-13} Sekunden oder auch 100 Femtosekunden (1 fs = 10^{-15} s). Sie gibt an, mit welcher Geschwindigkeit die Bestandteile einer Probe (Moleküle, Teilchen) im Einheitsbeschleunigungsfeld einer Ultrazentrifuge sedimentieren.

◘ **Abb. 2.9** Theodor Svedberg. (© Picture –alliance/ Mary Evans Picture Library)

▪ Analytisch oder präparativ – das ist die Frage

Bei der Ultrazentrifugation kann man zwischen analytischen und präparativen Verfahren unterscheiden. Mit analytischen Verfahren kann man die Sedimentationskoeffizienten und Molekülgewichte von Makromolekülen bestimmen, so wie es Svedberg getan hat [7, 8]. Die zu untersuchende Probe wird dabei nach der Dichte ihrer Bestandteile aufgetrennt. Auf diese Weise erhält man Informationen über die Form, eine mögliche Konformationsänderung und über die Größenverteilung von Makromolekülen [9].

Zu den präparativen Verfahren der Ultrazentrifugation gehört die Pelletierung kleinster Partikel, die sich innerhalb der Zellen befinden. Zur sogenannten subzellulären Fraktion zählen z. B. die Zellorganellen, aber auch Viren. Ob eine differenzielle oder eine Dichtegradienten-Ultrazentrifugation gewählt werden muss, hängt entscheidend von der Größe und Dichte der Probenbestandteile ab.

Ein Vorteil bei der Ultrazentrifugation ist, dass man auch große Probenvolumina bearbeiten kann. Vom Probenvolumen und auch von der gewählten Anwendung hängt ab, welche Röhrchen verwendet werden müssen. Die Röhrchen sollten vom Material her so beschaffen (dickwandig) sein, dass sie den hohen g-Werten standhalten und nicht beschädigt werden (kollabieren). Außerdem müssen sie so bestückt werden, dass es nicht zu einer Verformung kommen kann und dadurch der potenzielle Verlust der Probe droht. Im Gegensatz dazu haben dünnwandige Röhrchen den Vorteil, dass sie sich zwecks Probenentnahme leicht durchstechen lassen.

Sicherheitsaspekte

Sicherheitsrelevante Aspekte sind gerade bei der Ultrazentrifugation wegen der hohen RCF-Werte von großer Bedeutung. Falsche oder falsch bestückte Röhrchen können in atemberaubender Geschwindigkeit die Form und Konsistenz harter Knödel annehmen. Handelt es sich um eine wertvolle Probe, tut man gut daran, abgedichtete Röhrchen zu verwenden, um dadurch das Verlustrisiko auszuschließen. Das ist aber noch nicht alles, denn grundsätzlich müssen bei der Ultrazentrifugation alle Materialien sorgfältig aufeinander abgestimmt sein, da sich sonst selbst der kleinste Mangel an Übereinstimmung von Hardware (Steuereinheit der Zentrifuge, Rotor und Zubehör) und Verbrauchsmaterialien negativ auf die Aussagefähigkeit der Ergebnisse auswirken kann.

Austarieren

Ein ebenso wichtiges wie mindestens genauso leidiges Thema ist das richtige Austarieren. Das muss grundsätzlich bei allen Zentrifugationen gemacht werden, was eigentlich selbstverständlich ist. Die Betonung liegt auf eigentlich, denn dass man das machen muss ist, meist noch bekannt – wie man es korrekt macht, oft leider nicht. Grundsätzlich auf der sicheren Seite ist jeder Experimentator, der beim Thema „Austarieren" die Angaben des jeweiligen Herstellers beachtet.

Einige Grundregeln, die man beim Zentrifugieren einhalten sollte, werden nun in Kürze vorgestellt. Eine davon ist, dass man einen Rotor niemals in Betrieb nehmen sollte, wenn nicht alle Rotorbecher eingesetzt sind, da dies ein großes Risiko für eine Unwucht darstellt. Das gilt auch dann, wenn die benutzten Rotorbecher richtig bestückt und austariert sind. Darüber hinaus gilt es zu bedenken, dass beim Austarieren nicht nur das Gewicht der gegenüberliegenden Rotorbecher eine große Rolle spielt, sondern auch die Symmetrie bei der Bestückung der Rotorbecher mit den zu zentrifugierenden Proben. Das ist besonders dann von größter Bedeutung, wenn die Rotorbecher eben nicht vollständig besetzt sind. Um die Symmetrie zu bewahren, sollte man bei der Probenanordnung einerseits die zentrale Achse des jeweiligen Rotorbechers, aber auch die Achse über das Rotationszentrum berücksichtigen. Im Zweifelsfall ist es besser, Röhrchen mit dem gleichen Gewicht wie die eigentlichen Proben als Tara zu verwenden und damit den Rotorbecher vollständig zu bestücken. Wird das berücksichtigt, hat man dem Auftreten einer Unwucht schon gezielt entgegengewirkt.

Sicherer Rotor

Wie wichtig die Sicherheit beim Zentrifugieren ist, wird deutlich, wenn man sich vor Augen führt, dass aufgrund der physikalischen Gegebenheiten Teile eines Rotors Geschwindigkeiten von bis zu 3000 km/h erreichen können. Bestimmt kennen Sie auch eine Geschichte über einen Zentrifugenunfall, denn nicht selten geistern solche Erzählungen als Schreckgespenst durch Labors und Praktikumsräume. Die Tatsache, dass kleine wie auch große Metallteile bei einem Zentrifugenunfall mit mehr als $10^6 \times g$ nach außen beschleunigt werden können, nötigt mir jedenfalls Respekt ab. Doch ein Hasenfuß im Umgang mit Ultrazentrifugen muss man jetzt nicht werden. Die Zeit bleibt nicht stehen und inzwischen gibt es Sicherheitssysteme, die solche Unfälle vermeiden helfen. Der Schwerpunkt liegt hierbei darauf zu verhindern, dass ein Rotor unbeabsichtigt mit einer höheren als der zulässigen Maximaldrehzahl betrieben wird. Moderne Laborzentrifugen arbeiten mit Rotoridentifikationssystemen, die selbst Benutzerfehler korrigieren können.

Wer sich noch weiter über das Thema „Zentrifugation" und besonders über die Ultrazentrifugation informieren möchte, kann das auch in der Zeitschrift *Rotor* tun, die von Beckman Coulter herausgegeben wird [10–12]. Darüber hinaus bietet die Broschüre *A Centrifuge Primer* [13] noch die eine oder andere wichtige Information, die man sich unter folgender Webadresse herunterladen kann:

http://centrifugebybeckman.com/?page_id=2392/?pi_ad_id=164710267664&gclid=CMS8n-u0htUCFQw8GwodnkoB0g.

2.4 Grundlagen der Zellseparation

Im Folgenden geht es um die Isolierung bestimmter Zellen aus Zellgemischen, die vom Experimentator genauer untersucht werden sollen. Ein ganz einfaches Beispiel aus der Praxis ist die Isolierung von Lymphocyten aus einer Blutprobe.

2.4.1 Isopyknische Dichtegradientenzentrifugation von Lymphocyten aus peripherem Blut

Blut enthält naturgemäß zelluläre wie auch flüssige Bestandteile. Mittels Zentrifugation und einem geeigneten Trennmedium können die Lymphocyten aus dem Blutzellgemisch, in dem sich auch Thrombocyten, Monocyten, Erythrocyten und Granulocyten befinden, isoliert werden. Trennmedien, die für diesen Zweck benutzt werden, sind auf Ficoll-Basis hergestellt und haben eine Dichte von 1,007 g/ml. Wie wir oben gelernt haben, bezeichnet man eine Trennung von Zellen mit einem Gradienten aufgrund der Dichte auch als isopyknische Zentrifugation. In diesen Trennmedien präzipitieren das Plasma und die verschiedenen Blutzellen bei unterschiedlichen Dichten. Eine Übersicht hierzu bietet ◘ Tab. 2.1. Allerdings muss erwähnt

◘ **Tab. 2.1** Dichte verschiedener Blutbestandteile

Blutbestandteile	Dichte (g/ml)
Plasma	1,03
Thrombocyten	1,05
Lymphocyten, Monocyten	1,07
Granulocyten	1,08
Erythrocyten	1,10

werden, dass die Dichte der Blutzellen in Abhängigkeit vom Ausgangsgewebe, der Spezies und dem Differenzierungsgrad der Zellen zwischen 1,04 und 1,14 g/ml variieren kann.

Der Ablauf der Methode mit einem Trennmedium auf Ficoll-Basis ist im folgenden Protokoll dargestellt.

1. Das Trennmedium wird in einem Zentrifugenröhrchen vorgelegt (15 bis max. 50 ml Gesamtvolumen). Das benötigte Volumen des Trennmediums richtet sich dabei nach dem Volumen der aufzutrennenden Blutprobe und sollte ein Verhältnis von maximal 1:1 nicht überschreiten.
2. Die mit einem Gerinnungshemmer versetzte Blutprobe wird 1:1 mit Puffer (PBS) verdünnt.
3. Die verdünnte Blutprobe wird sehr vorsichtig über das vorgelegte Trennmedium geschichtet (◘ Abb. 2.10, links).

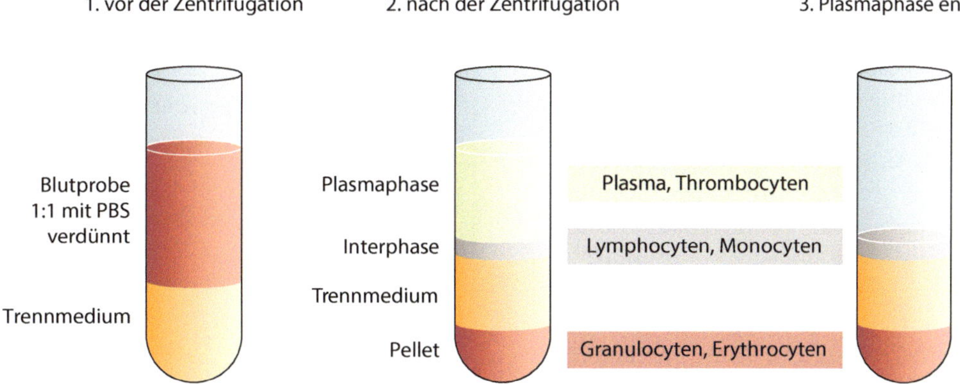

◘ **Abb. 2.10** Ablaufschema für die Isolierung von Lymphocyten. (Modifiziert nach Amersham [13])

Hierbei ist es von größter Wichtigkeit, die Blutprobe nicht unbeabsichtigt durch allzu beherztes Pipettieren mit dem Trennmedium zu vermischen!

4. Zentrifugation bei 400 × g für 30–40 min RT. Die Bremse muss ausgestellt werden, damit der Gradient beim Auslaufen des Rotors nicht erschüttert und die Phasen dadurch wieder vermischt werden.
5. Nach der Zentrifugation erhält man einen Gradienten, bei dem das Plasma und die Zellbestandteile der Blutprobe entsprechend ihrer Dichte in unterschiedliche Phasen aufgetrennt wurden (◘ Abb. 2.10, Mitte).
6. Um die Lymphocytenfraktion, die sich als weißlich opake Interphase zwischen der Plasmaphase und dem Trennmedium befindet, zu gewinnen, kann man unterschiedlich vorgehen. Eine Möglichkeit besteht darin, vorsichtig mit einer Einwegpipette durch die Plasmaphase hindurch die Lymphocyten in kreisenden Bewegungen abzunehmen. Alternativ kann man zuerst die Plasmaphase entfernen ohne die darunter liegenden Lymphocyten aufzuwirbeln (◘ Abb. 2.10, rechts) um anschließend die Lymphocyten zu gewinnen. Das Plasma kann entweder für andere Anwendungen aufgehoben oder wenn es nicht benötigt wird, verworfen werden.
7. Die Lymphocyten werden in ein neues Zentrifugenröhrchen überführt und anschließend 2-mal mit ca. 10 ml PBS für 5 min bei 250 × g gewaschen. Der Überstand wird nach jeder Zentrifugation bis auf ca. 1 ml abgesaugt und das Pellet vorsichtig darin resuspendiert, bevor erneut PBS hinzugegeben wird.
8. Nach dem letzten Waschschritt werden die Lymphocyten in ein definiertes Volumen PBS aufgenommen und daraus die Zellzahl (vergleiche ► Abschn. 2.3) bestimmt.

Die derart isolierten Lymphocyten können auf ganz unterschiedliche Weise weiter verwendet werden. So können sie z. B. als Kurzzeitkultur (72 h) in die Zellkultur überführt, direkt in einem Experiment eingesetzt oder weiter in ihre subzellulären Bestandteile fraktioniert werden.

Eine Alternative zur oben vorgestellten Methode besteht in der Verwendung von Zentrifugenröhrchen mit einer porösen Trenn- oder Separationsscheibe. Solche Röhrchen gibt es beispielsweise unter der Bezeichnung Leucosep (Greiner Bio One), Leucoprep (Becton Dickinson) oder Rezisafe (Bioswisstec) im Handel. Die Trennscheibe im Zentrifugenröhrchen verhindert, dass sich die aufzutrennende Blutprobe mit dem Trennmedium vermischt. Das bringt vor allem eine zeitliche Ersparnis, weil die zeitintensive Überschichtung des Trennmediums mit der Blutprobe wegfällt. Nach der Zentrifugation z. B. in einem Leucosep-Röhrchen erhält man Phasen wie sie in ◘ Abb. 2.11 dargestellt sind.

Ein Vorteil der Verwendung solcher Röhrchen ist, dass die Probe auch unverdünnt direkt in das Röhrchen gegeben werden kann. Doch obwohl eine Verdünnung der eingesetzten Probe mit physiologischer Kochsalzlösung (oder auch PBS) hierbei nicht unbedingt erfolgen muss,

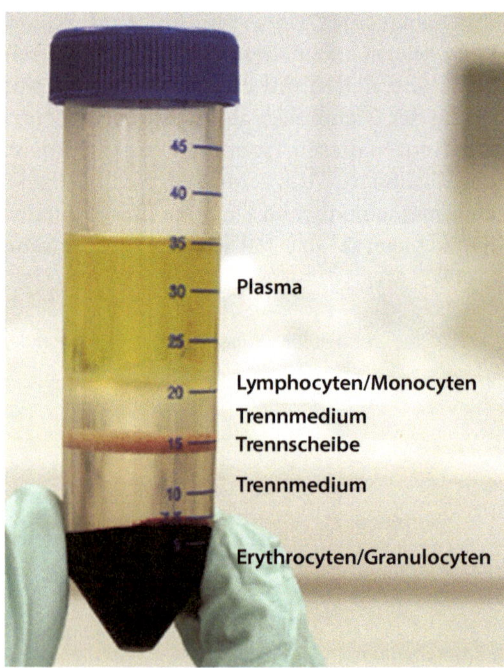

◘ **Abb. 2.11** Gradient einer Blutprobe nach Einsatz einer Trennscheibe. (© Greiner Bio One, verwendet mit freundlicher Genehmigung)

kann das Ergebnis der Auftrennung dadurch wesentlich verbessert werden. Die Anbieter der Röhrchen empfehlen deshalb Blut im Verhältnis 1:2 und Knochenmark im Verhältnis 1:4 zu verdünnen.

Der Vollständigkeit halber ist es durchaus interessant, einen Vergleich der Sedimentationsraten und den isopyknischen Schwimmdichten von Partikeln anzustellen, wenn unterschiedliche Trennmedien wie Percoll und Sucrose verwendet wurden. Dies ist in ◘ Abb. 2.12 veranschaulicht.

2.4.2 Subzelluläre Fraktionierung mittels Differenzial-Ultrazentrifugation

Voraussetzung für die Analyse von subzellulären Fraktionen ist der Aufschluss des Ausgangsmaterials mittels Homogenisation. Hierfür können Zellkulturzellen oder auch ganze Gewebe und Organe aus Spendertieren verwendet werden. Mit subzellulären Fraktionen sind alle Kompartimente (Organellen) gemeint, die sich im Zellinneren befinden und von Membranen umgeben sind. Hierzu gehören beispielsweise der Zellkern, die Mitochondrien, das endoplasmatische Reticulum und auch Plasmamembranen. Beim Homogenisieren zerbrechen die Organellen in Membranfragmente, deren Enden sich verbinden und kugelförmige Membranbläschen, sogenannte Vesikel, bilden. Der Durchmesser dieser Vesikel beträgt meist weniger als 100 nm. Da die Vesikel unterschiedlicher Herkunft sind, je nachdem, von welchem Organell sie stammen, haben sie ganz unterschiedliche biochemische Eigenschaften. Membranvesikel, die von Endomembranen abstammen und damit überwiegend Membranen vom endoplasmatischen Reticulum (ER) und vom Golgi-Apparat enthalten, liefern nach der Fraktionierung eine Mischung von Membranen vergleichbarer Größe. Dieses Membrangemisch wird auch „Mikrosomenfraktion" genannt. Mikrosomen lassen sich wiederum durch differenzielle Gradientenzentrifugation in weitere Fraktionen mit glatten (ohne Ribosomen) und rauen (mit

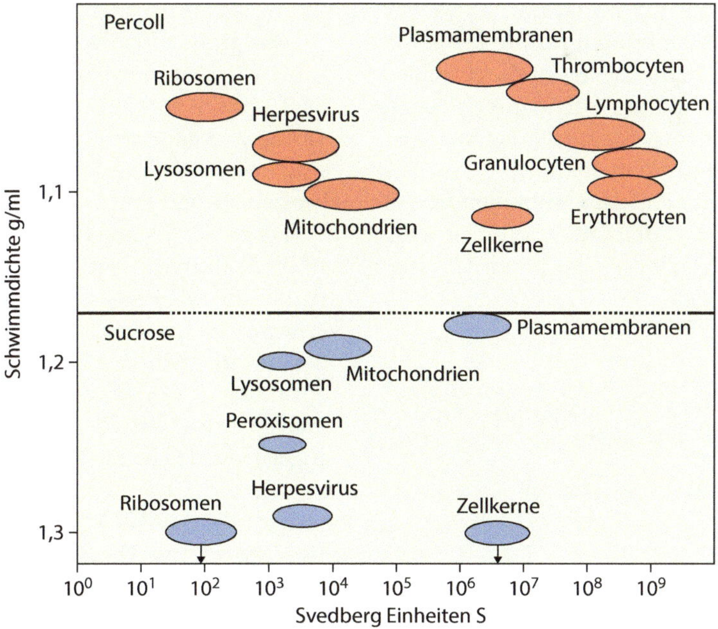

◘ **Abb. 2.12** Vergleich der Sedimentationsraten und isopyknischen Schwimmdichten verschiedener Partikel aus Rattenleberhomogenat, Herpesvirus und menschlichen Blutzellen nach Auftrennung mit Percoll (*rot*) bzw. Sucrose (*blau*). 1 Svedberg-Einheit = 10^{-13} Sekunden. (Quelle: Amersham Handbook [6])

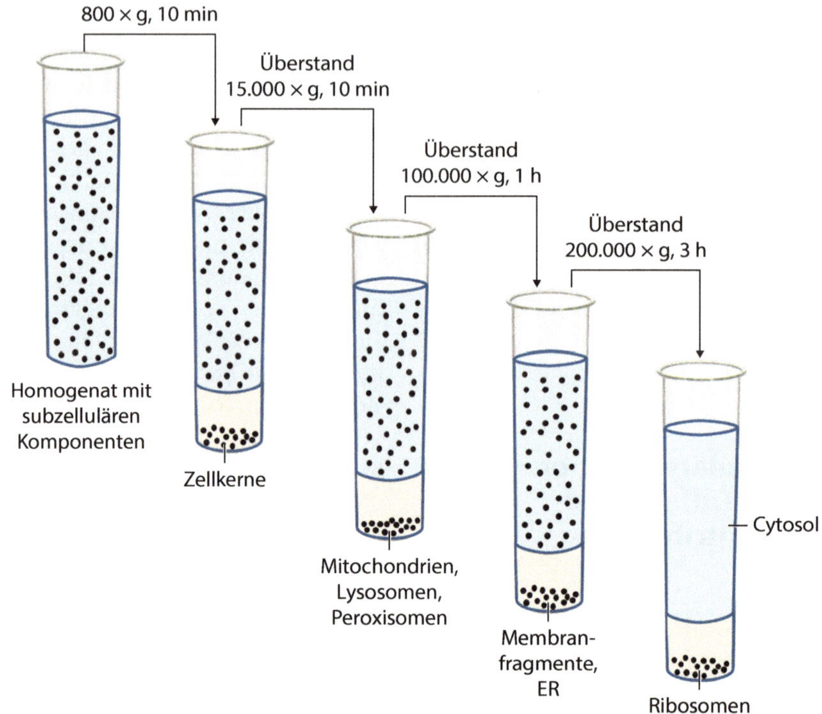

Abb. 2.13 Schematischer Ablauf bei der Isolierung von Zellorganellen

Ribosomen) Membranen trennen. Nach der erfolgreichen Trennung stehen die verschiedenen Fraktionen für die Analyse ihrer biochemischen Eigenschaften zur Verfügung, so etwa für die Analyse von Enzymen im ER.

Für die Sedimentierung subzellulärer Fraktionen werden zudem auch unterschiedlich hohe RCF-Werte benötigt. Einen Überblick bietet Tab. 2.2.

Tab. 2.2 RCF-Werte für die Gewinnung verschiedener subzellulärer Fraktionen

Zellorganellen	RCF (g)
Zellkerne	500
Chloroplasten	1000
Mitochondrien	8000
Mikrosomen	100.000

Das grobe Ablaufschema, wie man die einzelnen Fraktionen aus einem unbearbeiteten Gemisch von Zellen gewinnen kann, ist in Abb. 2.13 dargestellt. Darüber hinaus werden einige wichtige Grundlagen in folgendem Buchkapitel erläutert [14].

Da die Isolierung rekombinanter Proteine aus Zellkulturen in der Zellbiologie eine häufige vorkommende Fragestellung ist, wird hier ein Protokoll für die Gewinnung subzellulärer Fraktionen vorgestellt, welches für diese Anwendung optimiert ist [15]. Die Angaben zu den RCF-Werten weichen aus dem Grund von dem oben angegebenen Schema (Abb. 2.13) ab.

Was man dafür braucht

- Vorgewärmte Trypsinlösung (37 °C, im Wasserbad oder Inkubator)
- Eiskaltes PBS
- Protease-Inhibitoren (optional)
- Kühlzentrifuge

Benötigte Puffer

Puffer 1: Digitonin-Puffer (Cytosol)
150 mM NaCl
50 mM HEPES, pH 7,4
25 µg/ml Digitonin

Puffer 2: NP40 Puffer (membranumhüllte Organellen)
150 mM NaCl
50 mM HEPES, pH 7,4
1 % NP40

Puffer 3: RIPA-Puffer (Kernmembranen)
150 mM NaCl
50 mM HEPES, pH 7,4
0,5 % Natriumdeoxycholat
0,1 % Natriumdodecylsulfat (SDS)
Benzonase (1 U/ml), erst kurz vor Gebrauch dazugeben!

Puffer 4: E-RIPA Extraktionspuffer (unlösliche Proteine)
150 mM NaCl
50 mM HEPES, pH 7,4
0,5 % Natriumdeoxycholat
1 % Natriumdodecylsulfat (SDS)
100 mM Dithiotreitol (DTT)

Protokoll für die Isolierung verschiedener Zellorganellen

Adhärente Zellen können in unterschiedlichen Zellkulturgefäßen gezüchtet werden, daher müssen die Volumina der oben genannten Puffer entsprechend angepasst werden. Diese Angaben sind der Originalliteratur zu entnehmen. Das hier aufgeführte Beispiel beruht auf einer Kultur in einer Mikrotiterplatte.

1. Zellkulturüberstand entfernen, 500 µl/*well* Trypsin auf den Zellrasen geben und 5 min bei 37 °C inkubieren. Die Zellen von der Zellkulturplatte lösen und die Suspension in 1 ml kaltes Kulturmedium/10 % fetales Rinderserum geben, um die Trypsinwirkung abzustoppen. Danach die Zellen bei 4 °C mit 100 × g zentrifugieren.
2. Überstand entfernen, Zellen mit 1 ml eiskaltem PBS waschen und mit 100 × g zentrifugieren. Pellet in 400 µl eiskaltem Puffer 1 (optional: mit Protease-Inhibitoren) resuspendieren und 10 min bei 4 °C inkubieren. Mit 2000 RCF zentrifugieren, danach befindet sich die angereicherte Cytosolfraktion im Überstand. Optional: Pellet mit eiskaltem PBS waschen, um Reste von eventuell vorhandenem Digitonin-Extrakt zu entfernen.
3. Pellet in 400 µl eiskaltem Puffer 2 vortexen und für 30 min auf Eis inkubieren, Zentrifugation mit 7000 RCF, um die Kerne und Zelldebris zu sedimentieren, anschließend befinden sich die membranumhüllten Organellen (ER, Golgi-Apparat, Mitochondrien und einige nucleäre lumenale Proteine des ER) im Überstand. Optional: Pellet mit eiskaltem PBS waschen, um Reste von eventuell vorhandenem NP40-Extrakt zu entfernen.
4. Die im Pellet befindlichen Zellkerne und NP40-unlöslichen Proteine in 400 µl eiskaltem Puffer 3 vortexen und durchgehend bei 4 °C für 1 h inkubieren, um die Kerne vollständig in Lösung zu bringen (solubilisieren) und die genomische DNA zu verdauen. Dieser Schritt kann, ohne dass unerwünschte Effekte auftreten, auch über Nacht durchgeführt werden. Zentrifugation mit 7000 RCF für 10 min, um unlösliche Proteine zu pelletieren. Den Überstand gewinnen, in dem sich Kernmembranen und Kernproteine befinden. Optional: Pellet mit eiskaltem PBS waschen, um Reste von eventuell vorhandenem RIPA-Extrakt zu entfernen.
5. Die unlöslichen Proteine im Pellet in Puffer 4 vortexen und kochen. Den Extrakt mit maximaler Umdrehungszahl zentrifugieren, um den verbleibenden Zelldebris (Pellet ist kaum sichtbar) zu pelletieren. Im Überstand befinden sich anschließend NP40- und RIPA-unlösliche Proteine. An dieser Stelle kann man diesen Extrakt mit dem zuvor gewonnenen RIPA-Extrakt zu einem konzentrierten Extrakt kombinieren. Dazu muss wie unter 4. weiter verfahren und 320 µl Puffer 3 mit Benzonase zugegeben werden. Nach dem Verdau genomischer DNA werden 40 µl einer 10 %igen SDS-Lösung und 40 µl 1 M DTT zugegeben.

2.5 Bead it! – Isolierung von Zellen aus einem Zellgemisch mittels Dynabeads

Eine sehr beliebte, weil genial einfache Methode, Zellen aus einem heterogenen Gemisch zu isolieren bzw. nach bestimmten Merkmalen voneinander zu unterscheiden, ist der Einsatz von Magnetkügelchen [16]. Diese sogenannten Dynabeads (*beads* = Kügelchen) stellten Mitte der 1970er-Jahre einen überragenden Durchbruch bei der Trennung von Biomaterialien dar. Sie gehen auf eine Erfindung des Norwegers John Ugelstad zurück, der ein Pionier auf dem Gebiet der Polymer- und Kolloidchemie war. Er war damals der Erste, der Polystyrenkügelchen von exakt gleicher Größe hergestellt hat. Das war damals schon allein deshalb etwas Besonderes, weil dieses Kunststück zuvor nur der NASA unter Schwerelosigkeitsbedingungen gelungen war.

In einem Zweischrittverfahren werden die Beads zum Schwellen gebracht, sodass „aktivierte", in Wasser gelöste Polymerpartikel resultieren. Diese sind in der Lage, schwach wasserlösliche organische Stoffe zu absorbieren und dabei auf das mehr als 1000-fache ihres eigenen Volumens anzuschwellen. Die eigentlich bahnbrechende Verbesserung bestand jedoch darin, die monodispersen Kügelchen zu magnetisieren. Dazu werden diese in wässriger Fe^{2+}-haltiger Salzlösung mit oxidativen Gruppen an den äußeren und inneren Oberflächen bedeckt. Die Eisenionen in der Lösung reagieren mit den oxidativen Gruppen und bilden im magnetischen Feld feine Körnchen aus magnetischen Oxiden, die sich überall in den Beads befinden. Durch diese Prozedur werden die Kügelchen supermagnetisch.

Die Polymerbeads, die man heute unter der Bezeichnung „Dynabeads" kennt, sind in verschiedenen Größen und mit unterschiedlichen funktionellen Oberflächen erhältlich und daher für ein breites Spektrum von Anwendungen einsetzbar. Man kann sie bereits mit einem Liganden, wie etwa einem Antikörper, einem Protein oder Antigen, aber auch mit einer DNA/RNA-Sonde gekoppelt, erwerben. Es gibt sie auch mit nahezu jedem beliebigen anderen Molekül, welches über eine Affinitätsreaktion an das gewünschte Zielmolekül bindet. Inzwischen steht dem Anwender sogar eine breite Palette von *ready to use*-Produkten und Kits zur Verfügung. So überrascht es nicht, dass Dynabeads in der Immunologie, der Zell-, Mikro- und Molekularbiologie sowie darüber hinaus in der medizinischen Diagnostik und in DNA-basierten Techniken eingesetzt werden. Mit anderen Worten: Dynabeads sind echte Multitalente.

Wie man bei der Zellisolierung vorgeht, hängt entscheidend davon ab, welche weiteren Analysen vom Experimentator geplant sind. Bei der Wahl der Strategie muss man sich zwischen positiver oder negativer Isolierung entscheiden. Wo liegt der Unterschied? Bei der positiven Isolierung werden die gewünschten Zielzellen markiert und später wieder von den Beads mit einem „Release-Puffer" eluiert, während bei der negativen Isolierung die unerwünschten Zellen markiert werden. Zusätzlich gibt es die Möglichkeit, bestimmte Zelltypen aus einer heterogenen Zellpopulation durch Depletion zu entfernen [17, 18]. Einen Überblick darüber gibt ◻ Tab. 2.3.

Ein Beispiel für eine positive Isolierung ist die Dynabeads-FlowComp-Flexi-Technologie. Diese beruht auf einer modifizierten Version des Biotin-Streptavidin-Systems, bei der DSB-X-Biotin eingesetzt wird. Dabei handelt es sich um ein Derivat von Desthiobiotin, einer stabilen Vorstufe von Biotin, mit der Fähigkeit, an biotin-bindende Proteine wie etwa Streptavidin und Avidin zu binden. Bei dem Verfahren wird ein DSB-X™-biotin-markierter Antikörper an die Zielzellen gebunden, um diese durch modifizierte streptavidin-gekoppelte Dynabeads aus der Zellsuspension heraus zu selektieren. Danach werden die Zielzellen von den Beads durch Einsatz eines „Release"-Puffers vorsichtig wieder abgelöst und in den Überstand abgegeben. Die auf diese Weise positiv isolierten und bead-freien Zellen können direkt in Downstream-Anwendungen, wie z. B. in durchflusscytometrischen Analysen oder in beliebigen anderen zellbasierten Assays, eingesetzt werden.

Ein grundlegendes Element bei der Bead-Technologie ist der Einsatz eines Magneten, der

Tab. 2.3 Strategien für den Einsatz von Dynabeads für die Zellisolierung

Strategie	Anwendungszweck/Downstream-Analyse
Positive Isolierung	Ideal geeignet für die Durchflusscytometrie und zellbasierte Assays Wenn maximale Reinheit und Ausbeute erforderlich/gewünscht ist Geeignet für Vollblut, Knochenmark oder *buffy coat* (Leukocyten)
Negative Isolierung	Geeignet für unveränderte Zellen ohne *beads*/Antikörpermarkierung Geeignet für jede Form der Anwendung Hohe Ausbeute, Reinheit und Zellvitalität
Depletion	Einfache Entfernung unerwünschter Zelltypen Geeignet für positive Isolierung von Zellen für molekulare Anwendungen Hohe Ausbeute und Reinheit

es erlaubt, unerwünschte oder aber die Zielzellen sowie unbehandelte oder mit Antikörpern oder Proteinen (z. B. Streptavidin, Protein A oder G) beschichtete Beads von den anderen Bestandteilen der Suspension zu trennen, ohne die Proben zentrifugieren zu müssen. Die Trennung geschieht innerhalb von Sekunden, da die Beads sofort zum Magneten hingezogen werden und man direkt mit dem nächsten Schritt fortfahren kann. Unter diesem Gesichtspunkt betrachtet ist die Bead-Technologie nicht nur äußerst elegant, sondern auch vom Zeitgewinn für den Experimentator sehr attraktiv.

2.6 Grundlagen der Cytometrie

Der Begriff „Cytometrie" bedeutet nichts anderes als „Zellvermessung". Jeder Zellbiologe muss nicht nur Zellen beispielsweise aus einem Gewebe-Homogenat oder einer heterogenen Zellsuspension isolieren, sondern diese auch zählen und oft anschließend charakterisieren, damit sie in weiteren Assays eingesetzt werden können. Aus dem Grund werden verschiedene Messverfahren angewendet, die es erlauben, Zellen nicht nur quantitativ zu bestimmen, sondern auch etwas über ihre Eigenschaften zu erfahren.

Wem das nun folgende Unterkapitel bekannt vorkommt, der hat schon ein anderes Buch aus der Experimentator-Reihe gelesen, nämlich den Experimentator Zellkultur. Da dieses Buch auch aus meiner Feder stammt, darf ich mich an dieser Stelle bei mir selbst bedienen [19]. Da nicht nur der Zellkulturexperimentator seine Zellen zählen muss, sondern diese Methodik auch ein Standardverfahren in der Zellbiologie darstellt, werden im Folgenden zwei Varianten vorgestellt, die zur Laborroutine gehören.

▪ Zellzählung

Die Zellzählung ist eine Routinemethode, die entweder – wenn man standardisiert arbeitet – bei jeder Passage einer Zellkultur oder aber – wenn Abkürzungen erlaubt sind – nur anfänglich durchgeführt wird und zwar so lange, bis man das Wachstumsverhalten seiner Zelllinie(n) kennengelernt hat. Wenn man genau weiß, nach wie vielen Tagen die Zellkultur von der ursprünglich eingesetzten Zellzahl auf das Doppelte oder Dreifache herangewachsen ist, kann man außerhalb der Industrie meist mit einem über den Daumen gepeilten Erfahrungswert arbeiten. Dieser sollte sich bei gleichbleibenden Wachstumsbedingungen nicht wesentlich verändern. Dieses Vorgehen erspart einem die Zellzählung, was sich gerade bei größeren Mengen an Kulturen in Form einer nicht unerheblichen Zeitersparnis positiv bemerkbar macht. Braucht man jedoch die exakte Zellzahl z. B. zum Ansetzen eines Versuchs, so kommt man um die Zellzählung nicht herum. Die Bestimmung der Zellzahl kann entweder von Hand im Hämocytometer oder automatisiert mit einem Zellzählgerät durchgeführt werden.

2

2.6.1 Kombinierte Zellzählung und Vitaltest mit Trypanblau im Hämocytometer

Die Trypanblau-Färbung ist der Klassiker unter den Methoden zur Zellzahlbestimmung und ein einfacher und schnell durchführbarer Routinetest, der auch für die Überprüfung der Vitalität eingesetzt wird. Bei dem sauren Farbstoff Trypanblau (syn. Benzaminblau) handelt es sich um einen Vertreter aus der Gruppe der Azofarbstoffe, dessen Anion an Zellproteine bindet. Aus diesem Grund wird er im Rahmen von Polychrom-Färbungen auch zur Darstellung von kollagenem Bindegewebe benutzt, wobei große Kollagenfasern rot und kleine Fasern blau gefärbt werden. Die Trypanblau-Färbung ist eine Ausschlussfärbung, denn der Farbstoff dringt selektiv nur in tote Zellen ein. Deren Membran ist durchlässig geworden, so dass der Farbstoff in das Cytoplasma gelangen kann. Trypanblau wird von lebenden Zellen nicht aufgenommen, da er aufgrund seiner Größe (M = 960,8 g/mol) die intakte Membran lebender Zellen nicht passieren kann.

Bei der Färbung werden tote Zellen tiefblau angefärbt, während lebende Zellen im Mikroskop leuchtend hell erscheinen. An dieser Stelle muss allerdings darauf hingewiesen werden, dass der Farbtest nicht so trivial ist, wie mancher jetzt denken mag. Es gibt nämlich einen Pferdefuß. Trypanblau wirkt bei zu langer Einwirkzeit cytotoxisch, daher müssen bei der Durchführung der Färbung die angegebenen Zeiten unbedingt eingehalten werden. Ist die Einwirkdauer zu lang, steigt die Anzahl toter Zellen aufgrund dieses unerwünschten Nebeneffekts. Darüber hinaus muss berücksichtigt werden, dass eine hohe Serum-/Proteinkonzentration die Auswertung des Tests erschwert. Das beruht auf der Bindung des Farbstoffs an Proteine. Man kann das Problem jedoch dadurch umgehen, dass man die zu zählende Zellsuspension in PBS ohne Calzium und Magnesium verdünnt.

Merke!

Beim Umgang mit Trypanblau ist Vorsicht geboten, denn der Farbstoff ist gesundheitsschädigend. Er gehört zur Gruppe der Azofarbstoffe, die im Verdacht stehen, Krebs zu erregen. Beim Einatmen kann es zu Schleimhautreizungen, Husten und Atemnot kommen. Bei der Arbeit ist Schutzkleidung dringend empfohlen; der Abfall sollte als Sondermüll entsorgt werden.

Ausgezählt werden die Zellen im Hämocytometer, einer flachen Glaskammer von definierter Tiefe und mit einer graduierten Unterteilung der Bodenfläche, dem Zählnetz. Es dient zur mikroskopischen Auszählung der partikulären Bestandteile in einer flüssigen Probe. Häufig wird es zur Bestimmung von Blutkörperchen eingesetzt, worauf der Name beruht. Es kann aber auch ganz allgemein zur Zellzählung verwendet werden. Die ermittelte Zahl erlaubt, unter Bezug auf das bekannte Kammervolumen und den Verdünnungsfaktor der Probe, die Bestimmung der Zellzahl pro Volumeneinheit (ml). Es gibt viele Modelle, die bekanntesten sind Thoma-Zeiss-, Bürker- und Neubauer-Kammer.

▪▪ Was man für die Trypanblau-Färbung braucht

- Zu testende Zellsuspension,
- Trypanblau-Stammlösung,
- Mikroliterpipette,
- Hämocytometer (z. B. Neubauer-Zählkammer) mit Deckglas, Alkohol zum Reinigen,
- Inversmikroskop mit Phasenkontrast.

▪ Protokoll für die Trypanblau-Färbung

- Ein Aliquot (z. B. 20 µl) der Zellsuspension (mindestens 2×10^5, maximal 4×10^7 Zellen/ml) und 80 µl einer 0,5 %igen Trypanblau-Lösung werden vorsichtig mit einer Pipette vermischt (Verdünnungsfaktor 5) und für zwei Minuten (maximal 5 Minuten) bei 37 °C inkubiert.
- Vor dem Gebrauch wird das Hämocytometer (Zählkammer) und auch das Deckglas mit 70 %igem Alkohol gereinigt. Dann wird die Zählkammer durch

Anhauchen befeuchtet und das Deckglas mit leichtem Druck darauf angebracht. Nur wenn die sogenannten Newton'schen Ringe erscheinen, sitzt das Deckglas korrekt und ist „dicht".

- Die gefärbte Zellsuspension wird unmittelbar vor der Zählung nochmals gut durchmischt. Mithilfe einer Mikroliterpipette wird das Zählnetz der Kammer mit der Suspension so befüllt, dass die Kammer vollständig mit Flüssigkeit angefüllt ist, ohne dass sie überfüllt wird. In der Regel wird die Zellsuspension durch Kapillarkräfte passiv hineingesaugt.
- Kurze Zeit warten, damit die Zellen sedimentieren können. Sobald sie nicht mehr umherschwimmen, wird sofort mit der Zählung begonnen.
- Zur Auswertung wird ein Mikroskop mit einem 10er-Objektiv benötigt. Das 10er-Objektiv erleichtert die Orientierung und die Suche nach dem Zählnetz, das man in die Mitte des sichtbaren Ausschnitts einstellt und für die eigentliche Zellzählung ist es bei Säugerzellen optimal, denn damit wird ein großes Quadrat optimal dargestellt.

Es wird sowohl die Gesamtzahl der Zellen (Zellzahlbestimmung) als auch der Anteil der blau gefärbten Zellen gezählt. Auch schwach blau gefärbte Zellen werden als tote Zellen gezählt. Die ungefärbten Zellen entsprechen dem Anteil der vitalen Zellen (Vitaltest). Zur Bestimmung der Zellzahl werden 4 × 16 kleine Quadrate (16 kleine Quadrate entsprechen in dieser Kammer einem großen Quadrat) mäanderförmig ausgezählt und daraus das arithmetische Mittel für ein großes Quadrat bestimmt. Die Zellzahl wird mithilfe der folgenden Formel berechnet:

$Z \times VF \times V \times 10^4$ = Gesamtzahl der Zellen im gesamten Volumen

Z – Mittelwert der gezählten Zellen aus vier großen Quadraten

VF – Verdünnungsfaktor (siehe oben), der auf der Verdünnung der Zellsuspension mit der Trypanblau-Lösung beruht. Im Beispiel oben = 5 (20 µl Zellen + 80 µl Trypanblau-Lösung)

V – Volumen, in dem das zu zählende Zellpellet resuspendiert wurde. Wenn die Zellen z. B. in 10 ml Volumen aufgenommen wurden, muss der Faktor 10 einbezogen werden, um die Gesamtzellzahl in den 10 ml der Probe zu erhalten.

10^4 – Kammerfaktor z. B. der Neubauer Zählkammer. Er ergibt sich aus der Auswertung einer Fläche von 1 mm^2 (Fläche eines großen Quadrates). Bei einer Tiefe der Kammer von 0,1 mm ergibt sich ein Volumen von 0,1 µl. Durch Einbeziehen dieses Faktors kann die ermittelte Zellzahl auf einen Milliliter bezogen werden. Der Kammerfaktor ist abhängig von der verwendeten Kammer, daher muss bei der Verwendung eines anderen Systems mit dem auf der verwendeten Zählkammer angegebenen Kammerfaktor multipliziert werden.

Zur Auswertung mit der Zählkammer ist noch hinzuzufügen, dass man das doppelte Zählen von Zellen, die auf den Linien des Zählnetzes liegen, vermeidet, indem man zwei Ränder diskriminiert. Dafür überlegt man sich vorher, welche Ränder man von der Zählung ausschließen will. Das können z. B. die oberen und linken Ränder sein oder die Kombinationen unten und rechts. Wichtig ist nur, dass man sich daran hält und nicht mitten in der Zählung plötzlich von dieser Vorgabe abweicht (Abb. 2.14)

Zellzählung

Soll nur die Zellzahl bestimmt werden, ohne den Vitaltest gleichzeitig durchzuführen, kann auf die vorherige Trypanblau-Färbung verzichtet

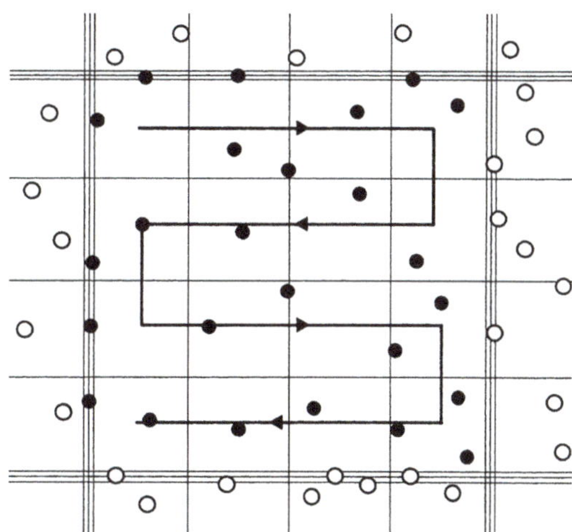

Abb. 2.14 Auszählen der Zellen mithilfe eines Hämocytometers

werden. Die Zellsuspension wird nach dem Zentrifugieren in Medium aufgenommen und nach dem Resuspendieren sofort in die Zählkammer pipettiert. Das oben aufgeführte Protokoll kann in entsprechend modifizierter Form ab dem Schritt 2 für die Zellzählung herangezogen werden. Die Formel für die Berechnung der Zellzahl lautet in diesem Fall:

$Z \times V \times 10^4$ = Gesamtzahl der Zellen im gesamten Volumen

▪▪ Vitaltest

Wie bestimmt man den Anteil der vitalen Zellen in der Zellsuspension? Dazu wird mit der folgenden Gl. (2.2) gerechnet:

$$\%\,\text{lebende (ungefärbte) Zellen} = \frac{\text{ungefärbte Zellen}}{(\text{gefärbte} + \text{ungefärbte Zellen})} \times 100 \quad \textbf{(Gl. 2.2)}$$

Als Stammlösung eignet sich eine 0,5 %ige Trypanblau-Lösung in einer 0,9 %igen NaCl-Lösung (0,5 g Trypanblau + 0,9 g NaCl ad 100 ml Aqua dest.). Die Trypanblau-Lösung muss vor dem Gebrauch sterilfiltriert werden und ist bei Raumtemperatur mehrere Monate haltbar. Mit der Zeit bilden sich jedoch Aggregate in der Stammlösung, wodurch sich die Farbstoffkonzentration verringert. Dann sollte die Lösung auf keinen Fall weiterverwendet werden. Es besteht außerdem die Gefahr, dass die Lösung unsteril wird, daher empfiehlt sich das Aliquotieren kleinerer Mengen.

2.6.2 Automatische Zellzählung mit einem Zellzählgerät

Die Zellzählung mit dem Hämocytometer sollte jeder Zellbiologieexperimentator beherrschen. Allerdings ist die ganze Prozedur, gerade wenn man viele Kulturen zählen muss, eine zeitraubende Angelegenheit. Aus diesem Grund befindet sich in fast jedem Zellkulturlabor ein elektronisches Zellzählgerät. Da es zahlreiche Systeme zur Zellzählung gibt, soll hier die automatische Zellzählung exemplarisch unter Verwendung des Casy TTC der Firma Roche (früher Schärfe System, ◘ Abb. 2.15) erläutert werden. Bei diesem System beruht die Zählung auf einer Widerstandsmessung, entsprechend der Methode, die man vielleicht vom Coulter Counter kennt. Wie muss man sich das vorstellen?

Die Zellen werden in 10 ml einer isotonischen Elektrolytlösung resuspendiert. Durch das Gerät wird ein Aliqout davon automatisch durch eine Messkapillare gesaugt, an die eine Spannung angelegt ist. Jedes Mal, wenn eine Zelle durch die Messpore der Kapillare tritt, kommt es zur Auslösung eines elektrischen Pulses (Änderung des Widerstands). Die Anzahl der gemessenen Pulse entspricht dabei 1:1 der Anzahl der Zellen.

▪▪ Was man für die elektronische Bestimmung der Zellzahl braucht

- Zellzählgerät, z. B. Casy TTC, Messkapillare mit einem Durchmesser von 150 µm,
- isotonische Elektrolytlösung (je nach Gerätetyp, z. B. Casyton oder Isoton),
- Reinigungslösung, z. B. Casyclean,
- Probengefäß,
- zu messende Zellsuspension.

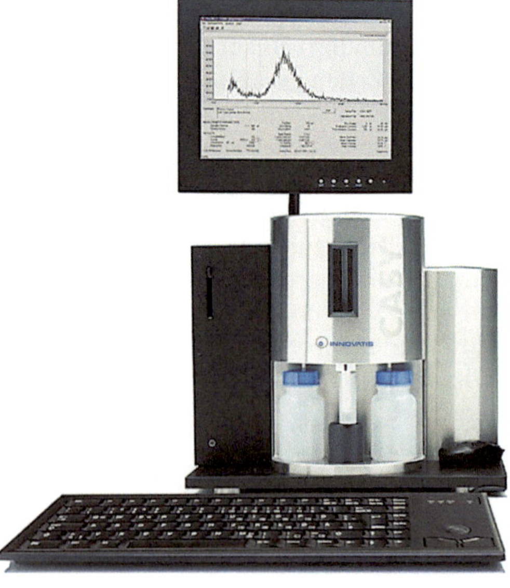

◘ **Abb. 2.15** Automatisches Zellzählgerät Casy TTC. (Mit freundlicher Genehmigung von Roche Diagnostics)

Protokoll für die elektronische Zellzählung

Vor der Inbetriebnahme des Geräts müssen bestimmte Vorbereitungen getroffen werden. So sollte z. B. sichergestellt werden, dass der Vorratsbehälter, aus dem die Casyton-Lösung angesaugt wird, voll ist. Das Gegenteil sollte für den Abfallbehälter zutreffen, denn wenn der voll ist und überläuft, hat man nichts als Ärger. Beim Einschalten des Geräts führt dieses zunächst einen Selbsttest aus und lädt dabei die unter „Setup" gespeicherten Daten für die Kalibrierung und die Geräteeinstellungen. Details zum Abspeichern des Setup-Programms sind dem Bedienungshandbuch des jeweiligen Gerätetyps zu entnehmen.

Vor den eigentlichen Messungen muss das Gerät mehrere Reinigungszyklen durchlaufen, damit Verschmutzungen und Luftblasen sowie eventuelle Verstopfungen der Messkapillare aus dem System entfernt werden. Für die Reinigung wird ein mit isotonischer Lösung gefülltes Probengefäß unter die Messkapillare gestellt und durch Drücken des „Clean"-Knopfes der Reinigungszyklus ausgelöst. Durch den ersten Reinigungszyklus wird das gesamte System mit Casyton-Lösung gefüllt. Die Reinigung wird noch zweimal wiederholt und durch eine anschließende Leermessung kontrolliert. Dazu wird erneut ein Probengefäß mit Elektrolytlösung gefüllt und diesmal durch Drücken des „Start"-Knopfes eine Messung ausgelöst. Nur wenn der Messwert der Leermessung nahe bei null liegt, ist alles in Ordnung und man kann fortfahren.

Für die Zellzählung wird das Probengefäß mit 10 ml der Elektrolytlösung gefüllt und – je nach Programmierung – z. B. 100 µl der zu messenden Zellsuspension hineinpipettiert (Verdünnung 1:100). Anschließendes mehrmaliges Invertieren des Probengefäßes sorgt für die nötige Durchmischung der Probe. Diese wird wieder unter die Messkapillare gestellt und die Messung gestartet. Die Messung wird z. B. mit 400 µl Volumen aus dem Probengefäß durchgeführt. Pro zu messender Zellsuspension wird beispielsweise eine Dreifachbestimmung durchgeführt (das kann individuell eingestellt werden). Der Mittelwert erscheint auf dem Display. Nach dem Abschluss der Messungen wird das Gerät stets durch mehrere Reinigungszyklen mit der Elektrolytlösung gereinigt.

Die Systemreinigung erfolgt in regelmäßigen Abständen mit einem Systemreiniger, z. B. Casyclean, über Nacht. Es empfiehlt sich, die Systempflege einmal wöchentlich durchzuführen.

Zu guter Letzt muss noch erwähnt werden, dass die unter dem Setup-Programm abgespeicherten Grundeinstellungen des Geräts individuell für den Anwender eingestellt werden können. So kann z. B. das Volumen und die Häufigkeit der Messungen pro Probe von der Grundeinstellung (1 × 200 µl) auf eine Dreifachbestimmung mit größerem Volumen (z. B. 3 × 400 µl) verändert werden. Das Gleiche gilt für den Verdünnungsfaktor. Hier ist die Grundeinstellung 1:1000, meist wird jedoch je nach Zelllinie eine Verdünnung von 1:100 oder 1:200 eingesetzt. Auch die Einstellung der X-Achse ist variabel (0–50 µm) und damit für den Anwender individuell regelbar. Dagegen wird die Einstellung der Y-Achse meist nicht verändert.

Häufig verfügen elektronische Zellzählgeräte über weitere Funktionen, die äußerst praktisch und anwenderfreundlich sind. So ein „Extra" ist z. B. die Signalauswertung über die Pulsflächenanalyse. Geräte mit dieser Option zeigen auf einem Display auch die Größenverteilung der Zellen an. Da bei diesem Verfahren die Pulsfläche proportional zum Zellvolumen ist, kann man neben der Zellzählung weitere Informationen über die gemessenen Zellen erhalten.

Die Pulsflächenanalyse erstreckt sich über einen weiten Messbereich, daher werden Zelltrümmer (Debris), tote wie lebende Zellen und auch Zellaggregate, die sich in der Probe befinden, mit erfasst. Auf diese Weise bekommt man einen Eindruck davon, wie vital die gemessenen Zellen sind. Geschädigte Zellen mit einer defekten Zellmembran werden nämlich kleiner, nur mit der Größe ihres Zellkerns, dargestellt. In dem angezeigten Kurvenprofil erscheinen die Fraktionen gemäß ihrer Größenverteilung wie folgt: Ganz vorn zu Beginn des Profils befinden sich die Zelltrümmer, dann kommen tote Zellen, danach vitale Zellen und zum Schluss Zellaggregate (Abb. 2.16).

2

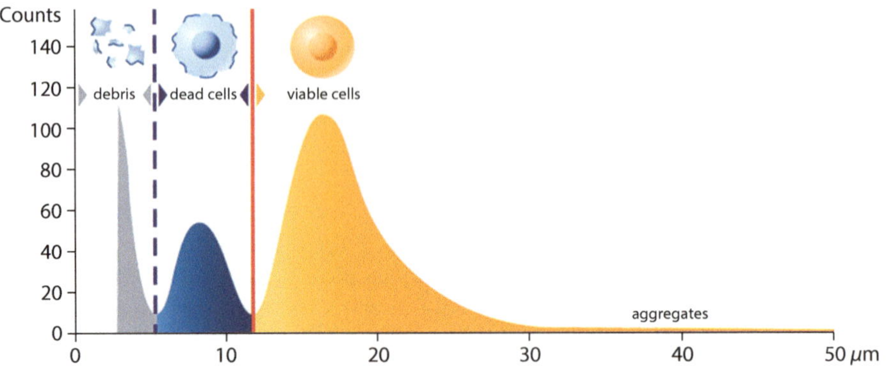

Abb. 2.16 Grafische Darstellung des Messergebnisses im Casy TTC. *debris* = Debris; *dead cells* = tote Zellen; *viable cells* = vitale Zellen; *aggregates* = Aggregate. (Mit freundlicher Genehmigung von Roche Diagnostics)

Verfügt man über ein elektronisches Zellzählgerät mit Pulsflächenanalyse, kann man sich die Trypanblau-Färbung sparen, denn aufgrund des Kurvenprofils lässt sich gut quantifizieren, wie fit die Zellen sind. Wird ein deutlicher Peak bei den Zelltrümmern bzw. den toten Zellen angezeigt, der den der lebenden Zellen übersteigt, muss man die Vitalität der gemessenen Kultur infrage stellen. Wenn man die Einstellungen des Geräts für eine Zelllinie kalibriert und diese Einstellungen abspeichert, kann man mit einem solchen, auf dem Coulter-Prinzip beruhenden Zählgerät Zellzählungen als auch den experimentellen Ansatz durchführen. Verminderte Vitalität der Zellen kann viele Gründe haben und sollte in jedem Fall untersucht werden.

2.7 Durchflusscytometrie

Ein unverzichtbares Werkzeug für den Zellbiologen ist das Durchflusscytometer (*flow cytometer*). Mit diesem Instrument können Zellen quantitativ bestimmt und ihre molekulare Charakterisierung vorgenommen werden. Das Messverfahren beruht darauf, dass Zellen immer hübsch der Reihe nach, in hoher Geschwindigkeit durch einen Probenstrom verdünnt an einer Lichtquelle (Laser) vorbeigeleitet werden. Am Messpunkt, dem gemeinsamen Fokus von Probenstrom und Laser, dient die Streuung des Anregungslichtes und die Anregung von fluoreszierenden Markern (z. B. von Antikörpern) der gleichzeitigen Untersuchung von physikalischen und molekularen Eigenschaften der zu analysierenden Zellen wie etwa ihrer Größe sowie Form, Granularität und/oder Färbung. Lenken die Zellen das Licht in einem kleinen Winkel zum Laserstrahl ab (Vorwärtslichtstreuung, *Forward scatter* = FSC), ist dies ein grobes Maß für die Größe der Zellen. Im rechten Winkel wird das Seitwärtsstreulicht (*Side scatter* = SSC) als Maß für die Granularität und das Fluoreszenzlicht herangezogen. Das beim Durchfluss der Zellen entstehende Streulicht oder Fluoreszenzsignal wird von einem Detektor ausgewertet, woraus die Eigenschaften der untersuchten Zellen abgeleitet werden können. Als Ergebnis erhält man Informationen über jede einzelne analysierte Zelle, die in einer multiparametrischen Messung zunächst in einen Datenspeicher geschrieben und schließlich in einem zweiten Schritt ausgewertet werden. Durch die Trennung von Messung und Datenanalyse kann eine korrelierte Untersuchung der Parameter für verschiedene Populationen innerhalb einer Gruppe von Zellen unter verschiedenen Fragestellungen analysiert werden. Der generelle Aufbau eines Durchflusscytometers ist in Abb. 2.17 dargestellt.

Bei einer speziellen Form der fluoreszenzbasierten Durchflusscytometrie kommen

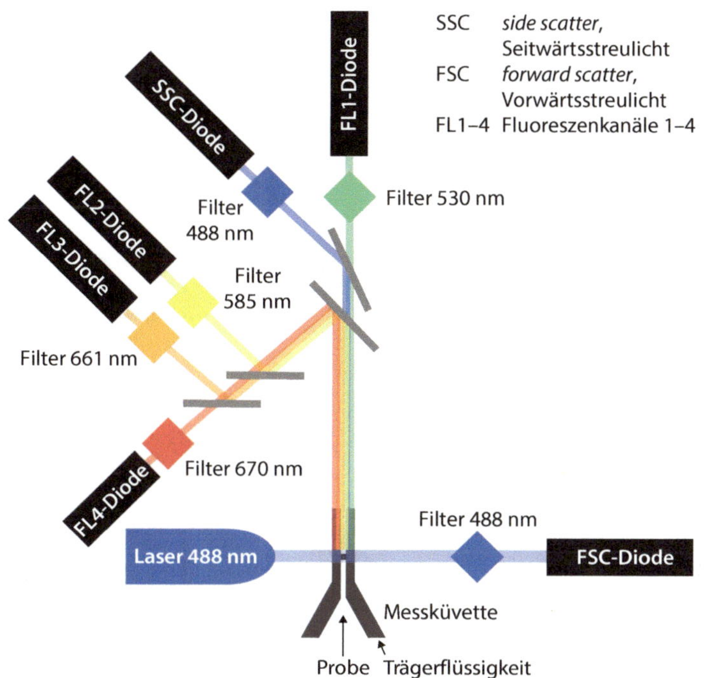

Abb. 2.17 Schematischer Aufbau eines Durchflusscytometers, hier mit einem Laser mit einer Wellenlänge von 488 nm und vier Fluoreszenzkanälen. (Quelle: Fabian [20])

Geräte zum Einsatz, die als FACS (*fluorescence-activated cell sorting*) bezeichnet werden. Wie der Name erahnen lässt, werden hierbei Zellen, die mit einem oder mehreren Fluoreszenzfarbstoffen (Fluorochromen) markiert sind, je nach Färbung in unterschiedliche Probengefäße sortiert. Häufig wird der Begriff FACS oder Cell Sorter (Zellsortierer) irreführend auch für solche Durchflusscytometer verwendet, die keine Sortierung von Zellen vornehmen, sondern nur deren Eigenschaften analysieren können. Der Begriff FACS ist jedoch eine geschützte Handelsmarke des Geräteherstellers Becton Dickinson. Wer sich einen umfassenden Überblick über die Grundlagen der Durchflusscytometrie verschaffen will, ist gut damit beraten, sich das benötigte Wissen aus einem Standardwerk anzueignen [21]. Hilfreiche Tipps findet der Interessierte auch bei Tung et al. [22, 23]. Das Funktionsprinzip eines FACS ist in Abb. 2.18 wiedergegeben.

Fluoreszenzfarbstoffe (Fluorochrome)

Da die Fragestellungen in der Grundlagenforschung sehr vielschichtig und komplex sein können, braucht man oftmals viele Farben (Multicolor-Analysen), um sie mithilfe der Durchflusscytometrie beantworten zu können. Solche Fragestellungen sind beispielsweise die Phänotypisierung von bestimmten Zellpopulationen, die Überprüfung des zellulären Aktivierungszustands nach Gabe von Stimulanzien, die Untersuchung von Chemokinen/Cytokinen, die Phosphorylierung von zellulären Markern, die zelluläre Entwicklung (Zellzyklus) oder aber die Bestimmung der metabolischen Aktivität durch z. B. Reporter-Assays.

Das wirft die Frage nach den „richtigen" Farbstoffen auf, da gerade im multiparametrischen Versuchsansatz die Wahl der geeigneten Farbstoffkombination das A und O ist. Das Detektionswerkzeug, an den diese Fluorochrome konjugiert werden, ist in der Regel ein monoklonaler Antikörper. Eine kurze

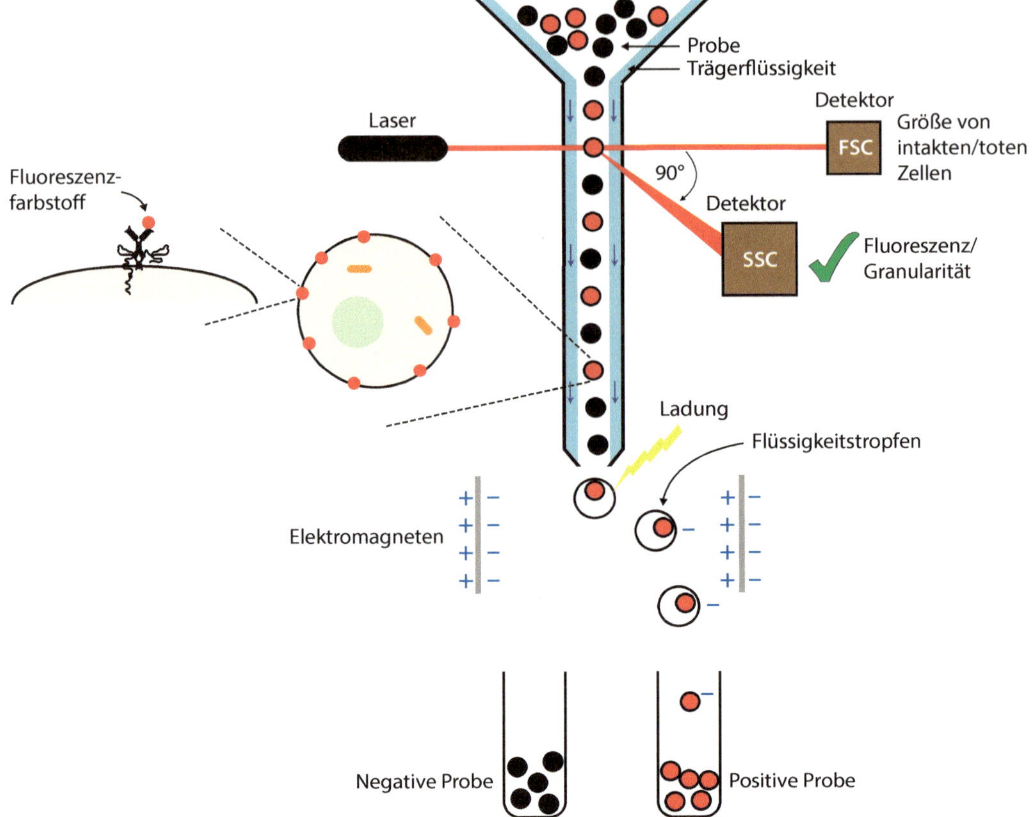

Abb. 2.18 Fluorescence Assisted Cell Sorting (FACS) mit positiver Zellselektion. (© SariSabban [24])

Zusammenstellung der gängigsten Arten von Fluorochromen und deren typische Vertreter bietet Tab. 2.4, hingegen einen Überblick über deren Farbstoffstärke findet der Leser in der Tab. 2.5.

Kompensation

Selbst wenn in einer Messung nur ein Fluoreszenzfarbstoff eingesetzt wird, wird bereits ein Mischsignal auf zwei Detektoren registriert, da ein Farbstoff in der Regel nicht nur Licht ausschließlich einer Wellenlänge emittiert. So gibt es z. B. einen Überlapp vom grün fluoreszierenden Farbstoff FITC (Fluoresceinisothiocynat) in den gelben R-Phycoerythrinkanal (PE). Erst recht, wenn in einem Assay mehrere Fluoreszenzfarbstoffe eingesetzt werden, muss kompensiert werden. Kompensation bedeutet, dass das Überstrahlen verschiedener Emissionsspektren durch spektralen Überlapp (*spillover*) der Fluorochrome in den jeweils anderen Farbkanal hinein gegeneinander abgeglichen werden muss. Letztlich handelt es sich um eine rechnerische Korrektur der Messdaten. Der Anteil vom FITC-Signal, der auch in den PE-Kanal strahlt, muss demnach vom gemessenen PE-Signal abgezogen werden (und umgekehrt). Dabei muss man aber Maß halten, denn zu wenig Kompensation beeinflusst die Ergebnisse negativ, umgekehrt reduziert eine Überkompensation das jeweils spezifische Signal. Wie hoch der Prozentsatz ist, den man abziehen muss, wird in einer automatischen Kompensationsroutine vom Gerät ermittelt. Alternativ kann man die Korrektur auch manuell vornehmen, indem man die Spannung am Photomultiplier (PMT) verändert.

■ **Tab. 2.4** Fluorochrome für monoklonale Antikörperkonjugate. (Quelle: BD Biosciences)

Molekül	Fluorochrom
Kleine organische Moleküle	FITC, Cy5, TexasRed, Cy7
Fluoreszenzproteine	PE, PerCP, APC
Tandemfarbstoffe	PE-Cy5, PE-Cy7, PerCP-Cy5.5, APC-Cy7, APC-H7
„Violette" Farben	Pacific Blue, Horizon V450, AmCyan, Pacific Orange, DAPI (statt Propidiumjodid)
Quantum Dots	

■ **Tab. 2.5** Farbstoffstärke verschiedener Fluorochrome. (Quelle: BD Biosciences)

Farbstoffstärke	Fluorochrom
Stark	PE, APC, PE-Cy5, PE-Cy7
Mittelstark	FITC, Alexa700, PE-TxRed
Schwach	APC-Cy7, PerCP, PerCP-Cy5.5, Pacific Blue, AmCyan, Quantum Dots

Informationen und Anwendungstipps zum Thema „Kompensation" findet der Interessierte in einem technischen Merkblatt der Firma BD Biosciences [25].

Eine häufig vorkommende Anwendung in der medizinischen Diagnostik ist die Darstellung unterschiedlicher Blutzellpopulationen mit verschiedenen Fluorochromen in einer Falschfarbendarstellung wie in ■ Abb. 2.19 abgebildet. Das Verteilungsmuster der Zellen wird in einem sogenannten Dot-Plot (Punktwolkendarstellung) wiedergegeben. Die Abbildung zeigt die Definition von drei Regionen mit den typischen Lichtstreuungseigenschaften von Lymphocyten, Monocyten und neutrophilen Granulocyten im Vorwärts- und Seitwärtsstreulicht. Die diesen Regionen zugehörigen Zellen werden daraufhin in weiteren Dot-Plots mit Auftragung von Fluoreszenzen entsprechend ihrer Lichtstreuungseigenschaften in blau, magenta oder grün dargestellt.

Einen weiteren Schritt stellt die Unterscheidung z. B. funktioneller Subpopulationen von peripheren Blutlymphocyten dar. Zu diesem Zweck muss eine wichtige Auswertetechnik durchgeführt werden, nämlich das Gaten (Schleusen). Das Gaten hat zum Ziel, unerwünschte Zellpopulationen auszuschließen und nur die Zellen bzw. Zellpopulation auszuwählen, die einen wirklich interessieren. Wie

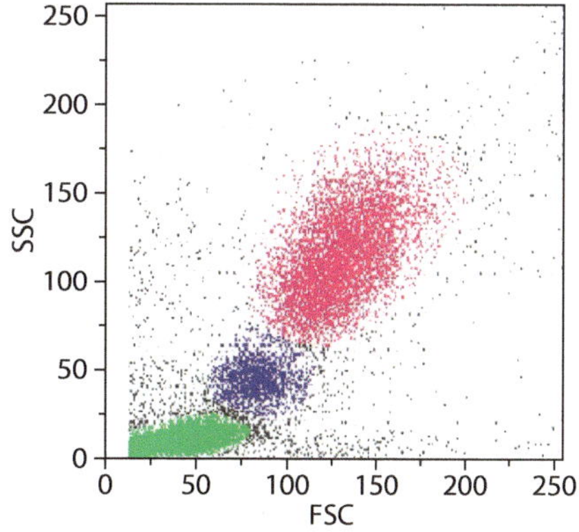

■ **Abb. 2.19** Durchflusscytometrische Analyse von Leukocyten des Blutes. Die Lymphocyten sind grün, die Monocyten blau und die Granulocyten in magenta dargestellt. Verwendet mit freundlicher Genehmigung von Marcus Peters, Experimentelle Pneumonologie, Ruhr-Universität Bochum.

2

macht man das? In der Praxis zeichnet man mit der Computer-Maus eine Region in das Streulichtdiagramm ein, die nur die gewünschten Zellen, wie z. B. die Lymphocyten, enthält. Man bezeichnet diese Region anschließend beispielsweise als R1 und lässt sich in einem neuen Diagramm nur die ausgewählten Zellen aus R1 anzeigen. Die Software gatet dann nur die Zellen aus R1 in diesen Fluoreszenz-Dot-Plot, die man näher untersuchen möchte. Dies ist das einfachste Beispiel für das Gaten: Man definiert eine Gruppe von Zellen und gatet sie in ein anderes Diagramm. Moderne Auswerte-Programme können aber viel mehr und sind somit in der Lage, hochkomplexe Fragestellungen zu analysieren.

Generell ist diese Vorgehensweise besonders für die klinische Praxis von großer Bedeutung, da z. B. die Anzahl der CD4-positiven Zellen (T-Helferzellen) im Blut eines HIV-Patienten Auskunft über den progressiven Verlauf der HIV-Infektion gibt und zur Überwachung des Patienten herangezogen wird. Voraussetzung ist aber hier eine vorherige Immunphänotypisierung mittels spezifischer Antikörper, die eine Unterscheidung der jeweiligen Lymphocytenpopulationen in CD4-positive und CD8-positive (cytotoxische T-Zellen) erlaubt.

Literatur

1. Gottschalk A (1927) Methylglyoxalase und Co-Zymase. Biochem Z 182:470
2. Koolman J, Röhm K-H (2015) Taschenatlas der Biochemie, 3. Aufl.
3. Loewen M Subcellular (2010) Fractionation: Ultracentrifugation. www.cbr.nrc.ca/loewen/Home.html Zugegriffen: 2015
4. Boujtita N, Noles SR (2010) Ultrazentrifugation – Einsatzmöglichkeiten und Hindernisse. LaborPraxis
5. Dainiak MB, Kumar A, Galaev IY, Mattiasson B (2007) Methods in cell separations. Adv Biochem Eng Biot 106:1–18
6. Amersham Biosciences, (1933) Percoll – methodology and applications. Amersham Biosciences. J. Biol. Chem, Rockville, Maryland, USA
7. Svedberg T (1933) Sedimentation constants, molecular weights, and isoelectric points of the respiratory proteins. J Biol Chem 103:311–325
8. Cole JL, Lary JW, Moody TP, Laue TM (2008) Analytical ultracentrifugation: sedimentation velocity and sedimentation equilibrium. Methods Cell Biol 84:143–179
9. Demeler B (2010) Methods for the design and analysis of sedimentation velocity and sedimentation equilibrium experiments with proteins. In: Coligan JE et al (Hrsg) Current protocols in protein science, Chapter 7, Unit 7.13. Beckman Coulter, GmbH Krefeld
10. Beckman Coulter (2006) Rotor, Das Life Science Magazin für Genomics, Cellomics, Proteomics, Automation und Zentrifugation. Beckman Coulter, GmbH Krefeld
11. Beckman Coulter (2008) Rotor, Das Life Science Magazin für Genomics, Cellomics, Proteomics, Automation und Zentrifugation, 7. Beckman Coulter, GmbH Krefeld
12. Beckman Coulter (2009) Rotor Das Life Science Magazin für Genomics, Cellomics, Proteomics, Automation und Zentrifugation. Beckman Coulter
13. Beckman Coulter (2009) A centrifuge primer. Elsevier, Löwen Niederlande
14. Michelsen U, von Hagen J (2009) Isolation of subcellular organelles and structures. Methods Enzymol 463: 305–328
15. Holden P, Horton WA (2009) Crude subcellular fractionation of cultured mammalian cell lines. BMC Res Notes 10(2):243, 1–10
16. Lea T, Vartdal F, Nustad K, Funderud S, Berge A, Ellingsen T, Schmid R, Stenstad P, Ugelstad J (1988) Monosized, magnetic polymer particles: their use in separation of cells and subcellular components, and in the study of lymphocyte function in vitro. J Mol Recognit 1:9–18
17. Leivestad T, Gaudernack G, Ugelstad J, Vartdal F, Thorsby E (1987) Isolation of pure and functionally active T4 and T8 cells by positive selection with antibody-coated monosized magnetic microspheres. Transplant Proc 19:265–267
18. Vartdal F, Kvalheim G, Lea TE, Bosnes V, Gaudernack G, Ugelstad J, Albrechtsen D (1987) Depletion of T lymphocytes from human bone marrow. Use of magnetic monosized polymer microspheres coated with T-lymphocyte-specific monoclonal antibodies. Transplantation 43:366–371
19. Schmitz S (2011) Der Experimentator Zellkultur. Springer Spektrum, Heidelberg, Deutschland
20. Fabian K (2007) Lizenziert unter CC BY-SA 3.0 de über Wikimedia Commons (Diskussion). https://commons.wikimedia.org/wiki/File:Duchflusszytometer.png#/media/File:Duchflusszytometer.png. Zugegriffen: 07. Juni 2017
21. Rothe G (2007) Technische und methodische Grundlagen der Durchflusszytometrie. In: Sack U, Tárnok A, Rothe G (Hrsg) Zelluläre Diagnostik,

Grundlagen, Methoden und klinische Anwendungen der Durchflusszytometrire. Karger, Basel, Schweiz, S 27–70

22. Tung JW, Heydari K, Tirouvanziam R, Sahaf B, Parks DR, Herzenberg LA (2007) Modern flow cytometry: a practical approach. Clin Lab Med 27:453–468
23. Tung JW, Parks DR, Moore WA, Herzenberg LA (2004) New approaches to fluorescence compensation and visualization of FACS data. Clin Immunol 110:277–283
24. Sabban S (2011) Development of an in vitro model system for studying the interaction of *Equus caballus* IgE with its high-affinity FcεRI receptor. PhD thesis, The University of Sheffield
25. BD Biosciences (2009) An introduction to compensation for multicolor assays on digital flow cytometers. BD Biosciences, San Jose, USA

Lichtmikroskopie

S. Schmitz, C. Desel, *Der Experimentator Zellbiologie*, Experimentator,
https://doi.org/10.1007/978-3-662-56111-9_3

» Mikroskope und Fernrohre verwirren eigentlich den reinen Menschensinn. (Johann Wolfgang von Goethe)
Das wahre Geheimnis der Welt liegt im Sichtbaren, nicht im Unsichtbaren. (Oscar Wilde)

Mikroskopie macht sichtbar und offenbart. Der Blick durch Linsen in ein Miniaturuniversum fasziniert schon seit mehr als 400 Jahren. Die ersten mikroskopischen Studien an Schimmelpilzen, Blut, Zahnbelag und die Entdeckung von einzelligen Lebewesen sind Fundamente moderner Wissenschaft. Zellbiologische Forschung ist ohne Mikroskope kaum möglich. Die Pioniere der Mikroskopie bauten und optimierten ihre Mikroskope selbst. Heute ist es nicht zwingend erforderlich, die Funktionsweise eines Mikroskops zu verstehen. Ein Blick durch die Okulare, das Fokussieren und die Bildaufnahme mit der Kamerasoftware ist schnell erlernt. Möchte man aber Ergebnisse bestmöglich dokumentieren und ein qualitativ hochwertiges, publizierbares Bild erstellen, sollte man die Eigenschaften von Licht und die Optik des Mikroskops verstehen.

3.1 Die Natur des Lichtes

Die Wellennatur des Lichtes wurde bereits im Jahre 1690 von dem niederländischen Physiker Christiaan Huygens beschrieben. Im späten 19. Jahrhundert wurde erkannt, dass Licht eine elektromagnetische Welle ist, deren Wellenlängen λ zwischen 760 nm und 340 nm liegen (◘ Abb. 3.1). Dieser Wellenlängenbereich des sichtbaren Lichtes wird begrenzt durch Infrarot- (780 nm < λ < 1 mm) und Ultraviolettstrahlung (10 nm < λ < 380 nm). Im Jahre 1905 bewies Albert Einstein, dass Licht Teilchencharakter hat und aus einzelnen diskreten Energiequanten zusammengesetzt ist (Quantenphysik). Er bezeichnete die „Lichtteilchen" als Photonen. Die Eigenschaft des Lichtes, sich sowohl wie eine Welle als auch wie ein Teilchen verhalten zu können, wird als **Welle-Teilchen-Dualismus** oder **duale Natur** des Lichtes bezeichnet.

Die kombinierten Eigenschaften von Teilchen und Welle ermöglichen dem Licht, mit einem Objekt auf verschiedene Weisen zu interagieren. Absorption, Brechung, Streuung oder Reflexion beschreiben verschiedene Wechselwirkungen von Licht an einem Objekt. Alle sind wichtig, um die Optik eines Mikroskops und die Darstellung von Bildern zu verstehen.

Zur Vereinfachung wird die Ausbreitung von Licht in der Regel als gerader **Strahl** dargestellt (Strahlenoptik). Eine Lichtquelle sendet Lichtstrahlen divergent in alle Richtungen des Raumes aus. In homogenen Medien breiten sich diese gradlinig aus. Diese Näherung ist erlaubt, wenn die Abmessungen der dargestellten Systeme – wie hier z. B. die Linsensysteme des Mikroskops – gegenüber der Wellenlänge des Lichtes groß ist.

Absorption bedeutet, dass Energie des Photons vom Objekt aufgenommen wird. Die Absorption ist abhängig vom Material, der Frequenz des Lichtes und der Dicke des Objekts. Nach Absorption von Energie ist die Amplitude der Lichtwelle verringert. Das Objekt erscheint dem Auge dunkler. Absorption einer bestimmten Wellenlänge führt zu farbigen Objekten.

Brechung (oder Lichtbeugung) ist die Ablenkung eines Lichtstrahles beim Übertritt in eine Substanz. Die Geschwindigkeit des Lichtes ändert sich bzw. wird in der Regel abgebremst. Eine derartige Substanz wird als „lichtbrechend" bezeichnet und hat definitionsgemäß einen höheren Brechungsindex (n) als Luft. Lichtbrechung ist grundlegend für die vergrößerte Abbildung eines Objekts mithilfe von Linsen.

Reflexion bedeutet, dass die Wellenfront von der Oberfläche eines Objektes im gleich großen Winkel wie das einfallende Licht abgelenkt wird. Objekte können, je nach Material und Art der Oberfläche, einen Teil des einfallenden Lichtes zurückwerfen (reflektieren). Wird das gesamte einfallende Licht reflektiert, spricht man von einer Spiegelung.

Streuung tritt auf, wenn ein kleiner Teil des einfallenden Lichtes beim Übergang in ein anderes Medium in alle Raumrichtungen abgelenkt (gestreut) wird. Gestreute Lichtstrahlen gehen von einem Punkt (Streuzentrum) aus und

3

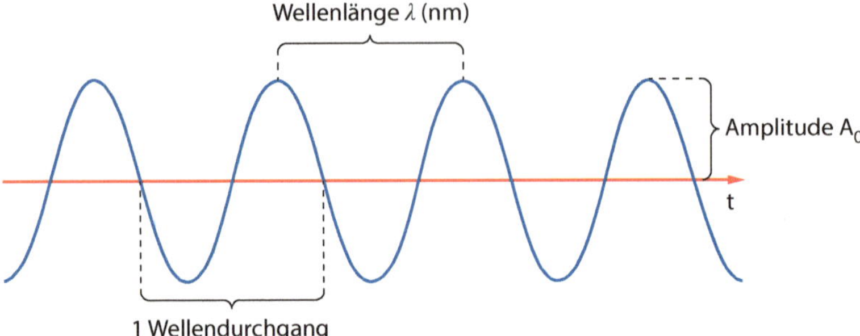

Abb. 3.1 Kenndaten einer Lichtwelle: Die Länge eines Wellendurchgangs wird als Wellenlänge λ und die maximale Auslenkung der Welle als Amplitude A_0 bezeichnet. Je kleiner λ, desto energiereicher ist das Licht. A_0 ist proportional zur Intensität des Lichtes (I). Die Frequenz ν [Hz] ist die Anzahl der Wellendurchgänge pro Zeiteinheit. Die Lichtgeschwindigkeit (c) ist das Produkt aus Wellenlänge und Frequenz ($c = \nu * \lambda$). Im Vakuum beträgt die Lichtgeschwindigkeit 3×10^8 m s^{-1}. Die Phase einer Welle gibt an, in welchem Abschnitt innerhalb einer Periode sich die Welle zu einem bestimmten Zeitpunkt befindet bzw. wie groß die Ablenkung bei t_x ist

können durch kleine Partikel im Medium verursacht werden. Durch Lichtstreuung wird ein Teil der Wellenfront in eine sphärische, vom Objekt ausgehende Welle umgewandelt.

3.2 Prinzip des Mikroskops

Ein Mikroskop ist ein zusammengesetztes Linsensystem mit mindestens zwei konvexen Linsen (nach außen gewölbte sogenannte Sammellinsen). Durch die Linse, die im Objektiv über dem zu beobachteten und bestrahlten Objekt angebracht ist, wird ein reelles vergrößertes umgedrehtes Bild innerhalb des Mikroskoptubus erzeugt. Dieses reelle Abbild kann auf einen Schirm projektziert oder durch eine Kamera aufgenommen werden. Betrachtet wird dieses reelle Bild durch eine zweite konvexe Linse im Okular, die wie eine Lupe wirkt. Dem menschlichen Auge erscheint ein virtuelles vergrößertes Bild in der Ferne (Abb. 3.2).

Vergrößerung des Mikroskops = Maßstabzahl des Objektivs * Okularvergrößerung

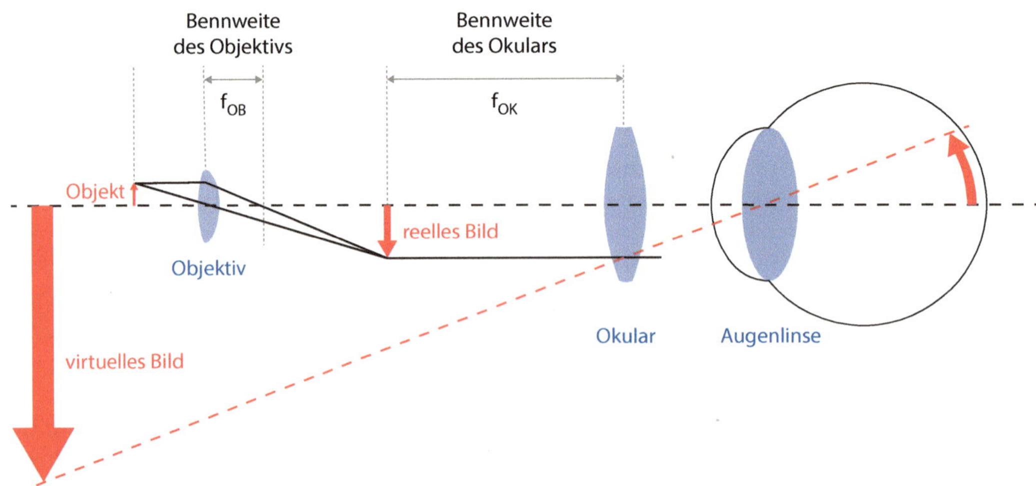

Abb. 3.2 Bildvergrößerung durch Objektiv und Okular im Mikroskop. Das Mikroskop erweitert das Linsensystem des menschlichen Auges

Die Objektivvergrößerung wird als Maßstabzahl der Objektivlinse bezeichnet, da das Abbild in einem definierten Maßstab gegenüber dem Objekt im Tubus entsteht. Die **Gesamtvergrößerung** eines Mikroskops wird als Produkt der Maßstabzahl des Objektivs und der Okularvergrößerung berechnet.

3.3 Mikroskopische Auflösung

Maßstab und Vergrößerung eines mikroskopischen Systems werden häufig zuerst und fälschlicherweise auch manchmal ausschließlich bei der Aufnahme und Dokumentation von mikroskopischen Bildern beachtet und mit aufgeführt. Interessanter ist allerdings, mit welcher **Auflösung** ein mikroskopisches Präparat im verwendeten System betrachtet werden konnte. Die Auflösung ist als Abstand (d) zwischen zwei Punkten, die gerade noch als getrennt wahrgenommen werden können, definiert. Die Auflösung gibt an, wie detailgenau ein Objekt dargestellt werden kann. Die Auflösung kann daher für die Interpretation der Bilddaten sehr wichtig sein.

Ein Mensch kann zwei Punkte im Abstand von 1–2 mm – das entspricht etwa der Dicke eines Haares – wahrnehmen. Die maximale Auflösung eines Lichtmikroskops ist um etwa den Faktor 1000 größer (etwa 300–200 nm). Eine höhere Auflösung der Darstellung von lichtmikroskopischen Bildern wird durch neueste Techniken wie beispielsweise STED (*Stimulated Emission Depletion*) oder STORM (*Stochastic Optical Reconstruction Microscopy*) erreicht [1, 8, 18]. Die Auflösung ist abhängig von der Wellenlänge (λ) des verwendeten Lichtes als auch der numerischen Apertur (NA) des Objektivs. Die **numerische Apertur** (NA) eines Objektivs ist das Produkt aus Brechzahl des Mediums unterhalb der Objektivlinse (Brechungsindex: n) und dem Sinus des halben Öffnungswinkels des Objektivs (α).

$$\text{Auflösung: } d = \lambda * NA$$
$$\text{Numerische Apertur: } NA = n * sin(\alpha)$$

Die Öffnungswinkel zweier Objektive sind in ◘ Abb. 3.3b veranschaulicht. Objektive mit kleinerer Maßstabzahl (z. B. 5 × oder 10 ×) und großem Arbeitsabstand haben einen kleinen Öffnungswinkel. Objektive mit großer Maßstabzahl (z. B. 63 × oder 100 ×) haben einen kleinen Arbeitsabstand (2–0,2 mm) und einen größeren Öffnungswinkel. Für den Öffnungswinkel eines Objektivs wird der Wert des halben Winkels angegeben. Dieser Wert charakterisiert den maximalen Winkel eines Lichtstrahls, der senkrecht von unten kommt, durch das Objekt gebeugt wird und gerade noch in das Objektiv gelangt (◘ Abb. 3.3).

Die Beugung des Lichtes, das durch das Objekt, dann durch das Deckgläschen und anschließend durch Luft in die Objektivlinse strahlt, ist vom Brechungsindex n der durchstrahlten Substanzen abhängig. Je größer die Unterschiede der Brechungsindices der durchstrahlten Materien, desto stärker wird der Lichtstrahl an den Grenzflächen abgelenkt. Der Brechungsindex von Luft beträgt 1,000. Glas hat einen Brechungsindex von 1,523. Dies ist ähnlich der Brechungsindices von Immersionsöl oder Glycerin (Öl: 1,518, Glycerin: 1,47399). Bei lichtstarken Objektiven mit hoher NA und geringem Arbeitsabstand wird eine Immersionsflüssigkeit wie Öl oder Glycerin zwischen Deckglas und Objektivlinse gegeben (◘ Abb. 3.3a). Hierdurch kann ein Lichtverlust durch zu stark brechende Strahlen, die außen an der Objektivlinse vorbeigehen, vermieden werden. Immersionsflüssigkeiten ermöglichen den Einfall von ausreichend Licht und eine damit verbundene hohe Auflösung. Man unterscheidet zwischen **Trockenobjektiven** und Objektiven, die zwingend mit Immersionsflüssigkeit verwendet werden – den sogenannten **Immersionsobjektiven** (in der Regel 60-×- oder 100-×- Objektive) (s. ► Abschn. 3.6.1).

Die Auflösung des mikroskopischen Systems ist von der Numerischen Apertur und Güteklasse des Objektivs abhängig. Okulare bewirken eine zusätzliche Vergrößerung, aber keine Verbesserung der Auflösung. Details, die im Zwischenbild nicht schon aufgelöst sind, werden durch kein Okular nachträglich aufgelöst. Dennoch ist das Okular unverzichtbar, da das Zwischenbild für das menschliche Auge zu klein ist, um alle aufgelösten Details erkennen zu können.

3

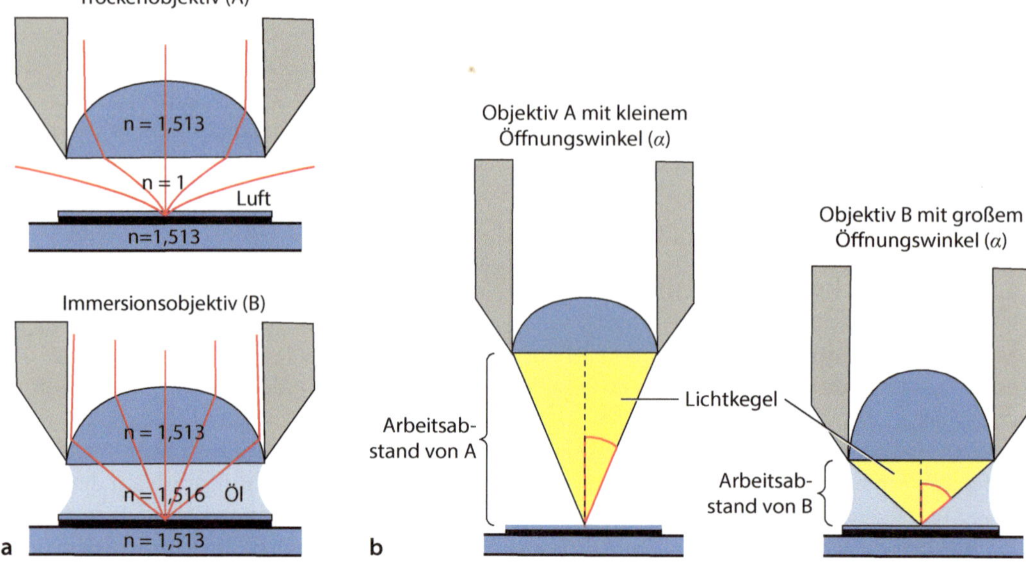

Abb. 3.3 Öffnungswinkel des Objektivs. **a** Strahlengang und Lichtbrechung zwischen Objekt und Objektivlinse bei Verwendung eines Trockenobjektivs oder eines Öl-Immersionsobjektivs. **b** Öffnungswinkel und Arbeitsabstand eines Trockenobjektivs (A) und eines Immersionsobjektivs (B)

3.4 Optimale Arbeitsweise

Der theoretische errechenbare Wert der maximal möglichen Auflösung kann real nur erreicht werden, wenn ein gut präpariertes Objekt mit optimaler Mikroskopjustierung betrachtet wird. Gundvoraussetzung für eine gute Auflösung sind **saubere Linsen**. Verschmierte oder mit angetrockneten Materialresten bedeckte Objektivlinsen sollten mit Wasser oder Glasreiniger, einem weichen Tuch (z. B. Linsenpapier, Kleenex oder Q-Tips) vorsichtig gereinigt werden. Eine Mischung aus 85 % Petrolether und 15 % Isopropanol wird von den Mikroskopherstellern empfohlen (http://www.ehlert-partner.de/Mikroskopreinigung.pdf). Reine Lösungsmittel wie Methanol und Ethanol können, sollten aber möglichst selten eingesetzt werden, um wertvolle Einfassungen und Gummibeschichtungen nicht zu beschädigen.

Zu einer guten Geräteeinstellung und optimierten Arbeitsweise gehört, dass man den Abstand und den Sehkorrekturwert der Okulare auf den eigenen Augenabstand und die eigene Sehfähigkeit einstellt (**Dioptrienausgleich**). Durch den Korrekturfaktor (änderbar durch einen Korrekturring am Okular) können unterschiedliche Sehschärfen zwischen beiden Augen ausgeglichen werden. Hierbei stellt man zunächst einäugig das Präparat durch das nicht korrigierbare Okular scharf ein. Dann schaut man mit dem zweiten Auge und verstellt das Ringrädchen am Okular bis die Probe scharf ist. Wer keine Augenschwäche hat, sollte kontrollieren, dass die Skala auf 0 eingestellt ist.

Darüber hinaus sollte die **Stuhlhöhe** so eingestellt werden, dass man bequem ohne Überstreckung der Halswirbel arbeitet. Falsche Sitzhaltung und falsch eingestellte Okulare sind häufig Ursache für Kopfschmerzen oder auch Übelkeit beim Mikroskopieren.

3.4.1 Ausleuchtung und „Köhlern"

Objekt- und Okularlinsen sind grundlegend für jedes Mikroskop. Meist sind an einem sogenannten Revolver drei bis vier Objektive mit unterschiedlicher Maßstabzahl angebracht, die durch Drehen des Revolvers eingeschwenkt werden können. Ein Prisma oder Spiegel im Tubus erlaubt einen Knick des Strahlengangs, sodass bequem im Sitzen mikroskopiert werden kann. Müsste das Objekt in gerader Linie von oben angeschaut werden, wäre eine stehende Arbeitsweise erforderlich. Als Lichtquelle ist üblicherweise eine Halogenlampe eingebaut (◘ Abb. 3.4).

Eine Verbesserung der Optik wird durch eine weitere Linse unterhalb des Objekttisches erreicht: die Kondensorlinse. Sie bündelt und fokussiert das eingestrahlte Licht auf die Präparatebene. Hierdurch wird eine optimierte Lichtausbeute und homogene Beleuchtung des Präparates erreicht. August Köhler (1866–1948) – ein deutscher Professor und Mitarbeiter von Zeiss in Jena – erkannte, dass der Abstand des Kondensors und der sich daraus ergebende Einfallswinkel des eingestrahlten Lichtes die Auflösung und Bildqualität stark beeinflussen. Er erarbeitete ein Verfahren zur Grundjustierung des Mikroskops, das nach ihm benannt wurde. Durch dieses Verfahren – dem „Köhlern“ – wird die Probe optimal ausgeleuchtet. **Um mit bestmöglicher Ausleuchtung und Auflösung zu mikroskopieren, sollte zu Beginn und nach jedem Objektivwechsel „geköhlert“ werden.**

Die Arbeitsschritte des „Köhlerns“ sind (a) eine Höheneinstellung und Zentrierung der Kondensorlinse, wodurch der Öffnungswinkel des Kondensors auf den Öffnungswinkel des Objektivs eingestellt wird, und (b) eine Öffnung der Leuchtfeldblende im Stativfuß, sodass das Sehfeld gerade ausgeleuchtet und wenig Licht außerhalb des Sehfeldes vorbei strahlt. Die Einstellungen erfolgen bei maximaler Öffnung der **Kondensor-(Apertur-)blende.** Wichtig ist, dass die Lichtintensität über den Lichtstärkeregler (meist im hinteren oder unteren Stativbereich und nicht durch Schließen der Kondensor-(Apertur-)blende eingestellt wird. Beim Verschluss der Kondensor-(Apertur-)blende wird Licht geblockt und der Durchmesser des einfallenden Lichtkegels und somit der Öffnungswinkel der Kondensorlinse verkleinert. Hierdurch wird der Kontrast verstärkt, die Tiefenschärfe im Präparat gesteigert, aber leider auch die Auflösung verringert (◘ Abb. 3.9). **Schärfentiefe** (auch als Tiefenschärfe bezeichnet) ist jener Tiefenbereich, innerhalb dessen alle Objektdetails hinreichend scharf abgebildet werden. Mit zunehmender Objektivapertur und zunehmender Vergrößerung wird die Schärfentiefe immer geringer.

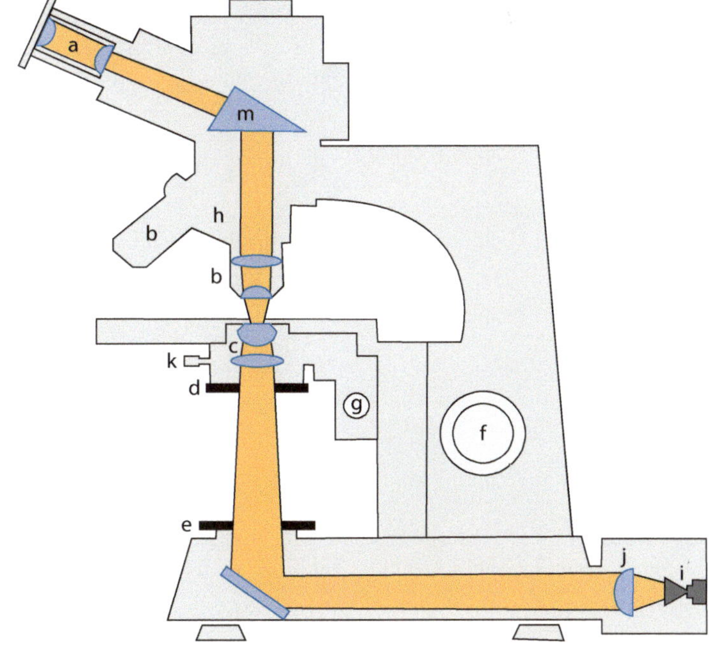

◘ **Abb. 3.4** Aufrechtes Mikroskop: (a) Okular, (b) Objektiv, (c) Kondensor, (d) Aperturblende, (e) Leuchtfeldblende, (f) Fokussierrad (Grob- und Feintrieb), (g) Schraube zur Höhenverstellung des Kondensors, (h) Objektivrevolver, (i) Lichtquelle, (j) Kollektor, (k) Justierschrauben zur Zentrierung des Kondensors, (m) Tubusprisma

3

Empfohlen wird, dass die Kondensor-(Apertur-)blende nach dem „Köhlern" auf ein Drittel geschlossen werden sollte. Eine individuelle Anpassung an das Präparat und ein Kompromiss zwischen Schärfentiefe und Auflösung ist allerdings meist erforderlich. Ist es notwendig, die Kondensor-(Apertur-)blende stark zu schließen, um das Objekt wahrnehmen zu können, sollte mit Kontrastverfahren wie Phasen- oder Differenzialkontrast gearbeitet werden (s. HF ▶ Abschn. 3.7.1 und 3.7.2).

Es sei erwähnt, dass es Mikroskope gibt, die sich nicht „köhlern" lassen, da sie keinen verstellbaren Kondensor besitzen. Hierzu zählen Mikroskope, deren Objektive einen großen Arbeitsabstand besitzen. Solche Mikroskope werden z. B. zur Kontrolle von adhärenten Zellen in Kulturflaschen oder Schalen eingesetzt.

Anschaulich beschrieben werden die einzelnen Arbeitsschritte des „Köhlerns" in etlichen YouTube-Videos oder auf www.microscopy.de.

3.5 Inverses Mikroskop

Aufrechte Mikroskope werden für biologisch-medizinische Analysen vorwiegend für Präparate eingesetzt, die auf Objektträgern montiert und mit einem Deckglas bedeckt sind (◘ Abb. 3.4). Wenn sich die Objekte nicht auf Objektträgern, sondern z. B. in Kulturschalen oder Flaschen befinden, ist es hilfreich, inverse Mikroskope zu verwenden. Der Objektivrevolver befindet sich bei dem inversen Mikroskop unter dem Mikroskoptisch (◘ Abb. 3.5). Die Objekte werden von oben bestrahlt und von unten betrachtet. Inverse Mikroskope ermöglichen eine freie Sicht auf das zu untersuchende Objekt und den Einsatz und das Anbringen von Mikromanipulatoren oder Mikroelektroden.

Das Lampenhaus und der Kondensor sind beim inversen Mikroskop über dem Objekt angeordnet. Damit die Beleuchtungseinrichtung z. B. bei Auflage von Zellkulturplatten oder der Montage von Manipulatoren auf dem

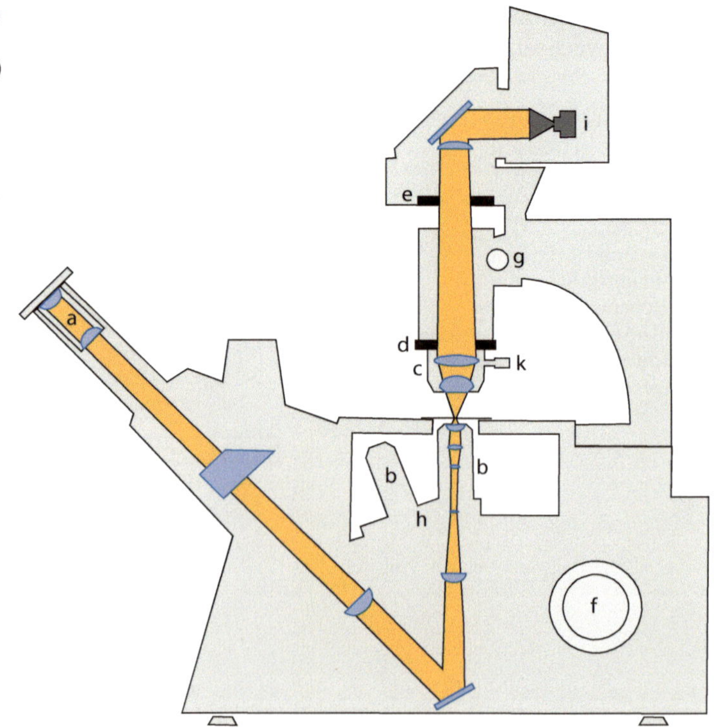

◘ **Abb. 3.5** Aufbau eines inversen Mikroskop: (a) Okular (b) Objektiv, (c) Kondensor, (d) Aperturblende, (e) Leuchtfeldblende, (f) Fokussierrad (Grob- und Feintrieb), (g) Schraube zur Höhenverstellung des Kondensors, (h) Objektivrevolver, (i) Lichtquelle, (k) Justierschrauben zur Zentrierung des Kondensors

Objekttisch nicht stört, lässt er sich in der Regel mit der Halterung samt Lampenhaus und Kondensor zurückklappen.

Wichtig für das Arbeiten mit inversen Mikroskopen ist, dass man sich über den Arbeitsabstand der verwendeten Objektive informiert. Insbesondere Objektive mit hoher NA benötigen einen Arbeitsabstand, der nur wenig über der Deckglasdicke von ca. 0,17 mm liegt. Will man ein auf einem Objektträger fixiertes und mit einem Deckglas zugedecktes Präparat anschauen, muss das Präparat umgedreht und das Deckglas zum Objektiv hin ausgerichtet werden. Für die Betrachtung von Zellen in Kulturschalen sind Schalen erforderlich, deren Boden der Dicke eines Deckglases entspricht und Licht wenig streut (s. ► Abschn. 4.14, Live Cell Imaging). Eine Beobachtung und Bildaufnahme von Zellen durch einen dicken Plastikboden ist kaum möglich.

3.6 Objektive

Objektivtyp und Objektivgüteklasse haben einen entscheidenden Einfluss auf Auflösung und Bildqualität des untersuchten Objektes. Um zu vermeiden, dass ungeeignete Objektive verwendet werden, sollte man sich vor Arbeitsbeginn informieren und die Angaben auf dem Objektiv studieren.

Die Aufschrift auf Objektiven ist gegliedert: Unter der Objektivtyp- oder Objektivklassenbezeichnung (z. B. Planapochromat) ist die Maßstabzahl (60 ×) und die Numerische Apertur (NA) des Objektivs notiert (◘ Abb. 3.6a). Von der Numerischen Apertur hängt die Auflösung ab, die mit dem jeweiligen Objektiv erzielt wird (s. ► Abschn. 3.3). Hinter oder unter der NA-Angabe wird angegeben, ob es sich um ein Immersionsobjektiv handelt. Die Aufschriften „Oil", „Gly" oder „W" weisen darauf hin, ob Öl-, Glycerin oder Wasser als Immersionslösung zwischen Deckglas und Objektivlinse verwendet werden sollte. Des Weiteren ist auf dem Objektiv durch die Kennzeichnung „Ph" oder „DIC" notiert, ob es sich um ein für Phasenkontrast (Ph) oder für Differenziellen Interferenzkontrast (DIC) geeignetes Objektiv handelt.

In der letzten Zeile ist in der Regel „∞ / 0,17" angegeben. Die Zahl gibt die Deckglasdicke an, die bei der Verwendung des Objektivs eingesetzt werden sollte und mit der maximale Auflösung und optimaler Kontrast erreicht werden kann. Etwa 0,17 mm misst die Dicke der meist verwendeten Deckgläser. Will man mit 0,17 gekennzeichneten Objektiven durch einen dicken Schalenboden, durch dickere Deckgläser oder einen Objektträger fokussieren, wird dies schwer oder gar nicht gelingen. Die Qualität der Deckgläser und ihre gleichmäßige Dicke ist für die Mikroskopie nicht unbedeutend und

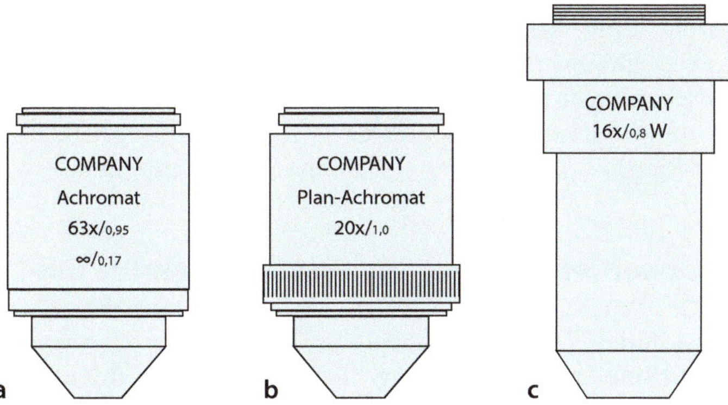

◘ **Abb. 3.6** **a** Objektivbeschriftung: Unter dem Herstellernamen ist die Objektivklasse notiert. In der folgenden Zeile ist die Vergrößerung und die numerische Apertur angegeben (im Beispiel: NA = 0,95). Die letzte Zeile zeigt, für welche Tubuslänge und welche Deckglasdicke das Objektiv geeignet ist (im Beispiel: Deckglasdicke = 0,17 mm). **b** Objektiv mit Korrektionsring, **c** typische Form eines *Dipping*-Objektivs

sollte insbesondere bei Arbeiten mit Objektiven hoher NA und bei fluoreszenzmikroskopischen Verfahren beachtet werden. Ist eine Deckglasdicke von „0" angegeben, bedeutet dies, dass ohne Deckglas gearbeitet werden kann.

Auf der Position des Unendlichkeitszeichens (∞) vor der Deckglasdickenangabe wird angegeben, für welche Tubuslänge das Objektiv geeignet ist. Das ∞-Zeichen bedeutet, dass diese Objektivoptik mit verschiedenen Tubuslängen verwendet werden kann. Ist an dieser Position auf dem Objektiv eine Zahl angegeben, dann ist die Tubuslänge für dieses Objektiv entscheidend.

Damit kein sofortiger Schaden beim Aufsetzen des Objektivs auf die Präparatoberfläche entsteht, sind Mikroskopobjektive mit einer numerischen Apertur über 0,40 mit einer **Federfassung** versehen. Sie bewirkt, dass der Vorderteil des Objektivs beim Aufstoßen auf das Präparat etwas in die übrige Fassung eingeschoben wird. Eine im Objektiv eingebaute Druckfeder sorgt dafür, dass das Objektiv wieder die richtige Länge enthält, wenn der Druck auf die Frontlinse nach Verstellen der Scharfeinstellung nachlässt. Wichtig ist, dass die Federung während des Mikroskopierens nicht arretiert ist. Die Fokussierung kann dadurch erschwert werden. Durch eine kleine Drehbewegung der unteren Fassung ist die Arretierung aufhebbar.

Um während des Mikroskopierens die Objektive schnell identifizieren zu können, sind sie durch farbige Ringe gekennzeichnet. Die Farbcodes der verschiedenen Hersteller sind leider nicht identisch. Merken sollte man sich, dass in der Regel Ölimmersionsobjektive einen schwarzen unteren Ring besitzen.

3.6.1 Immersionsobjektive

Bei Objektiven mit hoher NA und geringem Arbeitsabstand wird eine Immersionsflüssigkeit zwischen Deckglas und Objektivlinse eingesetzt, um Verluste durch zu starke Lichtstreuung an den Grenzflächen von Luft und Glas zu vermeiden. Grundlage hierfür ist, dass der Brechungsindex der Immersionsflüssigkeit (z. B. Öl: 1,518, Glycerin: 1,47399) größer als der Brechungsindex von Luft (n = 1,000) und ähnlicher dem Brechungsindex von Glas (n = 1,523) ist. Folglich werden – gemäß der Formel zur Berechnung der numerischen Apertur (NA = n * sin (α); s. ▶ Abschn. 3.3) – bei Immersionsobjektiven höhere numerische Aperturen als bei Trockenobjektiven erreicht. Bei Ölobjektiven wird darüber hinaus die Deckglasdicke belanglos, da es beim Übergang des Lichtes aus dem Deckglas in das Immersionsöl zu einer minimalen Lichtbrechung und somit auch nicht zu einer sphärischen Aberration kommt. Es ist sogar möglich, ganz auf ein Deckglas zu verzichten, wenn das Öl direkt auf die Objektoberfläche aufgetragen werden kann.

Weitere Immersionsobjektive, die in der biologischen und medizinischen Mikroskopie benutzt werden, sind Wasser- und Glycerinimmersionen. Wasserimmersionen, erreichen mit NA = 1,2 nicht ganz so hohe numerische Aperturen wie die Ölimmersionen. Wasserobjektive sind für die Beobachtung von Gewebe oder Zellen in wässrigen Medien geeignet. Sogenannte *Dipping*-Objektive können direkt in wässrige Medien eingetaucht werden (◘ Abb. 3.6c). Sie werden vielfach für *Live Cell Imaging* und in der intravitalen Mikroskopie eingesetzt. Glycerinimmersionen kommen u. a. in der Fluoreszenzmikroskopie zur Anwendung, da Immersionsöle in manchen Wellenlängenbereichen eine störende Eigenfluoreszenz haben und ungeeignet sein können. Glycerinobjektive eignen sich u. a. auch für die Beobachtung von Gewebeschnitten oder Zellpräparationen, die in Glycerinmischungen (z. B. *Moviol* oder *Vectashield*) eingebettet sind.

3.6.2 Objektive mit Besonderheiten

Außer den Standardobjektiven gibt es zahlreiche Objektivtypen, die für besondere Anwendungen optimiert sind. So sind beispielsweise für Anwendungen im Infrarot- oder UV-Bereich Objektive notwendig, die für diesen

Strahlenbereich durchlässig sind. Auch gibt es Objektive, die nur einen eingeschränkten Bereich des Lichtspektrums durchlassen. Werden neue und ungewöhnliche Farbstoffe und Fluorochrome eingesetzt, empfiehlt es sich, die **Transmission** der vorhandenen Objektive für die neue Anwendung zu prüfen. Die Hersteller bieten für alle Objektive Transmissionskurven an, aus denen ersichtlich wird, welche Lichtwellen gut oder weniger gut durchgelassen werden.

Darüber hinaus gibt es Objektive, die einen **Korrektionsring** besitzen, durch den die Optik des Objektivs an besondere Bedingungen angepasst werden kann (◻ Abb. 3.6b). Durch Korrektionsringe kann beispielsweise eine Anpassung auf die Deckglasdicke oder an spezifische Temperaturen (z. B. RT oder 37 °C) erfolgen. Auch ein Wechsel zwischen verschiedenen Immersionsmedien – wie Öl oder Glycerin und Wasser – kann ermöglicht werden. Für die Beobachtungen von Zellen in Zellkulturschalen oder -platten mithilfe eines inversen Mikroskops werden häufig Objektive mit Korrektionsring für den Arbeitsabstand verwendet, die ermöglichen, die Objektivoptik auf die Dicke des Platten- oder Schalenbodens anzupassen.

Auch gibt es Korrektionsringe, mit denen die NA eines Objektives vermindert und die Schärfentiefe erhöht werden kann. Dies bedingt einen Verlust der Auflösung, kann aber bei Objektiven mit geringer Schärfentiefe (z. B. 63-x-Objektiv) nützlich sein, um dreidimensionale Strukturen besser in ihrer Gesamtheit zu erfassen. Dies ist u. a. bei der Beobachtung und Dokumentation von dynamischen schnellen zellulären Effekten hilfreich, die nicht nur auf einen eng begrenzten Bereich in der Zelle beschränkt sind.

3.6.3 Objektive verschiedener Güteklassen

Im oben abgebildeten Strahlengang des Mikroskops wird ein Objektiv durch eine einzelne Sammellinse symbolisiert. In Wirklichkeit besteht ein Objektiv aber aus einer Vielzahl von Sammel- und Zerstreuungslinsen, durch die Abbildungsfehler, sogenannte Aberrationen, von Linsen bestmöglich minimiert werden sollen. Je nachdem, wie gut und perfekt dies geschieht, lassen sich Objektive in verschiedene Güteklassen einteilen, die sich auch in ihrem Preis erheblich unterscheiden.

Es werden zwei Gruppen von Abbildungsfehlern unterschieden: (a) solche, die bereits bei einfarbigem Licht auftreten und die durch die Kugelform der Linse verursacht werden (**sphärische Aberration**) und (b) solche, die sich aus der Dispersion ergeben (**chromatische Aberration**). Dispersion von Licht ist beispielsweise die Auftrennung von Sonnenlicht in ein farbiges Spektrum in einem Prisma.

Ursache für die sphärische Aberration ist die variierende Oberflächenkrümmung einer Linse. Lichtstrahlen, die durch die äußeren Linsenzonen verlaufen, werden stärker gebrochen, als die durch die inneren Linsenzonen verlaufenden. Ein ebenes Objekt wird durch eine Linse nicht auf einer ebenen Fläche, sondern auf einer Kuppel abgebildet. Bei einer scharf eingestellten Bildmitte erscheinen die Bildränder unscharf.

Ursache für die chromatische Aberration ist, dass die Ausbreitungsgeschwindigkeit von Licht in einem Medium abhängig von der Frequenz und somit auch von der Wellenlänge des Lichtes ist. Blaues Licht wird von einer Linse stärker gebrochen und hat eine kürzere Brennweite als rotes Licht. Rote und blaue Strukturen haben also unterschiedliche Fokusebenen. Wenn ein Objekt mit Weißlicht (Mischlicht) beleuchtet wird, ergeben sich daher farbige Bilder, die verschieden weit von der Linse entfernt und verschieden groß sind.

Die Einteilung der Objektive in verschiedene Güteklassen wird von den Mikroskopherstellern nicht ganz einheitlich durchgeführt. Die im Folgenden vier aufgeführten Klassen sollen helfen, das breite Informationsangebot über verschiedene Objektivtypen besser zu verstehen.

Bei **Achromaten** ist die chromatische Aberration für zwei Spektralfarben korrigiert. Diese werden so gewählt, dass sich die besten Abbildungseigenschaften für den mittleren Teil des sichtbaren Spektrums ergeben, den wir als besonders hell empfinden. Die Bildwölbung ist beibehalten. Achromate sind verhältnismäßig einfach aufgebaut und daher am preiswertesten.

Bei **Apochromaten** ist die chromatische Aberration für drei Farben behoben. Apochromate sind erheblich teurer als Achromate. Die bessere Bildkorrektur erlaubt bei Achromaten eine höhere numerische Apertur und damit eine bessere Auflösung. Allerdings bedingt eine höhere numerische Apertur auch immer eine geringere Schärfentiefe und einen kleinen Arbeitsabstand. Auch bei Apochromaten ist die Bildfeldwölbung nicht behoben.

Die **Fluoritobjektive** liegen in der Leistung etwa zwischen den Achromaten und den Apochromaten und zeichnen sich durch einen relativ günstigen Preis aus. Sie haben je nach Hersteller verschiedene Handelsnamen z. B. Neofluare oder Semiapochromate.

Die Bildwölbung (sphärische Aberration) ist bei den **Planobjektiven** behoben. Zu den Planobjektiven gehören auch Planachromate und Planapochromate oder die Planfluoritobjektive. Sie eignen sich für Bildaufnahmen, wenn ein großes bis zum Rand scharfes Bild benötigt wird, und sind für große Sehfelder geeignet.

3.7 Kontrastierung

Um ein Objekt im Mikroskop sehen zu können, muss es nicht nur stark genug vergrößert und aufgelöst sein, sondern auch ausreichend Kontrast haben und sich vom Hintergrund unterscheiden! Kontrast bedeutet, dass das Licht, welches durch ein Objekt strahlt, ganz oder teilweise absorbiert wird, während die Lichtstrahlen, die am Objekt vorbeigehen, seine ursprüngliche Helligkeit beibehalten. Absorbiert ein Objekt Licht, hat das einfallende Licht eine höhere Wellenamplitude als das am Objekt gebeugte Licht. Das durchstrahlte Objekt erscheint dunkel und der Hintergrund hell.

Absorbiert ein Objekt nur Licht eines spezifischen Wellenlängenbereichs, so spricht man von spektralspezifischer Lichtabsorption und das Objekt erscheint farbig. Eine verbesserte Kontrastierung eines Präparates kann durch den Einsatz von Farbstoffen erfolgen. Eine Einfärbung von spezifischen Gewebestrukturen oder Zellkompartimenten ermöglicht sowohl die bessere Sichtbarkeit als auch eine Identifizierung und Charakterisierung der beobachteten Strukturen. Für die zellbiologische Forschung sind viele histologische Färbetechniken wie auch kompartimentspezifische Marker von großer Bedeutung (s. ▶ Abschn. 3.20 und 3.21).

Durch Schließen der Kondensor-(Apertur-)blende wird – wie oben schon erwähnt – der Kontrast und die Tiefenschärfe im Präparat erhöht. Da der Verschluss der Kondensor-(Apertur-)blende aber auch einen Verlust der Auflösung bedingt, verschlechtert ein Schließen der Kondensor-(Apertur-)blende die Qualität des Abbilds.

Zwei instrumentelle Kontrastverfahren, die ohne Verlust der Auflösung arbeiten, sind Phasenkontrast oder Differenzieller Interferenzkontrast (DIC). Bei beiden Verfahren werden Phasenverschiebungen der Lichtwelle, die durch Brechungseigenschaften im Material erzeugt werden, in Hell-Dunkel-Effekte umgesetzt.

Tierische oder humane Zellen absorbieren wenig Licht und sind in wässriger Lösung mit Hellfeldmikroskopie nur schwer zu erkennen. Da Cytoplasma aber einen höheren Brechungsindex als die umgebende wässrige Lösung hat, ist die Lichtwelle, welche die Zelle durchläuft, verlangsamt und anschließend gegenüber dem Licht, welches nur durch die umgebende Pufferlösung geht, in ihrer Wellenphase verschoben. Das menschliche Auge kann Phasendifferenzen von Lichtwellen allerdings nicht wahrnehmen.

Bei beiden Kontrastverfahren, Phasenkontrast und DIC, werden am Präparat gebeugte und ungebeugte Lichtwellen, die sich in ihrer Phase unterscheiden, zur Überlagerung gebracht (Interferenz). Es entsteht eine neue Welle, die sich in ihrer Amplitude von den ursprünglichen Wellen unterscheidet. Hierdurch wird ein Hell-Dunkel-Kontrast zwischen Objekt und umgebendem Medium erzeugt, den das menschliche Auge erkennen kann.

Weitere instrumentelle Kontrastverfahren, die in der biologischen Forschung nur für spezielle Fragestellungen häufig eingesetzt werden, sind Dunkelfeld- und Polarisationsmikroskopie. Vom Objekt reflektierte bzw. polarisierte Lichtstrahlen werden in diesen Verfahren detektiert.

3.7.1 Phasenkontrast

Für den Phasenkontrast wird eine Ringblende im Kondensor eingeschwenkt, durch die der lichtgefüllte Lichtkegel, der durch den Kondensor erzeugt wird, innen abgedunkelt wird (◘ Abb. 3.7). Ein hierzu passender Blendenring ist über der Objektivlinse angebracht. Die ringförmige Blende erzeugt eine weitere Phasenverschiebung der Lichtstrahlen, die durch das Objekt hindurch gelangen und nicht gebeugt werden. Gebeugte Lichtwellen hingegen durchstrahlen nicht den Blendenring und werden nicht phasenverschoben. Interferenz von ungebeugtem und gebeugtem Licht resultiert anschließend in einer Lichtwelle mit veränderter Amplitude und einer Hell-Dunkel-Differenz zwischen Objekt und Umgebung.

Wichtig für das Arbeiten mit Phasenkontrast ist, dass der Durchmesser der Ringblende im Kondensor und der des Blendenrings im Objektiv aufeinander abgestimmt und zueinander ausgerichtet sind. Auf einem Kondensor mit einschwenkbaren Ringblenden findet sich Kennzeichnungen und Einstellmöglichkeiten wie: „HF“ oder „BF“ für „Hellfeld“ und „*bright field*“ und „Ph1“, „Ph2“ oder „Ph3“ für unterschiedlich große Ringblenden. Phasenkontrastobjektive mit Blendenringen besitzen eine identische oder ähnliche Markierung: „Ph1“, „Ph2“ oder „Ph3“. Wichtig ist, dass die Nummer der Ringblende im Kondensor mit der Nummer auf dem Objektiv übereinstimmt. Ist dies nicht der

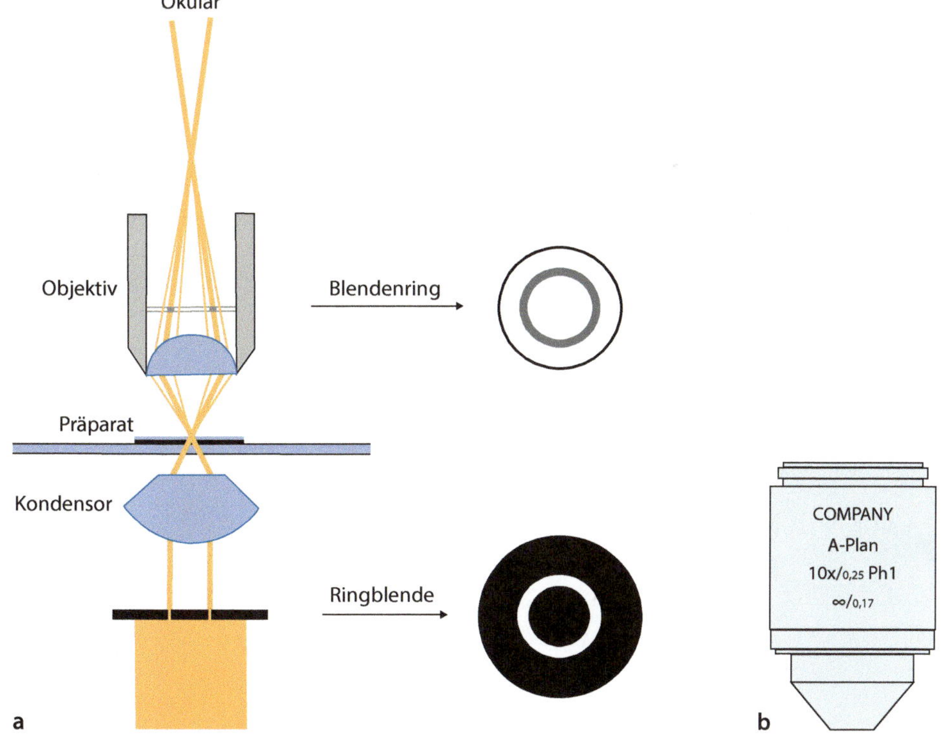

◘ **Abb. 3.7** Prinzip des Phasenkontrasts: **a** Mikroskopkomponenten, **b** Objektiv mit integriertem Blendenring ist mit „Ph“ gekennzeichnet

Fall, sind die Durchmesser von Ringblende und Blendenring nicht abgestimmt und Hell-Dunkel-Artefakte (Abbildungsfehler) werden im Abbild erzeugt.

Für die im Phasenkontrastmikroskop sichtbaren Strukturen ist es typisch, dass sie gewöhnlich von einem weißen Saum umgeben sind. Man spricht vom Haloeffekt (◘ Abb. 3.9c). Adhärente Zellen oder isolierte Kerne sind für die Analyse mit Phasenkontrast gut geeignet. Sind die Objekte allerdings zu dick und besitzen einen hohen Brechungsindex, so treten optische Artefakte im Abbild auf. Dies können starke helle oder dunkle Ränder oder wolkenartige Strukturen sein. Das Objekt ist dann für die Untersuchung mit Phasenkontrast ungeeignet und sollte entweder mit Hellfeldmikroskopie oder DIC untersucht werden.

3.7.2 Differenzieller Interferenzkontrast (DIC)

Beim Differenziellen Interferenzkontrast (DIC) entsteht Kontrast durch die Überlagerung des Objektbildes mit dem Bild eines zweiten parallelen Lichtstrahles. Ein Vorteil des DIC-Verfahrens gegenüber dem Phasenkontrast ist, dass kein Haloeffekt an den Rändern entsteht und auch etwas dickere Objekte untersucht werden können (◘ Abb. 3.8 und Abb. 3.9).

Durch Interferenz zweier Lichtstrahlen – d. h. zweier Bilder –werden Hell-Dunkel-Differenzen erzeugt, die zu einer Schattierung oder reliefartigen Darstellung des Objekts führen. Diese Interferenzmuster sind hoch empfindlich gegenüber Unterschieden im Brechungsindex und Dicke des Materials. Die Reliefstruktur repräsentiert Phasenverschiebungen des Lichtes, die durch das durchstrahlte Material erzeugte werden. Da das scheinbar plastische Abbild nicht durch die Raumstruktur des Objekts erzeugt wird, darf es nicht als Darstellung einer dreidimensionalen Oberflächenstruktur des Präparates missverstanden werden.

Im DIC-Mikroskop wird polarisiertes Licht erzeugt, das in zwei eng benachbarte, parallele – und in gleicher Richtung orientierte – Wellen aufgespalten wird. Hierfür sind zwei Polarisationsfilter erforderlich. Ein Polarisator im Kondensor und ein Analysator oberhalb der Objektive, der in sogenannter Kreuzstellung zum Polarisator angebracht ist. Das Auftrennen des Lichtstrahles in zwei Strahlen erfolgt an den Grenzflächen zweier doppelbrechender Prismen, die in ihrer Gesamtheit als Wollaston-Prisma bezeichnet werden (◘ Abb. 3.8). Das Präparat durchlaufen zwei parallele Strahlen mit senkrecht zueinander orientierten Schwingungsebenen, die – je nach Dicke und Dichte des Materials – unterschiedlich stark abgebremst

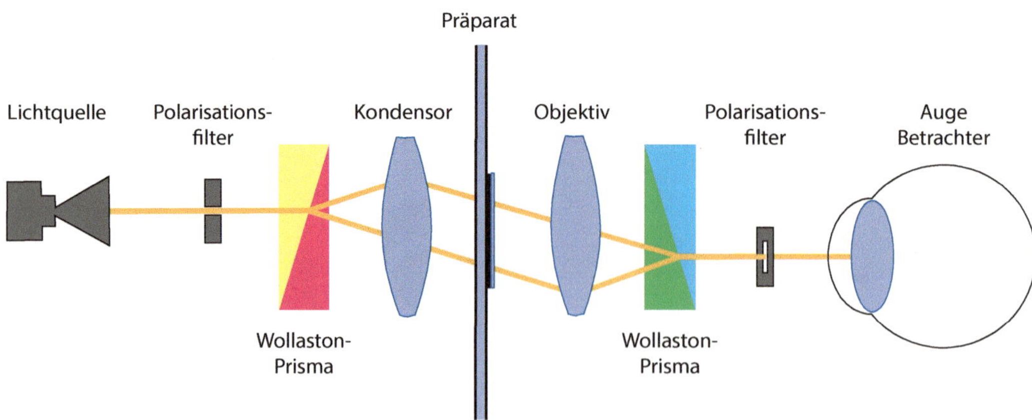

◘ **Abb. 3.8** Mikroskopkomponenten für Differenziellen Interferenzkontrast

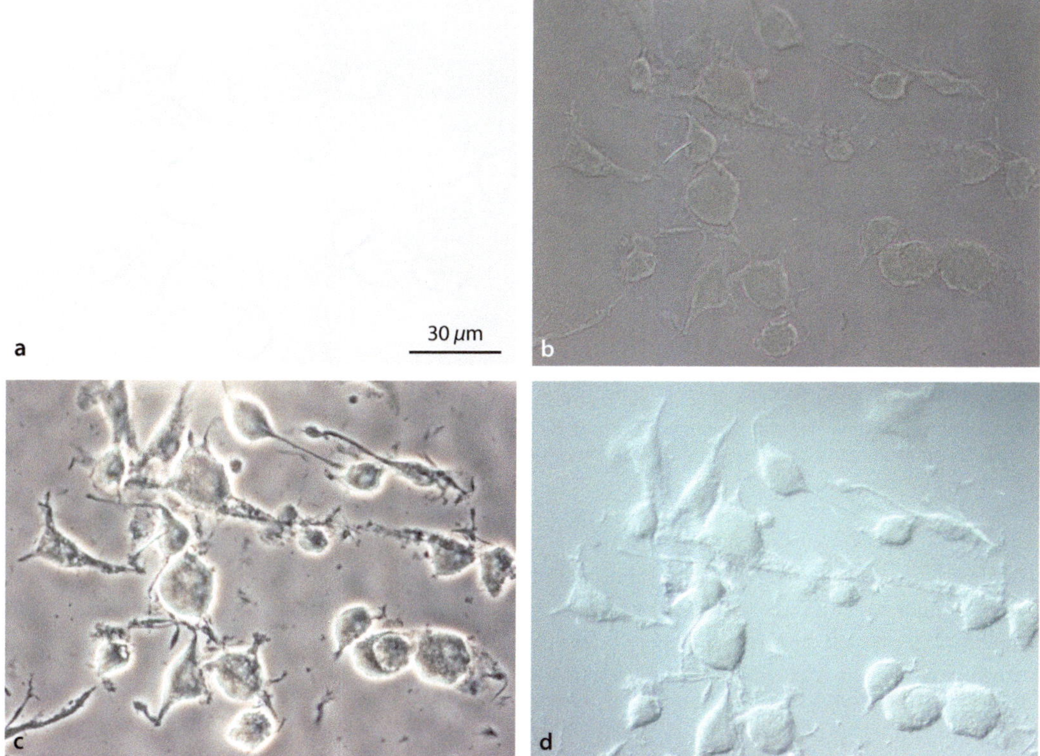

◼ **Abb. 3.9** Bildvergleich verschiedener instrumenteller Kontrastverfahren: adherente Zellkulturzellen im **a** Hellfeldbild mit offenere Kondensorblende; **b** Hellfeldbild mit geschlossener Kondensorblende; **c** Phasenkontrast; **d** Differenzieller Interferenzkontrast (DIC)

und in ihrer Phase verschoben werden. Der Abstand der beiden Strahlen ist sehr gering und liegt unterhalb der Auflösungsgrenze des Mikroskops. Hinter dem Objektiv werden beide Strahlen in einem zweiten Wollaston-Prisma überlagert (Interferenz). Eine Optimierung des Reliefkontrastes lässt sich durch kleine Verschiebungen der beiden Einzelprismen im Wollaston-Prisma erreichen. Durch ein kleines Schräubchen oder Drehrädchen am Wollaston-Prisma kann die Helligkeit und Hintergrundfarbe verändert werden.

Anschauliche Darstellungen und interaktive Videos der komplexen Optik im DIC-Mikroskop gibt es online: z. B. http://www.mikroskopie.de/kurse/dic-theo.htm.

3.7.3 Dunkelfeldmikroskopie

Beim Dunkelfeldkontrast wird der Kondensor so eingestellt, dass das Sehfeld dunkel ist. Alle Lichtstrahlen aus dem Randbereich eines hohlen Lichtkegels, der durch eine Ringblende im Kondensor erzeugt wird, gehen am Objektiv außen vorbei. In die Objektivlinse gelangen nur die an der Oberfläche des Objektes reflektierten und gestreuten Strahlen (◼ Abb. 3.10a).

Der Dunkelfeldkontrast ermöglicht kleinste Strukturen wie Mikroorganismen in Form von hellen Lichtpunkten vor dunklem Hintergrund sichtbar zu machen. Oberflächen von Zellen oder Vesikeln werden als hell leuchtende Ränder dargestellt. Gut geeignet ist der

3

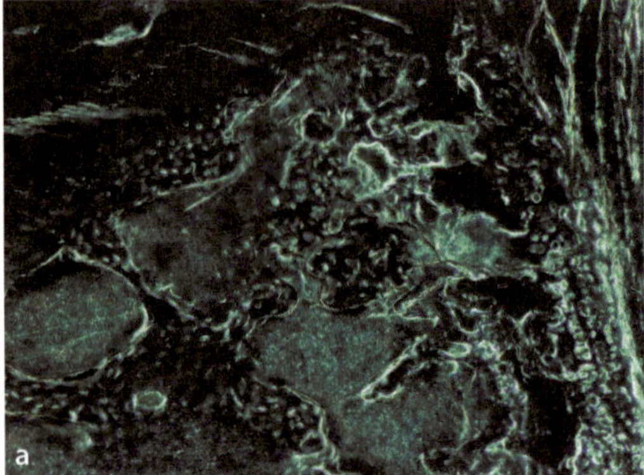

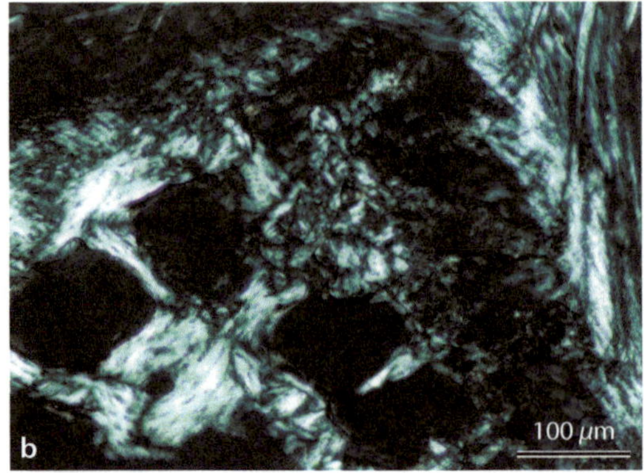

Abb. 3.10 Vergleich von Dunkelfeld- und Polarisationsmikroskopie am Knochenschnittpräparat: **a** Dunkelfeldkontrast und **b** Polarisationsmikroskopie. Beim Dunkelfeldkontrast sind Ränder und Kanten sichtbar, während durch Polarisationsmikroskopie die Kollagenfaserstruktur sichtbar wird (Femur der Maus, Trabekula und Teil der Wachstumsfuge)

Dunkelfeldkontrast, um z. B. bizarre Formen von Kieselalgen in Plankton darzustellen oder Zellhomogenate auf die enthaltene Partikelgröße mikroskopisch zu analysieren. Für Studien von komplexen Geweben oder Schnitten sowie die Beobachtung von intrazellularen Strukturen eignet sich die Dunkelfeldmethode nicht.

3.7.4 Polarisationsmikroskopie

Durch Polarisationsmikroskopie können optisch aktive Substanzen detektiert werden, die die Richtung der Lichtschwingung im elektrischen Feld (Polarisationsrichtung) drehen. Hierzu wird durch einen Polarisationsfilter (Polarisator) im Kondensor das Licht linear polarisiert, d. h. Lichtschwingungen werden nur in einer Richtung zugelassen. Beim Durchgang von linear polarisiertem Licht durch Materialien, die optisch aktive Moleküle (chirale Moleküle) enthalten, ändert sich die Polarisationsrichtung des Lichtstrahls. Ein zweiter Polarisationsfilter (Analysator) über dem Objektiv lässt nun nur diese in der Polarisationsrichtung zum Ausgangstrahl veränderten Lichtwellen durch. Daher können Lichtsignale spezifisch von optisch aktiven Molekülen beobachtet werden. Zelluläre Einlagerung von Kristallen, wie auch die Orientierung von Muskelactin und Kollagenstrukturen um Haut- und Knochenzellen können beispielsweise durch Polarisationsmikroskopie gut dargestellt werden (Abb. 3.10b).

3.8 Bildaufnahme

Heute enthalten nahezu alle in der Mikroskopie eingesetzten Kameras CCD-Sensoren (engl. *Charge-Coupled Device*, dt. ladungsgekoppeltes Bauteil). Sie zeichnen sich durch ihre hohe Sensitivität und Aufnahmegeschwindigkeit aus. **CCD-Sensoren** sind lichtempfindliche elektronische Bauelemente, in denen durch Lichtphotonen elektrische Ladung erzeugt wird, die proportional zur einfallenden Lichtintensität ist. Die Ladungszustände werden digitalisiert und in einem Bildprogramm als Graustufen in einzelnen Bildpixeln dargestellt. Die Graustufen eines Bildpixels können durch Werte zwischen 256 und 0 definiert sein. 0 entspricht dann der Farbe schwarz und 256 weiß.

Da CCD-Sensoren nicht zwischen Farben differenzieren können, werden in Farbkameras Farbfilter für rot, gelb und blau vor den CCD-Sensoren eingesetzt. Pro Bildpixel werden so Lichtintensitätsdaten von je drei Sensoren erzeugt. Durch Interpolarisation der Signalwerte wird nachfolgend für jeden Bildpixel ein

RGB-Wert errechnet, der in einen Farbwert bzw. Farbton umgesetzt wird. Farbkameras werden für nahezu alle hellfeldmikroskopischen Techniken verwendet.

Schwarz-weiß-Kameras ohne Farbfilter sind sensitiver und kommen in der Fluoreszenzmikroskopie zum Einsatz. Gekühlte CCD-Kameras sind geeignet für lange Belichtungszeiten, da durch die niedrige Temperatur unspezifische Signale des Hintergrundrauschens minimiert werden (*low signal to noise ratio*).

Bei der **Bildaufnahme** ist zu bedenken, dass ein Kamerasensor das Bild anders wahrnimmt als das menschliche Auge. Vergleichen wir das Bild auf dem Monitor mit dem Bild, was wir durch das Okular wahrnehmen, so können Farbtöne und Helligkeit verschieden sein. Das menschliche Auge hat eine hohe Sensitivität im grün-gelben Spektrum, während rote und blaue Strukturen weniger gut wahrgenommen werden. Außerdem steigt die vom Menschen empfundene Helligkeit in dunklen Bereichen steiler und in hellen weniger steil an. Die Mikroskopkamera kann hingegen Licht über den gesamten Spektralbereich und teilweise auch im IR mit einer ähnlich hohen Empfindlichkeit detektieren. Bei der Bewertung von Lichtintensitäten in verschiedenen Farben ist die Mikroskopkamera also objektiver als das menschliche Auge. Als Grundlage für Vergleiche von Signalintensitäten sollten daher stets Graustufendarstellung und nicht Farbbilder verwendet und betrachtet werden.

Bei einer Bildaufnahme im Hellfeld wird zunächst die Lichtintensität und Belichtungszeit eingestellt. **Ein Bild sollte weder über- noch unterbelichtet sein**. Die Häufigkeit von Lichtintensitätswerten im Bild sollte in einem Histogramm dargestellt und kontrolliert werden. Viele Bildbearbeitungsprogramme bieten auch Farbmodi an, in denen Lichtintensitätswerte farblich und Lichtsättigungsbereiche auffällig markiert werden. Das Bild kann dann für die Justierung der Kameraeinstellung in diesem Modus dargestellt werden. Nicht überbelichtet ist ein Bild, wenn die Lichtintensität nur in wenigen kleinen Bildbereichen maximale Werte erreicht d. h. im Sättigungsbereich der Kamera liegt. In einem unterbelichteten Bild werden mögliche Graustufenwerte nicht vollständig ausgenutzt. Hierdurch können Bilddetails verloren gehen. Ist beispielsweise in einem Histogramm zu erkennen, dass in einer Graustufenskala mit 0 bis 256 möglichen Werten (8-bit) nur bei Werten von 0 bis 100 Signale auftreten, so sollte die Lichtintensität oder Belichtungszeit gesteigert werden, bis nahezu alle Werte von 0 bis 256 Intensitätswerte im Bild repräsentieren. Kontrast und Bildqualität werden hierdurch gesteigert.

In der Hellfeldmikroskopie sollte ein Präparat so fotografiert werden, dass die Farben dem natürlichen Seheindruck entsprechen. Umgebende Beleuchtung und einfallendes Tageslicht können die Farbspektren im Präparat beeinflussen und das Kamerabild kann beispielsweise blau- oder gelbstichig erscheinen. Zu Beginn der Aufnahmen ist daher ein **Weißabgleich** notwendig. Hierbei werden die RGB-Werte so angepasst und die Farben so balanciert, dass ein heller Hintergrundbereich im Bild weiß oder neutralgrau erscheint.

Die Auflösung von Details im Bild wird durch die optische Auflösung des Objektives und die Größe und Anzahl der Pixel im Bild bestimmt. Die Pixelgröße ist umgekehrt proportional zur Auflösung des Bildes. Für eine gute Bildqualität sollte die **digitale Auflösung die optische Auflösung um mindestens das Doppelte übersteigen** (▣ Tab. 3.1). Eine zu geringe Pixelanzahl im Bild (*undersampling*) führt zu Verlust von Detailinformationen. Durch eine zu hohe Pixelanzahl werden unnötig große Datenmengen produziert (*oversamling*). Bei fluoreszenzmikroskopischen Aufnahmen kann eine zu hohe Pixelanzahl *Bleaching*-Effekte verursachen. Grundsätzlich gilt: Je höher das Objektiv vergrößert, umso weniger Pixel sind notwendig.

Des Weiteren sollte bei Hellfeldaufnahmen der **Gamma-Korrekturwert** auf 1 gesetzt sein. Mit dem Gamma-Wert lassen sich Bilder aufhellen oder verdunkeln. Anders als bei der Veränderung der Helligkeit werden bei der Gamma-Korrektur vor allem die Mitteltöne verändert, während sehr helle und sehr dunkle Bereich gleich bleiben.

Außerdem sollten für ein gelungenes Bild der Fokus kurz vor der Aufnahme geprüft und

Tab. 3.1 Bildauflösung und erforderliche Pixelgröße bei verschiedenen Objektiven: Die optische Auflösung (d) wird durch die numerische Apertur (NA) des Objektivs bestimmt (d = λ * NA). Im Abbild wird d im Maßstab des Objektivs vergrößert dargestellt. Damit zwei Punkte im Bild wahrgenommen werden können, muss die Strecke zwischen beiden durch mindestens zwei Pixel dargestellt werden. Empfohlen werden drei bis maximal vier Pixel

Objektiv Maßstabzahl (NA)	Auflösung (d) [µm] (bei λ = 550 nm)	Darstellung von d im Abbild [µm]	Maximale Pixelgröße [µm]
2 × (0,06)	4,6	9,2	4,6
4 × (0,12)	2,3	9,2	4,6
4 × (0,20)	1,4	5,6	2,8
10 × (0.30)	0,92	9,2	4,6
20 × (0,50)	0,55	11,0	5,5
40 × (1,00)	0,28	11,2	5,6
60 × (0,80)	0,34	20,4	10,2
60 × (1,40)	0,20	12,0	6,0
100 × (1,25)	0,22	22,0	11,0

Vibrationen während der Aufnahme vermieden werden. Ursache für Vibrationen kann die Berührung des Mikroskopstativs oder ein Aufstützen auf den Mikroskoptisch während einer Bildaufnahme sein.

3.9 Dokumentation

Der Blick durch die Okulare ist subjektiv. Wir haben eine Vorstellung von dem, was wir suchen und sehen wollen. Wir wollen etwas wiedererkennen, von dem wir glauben, dass dies das Ergebnis unseres Experimentes ist. Wir konzentrieren unseren Blick auf eine Region, in der wir Erwartetes entdecken. Jeder Mikroskopiker muss sich daher immer wieder hinterfragen: **Wie spezifisch und wie repräsentativ ist das, was ich anschaue und dokumentiere?**

3.9.1 Gute wissenschaftliche Praxis

Bevor zelluläre Details in einem Präparat mit hoher Auflösung und Vergrößerung angeschaut werden, sollte man sich einen Überblick über das Präparat verschaffen. Wichtig für die Bewertung der Bilddaten könnte der Phänotyp, die Morphologie, die Integrität oder die Homogenität der untersuchten Strukturen sein. Um Morphologie und Homogenität zu dokumentieren, sollten Aufnahmen mit geringer Vergrößerung oder bei großen Geweben mit einer Lupe erfolgen. Neuere automatisierte Kamera- und Mikroskop-Software ermöglichen aus vielen Einzelbildern ein Überblicksbild der Gesamtstruktur in hoher Auflösung anzufertigen (*Stitching*) [12]. Ausschnittsbilder mit detaillierten Strukturen können nachfolgend aus den Übersichtsbildern erstellt werden (Virtuelle Mikroskopie). Wer derartig hilfreiche Technik nicht zur Verfügung hat, sollte seine Detailaufnahmen durch Übersichtsbilder mit kleineren Vergrößerungen ergänzen.

Werden Zellkulturzellen untersucht, sollte die Morphologie der Zellen mit Phasenkontrast oder DIC vor und nach jedem Experiment analysiert werden. Die Vitalität der Zellen und ihre Eignung für weitere Analysen muss bewertet und dokumentiert werden. „Welcher Phänotyp ist für die Zelllinie typisch? Sind die Zellen langestreckt oder rundlich? Enthalten sie stark oder schwach lichtbrechende Strukturen? Sind

Cytoplasma, Plasmamembran und der Zellkern erkennbar? Gibt es Hinweise auf Vesikelbildung, Stressfasern und apoptotische Zelltodprozesse?" Dies sind einige der zu stellenden Fragen vor jeder Färbung oder Nachweisverfahren als auch bei der Auswertung der Analyse.

3.9.2 Auswertung

Durch die Software digitaler Kameras und zahlreicher Bildbearbeitungsprogramme ist es möglich, jede Art von Schattierung, Struktur und Lichtpunkt in einem Bild entstehen zu lassen. Für jede bildliche Analyse ist daher die Untersuchung und Dokumentation von Kontrollpräparaten zwingend, durch die die Spezifität eines Signals oder einer Struktur geprüft und bestätigt wird. Jeder Experimentator muss sich vor einer Färbung als auch einem histologischen oder immunologischen Nachweis überlegen, welche Parallelproben als Positiv- oder Negativkontrollen geeignet sind und zur Spezifizierung des bildlichen Ergebnisses betragen.

Mögliche Kontrollproben können sein:

a. biologische Vergleichsproben:
   - Gewebe von unbehandelten Versuchstieren oder Pflanzen.
   - Knock-Out Material, in dem die nachzuweisende Substanz/Struktur nicht exprimiert wird/nicht vorhanden ist.
   - Transformierte Zellen, die die Substanz in hoher Konzentration exprimieren.

b. technische Parallelproben:
   - eine ungefärbte, aber ansonsten gleichbehandelte und alle Arbeitsschritte mitlaufende Probe z. B. bei einem Farbnachweis.
   - eine Probe, auf die kein primärer Antikörper pipettiert wurde, die parallel zur spezifischen Nachweisprobe mit gleichen Lösungen, identischen Konzentrationen und Inkubationszeiten erstellt wird, z. B. bei einem immunologischen Detektionsverfahren.

Zu einer guten Dokumentation gehört eine große Anzahl von Bildern, die unterschiedliche Präparatareale als auch verschiedene Parallelpräparate und die Kontrollproben repräsentieren. Zwingend für eine nachfolgende Bildaus- und -bewertung ist, dass alle Bilder, die miteinander verglichen und analysiert werden sollen, mit gleicher Optik und gleichen Kameraeinstellungen aufgenommen wurden. Dies bedeutet, dass Parameter wie Vergrößerung und Maßstab, Tiefenschärfe, verwendete Lichtintensität sowie Zoomfaktor, Belichtungszeit und Farbeinstellungen für alle Bilder, die für das wissenschaftliche Ergebnis miteinander verglichen werden, völlig identisch sein müssen. Hilfreich ist, nach anfänglicher Erarbeitung der optimalen Einstellungen sich diese abzuspeichern und für alle nachfolgenden Aufnahmen konsequent zu verwenden. Erfordert ein bestimmter Datensatz die Veränderung der Einstellung, müssen auch alle Kontrollpräparate mit den veränderten Einstellungen neu fotografiert und geprüft werden.

Liegen zahlreiche Bilder vor, sollte eine Quantifizierung von Bildparametern erarbeitet werden, die idealerweise zu **statistisch auswertbaren Datensätzen** führt. Auszählen oder Ausmessen von Bildstrukturen, die Quantifizierung von Farbpixeln pro Flächeneinheit, Histogramme für Farbintensitäten, Änderung von Farbspektren in verschiedenen Bildbereichen oder Orientierungsrichtung und Breite von länglichen Strukturen sind beispielsweise Möglichkeiten, um Bilder zu beschreiben und zu bewerten. Bei einer statistischen Bewertung der quantifizierten Daten aus Parallelproben sollte auch bedacht und transparent gemacht werden, wie unabhängig erhobene Datensätze voneinander sind. Parallelproben, die alle aus einer Zellkulturcharge erstellt wurden, sind beispielsweise weniger unabhängig als Proben aus Primärkulturen, die unterschiedlichen Individuen entstammen.

Häufig stellt sich die Frage, ob und inwieweit Bilder nachbearbeitet werden dürfen. Grundsätzlich gilt die Regel: je weniger, desto besser. Bildbearbeitung sollte sich auf geringe Veränderungen von Helligkeit und Kontrast beschränken. Wichtig ist, dass die Veränderungen für alle Aufnahmen in gleicher Form und mit identischen Werten durchgeführt werden. Jeder Bildbearbeitungsschritt muss in gleicher

Form auch an den Aufnahmen der Kontrollproben durchgeführt werden. Nur durch den Vergleich mit den Kontrollproben ist es möglich, zu entscheiden, inwiefern eine Bildbearbeitungsmaßnahme die Bildaussage moduliert. Wichtig ist daher, Aufnahmen der Kontrollproben, die mit gleichen Maßnahmen wie die Ergebnisbilder bearbeitet wurden, in einer Präsentation oder Publikation (ggf. im *supplement*) immer mit darzustellen.

3.10 Mikroskopie von Zellkulturzellen

Adhärent wachsende Zellen in Zellkulturen können entweder lebend (*Live Cell Imaging*) oder fixiert untersucht werden. Da Plastikböden und -wände von Zellkulturflaschen und -schalen für eine mikroskopische Analyse mit hochauflösenden Objektiven ungeeignet sind, ist zu bedenken, in welchem Gefäß die Zellen kultiviert werden. Steht ein inverses Mikroskop zur Verfügung, können die Zellen in Petrischalen kultiviert werden, die einen Boden mit den Brechungseigenschaften eines Deckglases haben. Derartige Schalen, die eine Beobachtung durch den Schalenboden ermöglichen, sind in vielfacher Größe und Form erhältlich. Ist nur ein aufrechtes Mikroskop vorhanden und sollen lebende Zellen mit hochauflösenden Objektiven und geringem Arbeitsabstand angeschaut werden, muss das Medium minimiert und die Zellen müssen mit einem Deckglas abgedeckt werden. Sind die Zellen empfindlich, kann dies sehr schwierig sein. Alternativ kann ein Wasser-*Dipping*-Objektiv eingesetzt werden, das in das Kulturmedium eintaucht.

Für **immuncytochemische Verfahren** werden adhärente Zellen üblicherweise auf Deckgläschen angezogen, die auf den Boden der Kulturschalen gelegt werden. Sind die Zellen ausreichend dicht gewachsen sind, werden sie auf den Deckgläsern fixiert, behandelt und gefärbt. Abschließend werden die Deckgläschen in eine Einbettlösung auf einen Objektträger aufgelegt. Die am Deckglas anhaftenden Zellen, die sich zwischen Deckglas und Objektträger befinden sollten, können dann mikroskopisch analysiert werden. Bei einem inversen Mikroskop muss das Präparat für die Beobachtung gedreht werden, sodass das Deckglas zum Objektiv ausgerichtet ist.

Wachsen die Zellen schlecht an, so kann die Glasoberfläche beschichtet werden. Eine Beschichtung beispielsweise mit Poly-L-Lysin oder Silan ist vielfach hilfreich, damit die Zellen besser auf dem Glas anheften und ein Verlust der Zellen in späteren Waschschritten vermieden wird. Auch vorangehendes kurzes Abflämmen der Deckgläschen kann sich positiv auf die Anheftung der Zellen auswirken.

Alternativ zur Kultivierung auf Deckgläschen können Objektträger oder Deckgläser mit aufgesetzten Kammern eingesetzt werden. Die Zellen werden in den Kammern auf dem Objektträger kultiviert, können dort behandelt und gefärbt werden. Zuletzt wird der Kammeraufsatz entfernt und die Zellen unter einem, den gesamten Objektträger überspannenden Deckglas eingebettet. Vorteil ist, dass hiermit gut vergleichende Analysen durchgeführt werden können und nicht mit einzelnen Deckgläschen gearbeitet werden muss. Etwas Übung erfordert das gleichmäßige Auflegen des relativ großen Deckglases. Liegt das Deckglas nicht perfekt, ist die Fokussierung der Zellen erschwert.

Zellsuspensionen können nach Anreicherung in kleinen Volumina ebenfalls durch einen geeigneten Boden der Kulturschale oder von oben mit einem Wasserobjektiv beobachtet werden. Bei Verwendung von hochauflösenden Objektiven mit geringer Schärfentiefe ist eine Fokussierung von schwimmenden Zellen schwierig. Hilfreich ist, wenn Zellen sich wenig bewegen und sich auf dem Boden absetzen.

Mithilfe eines dünnen Fadens oder einem kurzen Stück eines Haares kann ein Tropfen einer Zell- oder **Organellsuspension** nach Auflegen eines Deckglases beobachtet werden. Das Haar oder der Faden wird neben den Tropfen gelegt und dient als Abstandhalter zwischen Deckglas und Objektträger. Hierdurch wird verhindert, dass durch das Gewicht des Deckglases die Zellen zerstört werden. Als Deckglasstütze und Abstandshalter kann auch ein zweites

Deckglas, ein aus einer Pasteurpipette gezogener Glasfaden oder ein Papprähmchen dienen. Welches Verfahren für die eigene Anwendung geeignet ist, muss ausprobiert werden.

Für immuncytochemische Verfahren werden Wasch- und Färbelösungen nach schonenden Zentrifugationsschritten zu einem Pellet der Zellsuspensionen zugegeben. Die Zellen werden vorsichtig resuspendiert und ggf. bei längeren Inkubationszeiten sorgsam geschwenkt. Je nach Empfindlichkeit der Zellen gegenüber mechanischen Kräften müssen die Arbeitsschritte angepasst und optimiert werden.

3.11 Zählkammer

Zählkammern dienen der Bestimmung der Teilchenzahl pro Volumeneinheit einer Flüssigkeit. Die Teilchen (z. B. Leukocyten, Erythrocyten, Thrombocyten, Bakterien, Pilzsporen, Pflanzenpollen oder Plastiden) werden unter dem Mikroskop visuell ausgezählt. In verschiedenen medizinischen und biologischen Bereichen werden verschiedene Zählkammern eingesetzt. Die Dichte von Zell-, Zellkern- oder Plastidensuspensionen wird meist mit einer *Neubauer*-Zählkammer bestimmt. Die *Thoma*-Kammer wird für Hefekulturen oder in der Klinik zur Zählung von Thrombo- und Erythrocyten eingesetzt. Die *Fuchs-Rosenthal*-Zählkammer wird für die Auszählung von Leukocyten verwendet. Die verschiedenen Zählkammern unterscheiden sich in der Aufteilung und Größe der Zählquadrate (Abb. 2.14).

3.12 Vitalitätstest

Viele **Vitalitätstests** in der Zellkultur beruhen auf der Tatsache, dass bestimmte Farbstoffe nur von lebenden Zellen aufgenommen oder umgesetzt werden können, andere wiederum nur über vorgeschädigte Zellmembranen in die Zelle diffundieren oder von toten Zellen nicht umgesetzt werden können (▶ Abschn. 2.6.1).

Trypanblau oder **Evansblue** färben tote Zellen, nicht aber solche mit intakter Zellmembran an. **Neutralrot** wird nur von lebenden Zellen aufgenommen und in den Lysosomen gespeichert.

3.13 Ausstrichpräparate

Zellsuspensionen können durch Ausstrichpräparate analysiert werden. Hierzu werden sie auf einem Objektträger ausgestrichen und anschließend mit Ethanol, Methanol oder Hitze fixiert. Für ein Ausstrichpräparat können Zellen mit einer Platinöse oder Stäbchen aufgenommen und über die Oberfläche eines Objektträgers verteilt werden. Hierbei sind eine gleichmäßige Verteilung der Zellen und eine nachfolgende quantitative Analyse schwer möglich. Eine homogenere Verteilung des Zelltropfens lässt sich mit einem zweiten Objektträgers erreichen, der schräg angesetzt und langsam in einem spitzen Winkel über den ersten Objektträger gezogen wird. Durch die Kapillarkräfte an der Objektträgerkante werden Flüssigkeit und Zellen angezogen und homogen verteilt. Die Technik ist gut geeignet für Blutausstriche. Eine ausführlichere Beschreibung findet man in Lehrbüchern [14, 17] oder auch auf YouTube.

3.14 *Scratch*-Test – Zellmigration und Zellwachstum

Eine relativ einfache mikroskopische Analyse, um Einflüsse auf Migrations- und Proliferationsaktivität von Zellen zu prüfen, ist anhand des *Scratch*–Testes (engl: *scratch* = aufkratzen, ritzen) möglich. Hierbei werden adhärent wachsende Zellen in Kulturschalen kultiviert. Durch Abschaben von Zellen entlang einer definierten Linie (*wound gap*) wird der dichte Zellrasen (70–80 % Konfluenz) aufgebrochen. Anschließend wird beobachtet und dokumentiert, wie die Zellen in den nun freien Raum hineinwachsen bzw. ihn neu besiedeln [10, 20]. Der Test wird auch als Wundheilungstest bezeichnet.

Das Abschaben der Zellen muss unter sterilen Bedingungen erfolgen. Zum Abschaben kann eine sterile Pipettenspitze verwendet werden, die mit gleichmäßigem Druck, auf dem Kulturboden aufsetzend und entlang einer Linie (oder entlang gekreuzter Linien), durch die Zellkulturschale bewegt wird. Anschließend werden die abgeschabten Zellen abgewaschen und die Zellen in frischem Medium weiterkultiviert (z B. http://www.bio-protocol.org/e100). Migration und Zellwachstum an den Rändern des aufgebrochenen Zellrasens kann fotografisch, durch Ausmessen des zellfreien oder besiedelten Raums oder Auszählen der Zellen im Spalt dokumentiert werden. Wichtig für aussagekräftige Daten sind mehrere vergleichende Analysen an Kontrollkulturen oder unbehandelten Zellen sowie mehrere Parallelproben.

Es sollte vor Beginn der Analyse unbedingt geprüft werden, wie die mikroskopische Analyse erfolgen kann. Ideal ist, wenn ein inverses Mikroskop mit DIC oder Phasenkontrast vorhanden ist, das eine Dokumentation unter sterilen Bedingungen erlaubt. Gut geeignet sind automatische Systeme, durch die ein Übersichtsbild erstellt werden kann. Auch sollte vorher geprüft werden, ob die verwendeten Schalen oder Platten auf den Objekttisch passen. Je nach vorhandenen Objektiven kann es erforderlich sein, spezielle Kulturschalen einzusetzen, deren Schalenboden für die Mikroskopie besser geeignet ist. Wenn kein *Live Cell Imaging* möglich ist oder die Zellen mit Markersubstanzen markiert werden sollen, können die Zellen auch zu definierten Zeitpunkten fixiert (z. B. mit 4 % PFA, 30 min, RT) und eingefärbt werden.

3.15 Visueller Nachweis von reaktiven Sauerstoffspezies (ROS)

Die Entstehung von reaktiven Sauerstoffspezies (ROS) in Zellen und Geweben kann durch farbig präzipitierende oder fluoreszierende Indikatorsubstanzen visualisiert und lokalisiert werden (s. ▶ Abschn. 4.8). Gebräuchliche ROS-Marker, die sich im Hellfeldmikroskop nachweisen lassen, sind Reaktionsprodukte mit Nitrotetrazolium Blau (NBT) oder Diaminobenzidin (DAB). NBT ist eine hellgelbe und gut wasserlösliche Substanz, die über die Plasmamembran in die Zellen eindringen kann. NBT reagiert spezifisch mit Superoxidanionen-Radikalen (O^{2-}) unter Bildung eines schwerlöslichen blauen Präzipitats (◘ Abb. 3.11). Da Superoxidanionen nur eine kurze Halbwertszeit (wenige Millisekunden) in der Zelle besitzen, bildet sich das blaue Polymer am Entstehungsort der Radikale. DAB reagiert in Anwesenheit von Peroxidasen mit Wasserstoffsuperoxid (H_2O_2) zu einem braunen, schwerlöslichen Polymer. Da H_2O_2 etwas stabiler ist und in der Zelle diffundieren kann, ist das Signal etwas diffuser als der Nachweis von O^{2-} durch NBT.

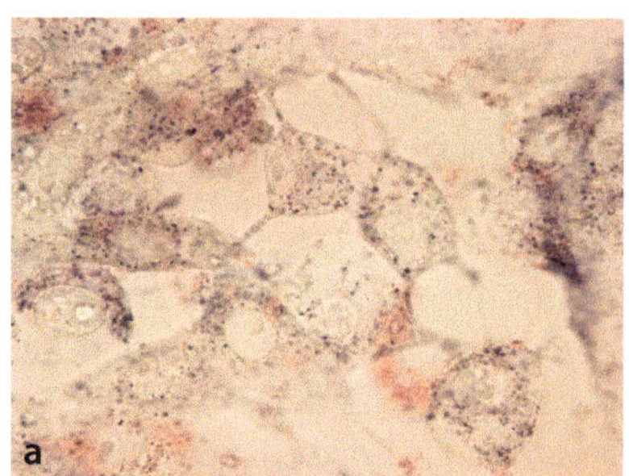

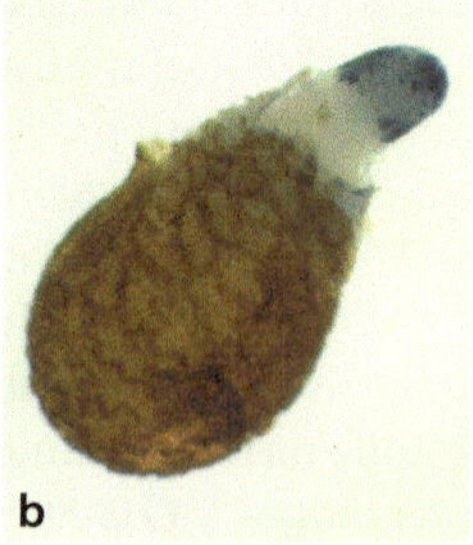

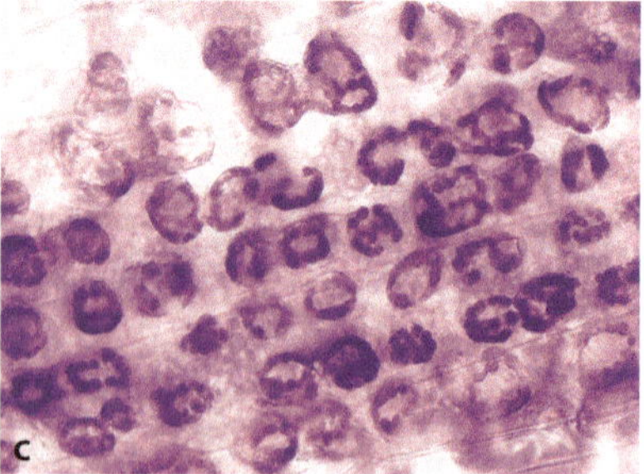

◘ **Abb. 3.11** Nachweis von reaktiven Sauerstoffspezies mit Nitrotetrazolium Blau (NBT). Ein blauer Niederschlag weist auf Orte hin, an denen Superoxid-Anionen gebildet wurden: **a** Humane Darmepithelzellen; **b** Wurzelspitze eines Tabakkeimlings. **c** Mesophyllzellen eines Gerstenblattes. Nach Aufnahme des Farbstoffs durch die Leitungsbahnen wurde das Blattgewebe fixiert und Chlorophyll extrahiert. Farbniederschläge sind in den Chloroplasten sichtbar

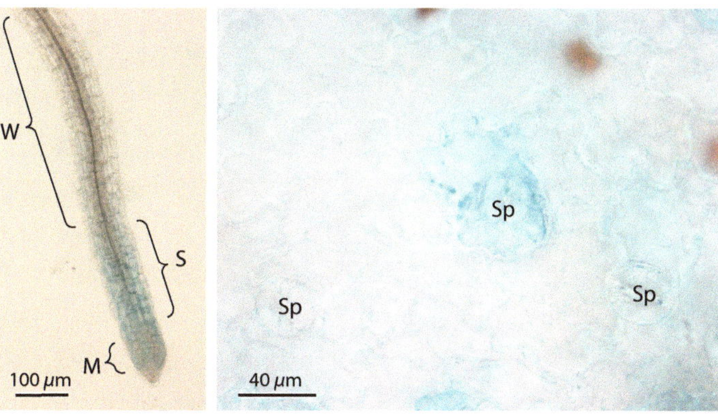

Abb. 3.12 GUS-Färbung im Gewebe von *Arabidopsis thaliana* (Ackerschmalwand). Die Aktivität eines spezifischen Promoters wurde in der Streckungszone (S) zwischen Wurzelhaarzone (W) und apikalem Meristem (M) der Wurzelspitze als auch in epidermalen Zellen, die eine Spaltöffnung (S) umgeben, nachgewiesen

Die blauen bzw. braunen Produkte aus der Reaktion von NBT mit O^{2-} bzw. DAB mit H_2O_2 können in lebenden oder mit PFA oder Ethanol fixierten Zellen und Geweben detektiert werden. Die Signale sind einige Tage stabil. Die Analyse sollte aber nicht zu lang hinausgezögert werden, da die Signale mit der Zeit schwächer und diffuser werden. Auch eine Extraktion und Quantifizierung des Reaktionsproduktes und somit eine vergleichende Analyse der ROS-Bildung ist möglich [2, 4]. Für die Lokalisierung der Präzipitate ist in pflanzlichen Gewebe eine Extraktion des grünen Blattfarbstoffs erforderlich [6]. Die Signale sind direkt nach der Markierung am deutlichsten zu sehen.

3.16 Optischer Nachweis der Genexpression durch GUS-Färbung

Das *gusA*-Gen aus *Escherichia coli* codiert für das Enzym β-Glucuronidase (GUS), welches als Reportergen für einen optischen Nachweis der Genexpression in einem Gewebe, Organ oder Zellen verwendet werden kann [16]. Hierzu wird die DNA-Sequenz des GUS-Enzyms hinter die Promotorsequenz des zu untersuchenden Gens gehängt (Promotor-GUS-Fusionskonstrukt). Nach der Transformation wird je nach Art des Promotors das Enzym in verschiedenen Zelltypen oder während besonderer Entwicklungsstadien oder Umweltbedingungen exprimiert.

Die Enzymaktivität wird durch Zugabe des chromogenen Substrates **X-Gluc** nachgewiesen. GUS hydrolysiert das farblose Glucosid X-Gluc zu Glururonsäure und 5-Brom-4-Chlorindoxyl, welches dann durch Sauerstoff zu einem tief blauen Indigofarbstoff oxidiert wird (Abb. 3.12). Hierdurch können Zellen identifiziert werden, in denen der Promotor aktiv, das Gen exprimiert und das GUS-Enzym aktiv ist (http://www.bio-protocol.org/e93).

Diese Methode mit *gus* als Reportergen kann bei Pflanzen-Transformationen benutzt werden, um die Transformationseffizienz zu testen und zu quantifizieren.

3.17 Mikroskopische Analyse von pflanzlichen Zellen

Pflanzenzellen besitzen eine Zellwand und eine Zentralvakuole. Photosynthetisch aktive Zellen charakterisiert das Vorhandensein von Chloroplasten. Für die Untersuchung von pflanzlichen Zellen – in der Regel aus Gefäß- und Samenpflanzen – werden andere Präparations- und Färbetechniken angewendet als für Säugetierzellen. Für die Untersuchung von zellulären Strukturen in einem Schnittpräparat werden Pflanzenteile mit Rasierklingen oder Mikrotomen in dünne Scheiben geschnitten und mit oder ohne Fixierung untersucht (Abb. 3.13). Es gibt zahlreiche Farbstoffe für die Charakterisierung von Zelltypen und den Nachweis von Zellbestandteilen. Jedem Biologiestudierenden wahrscheinlich

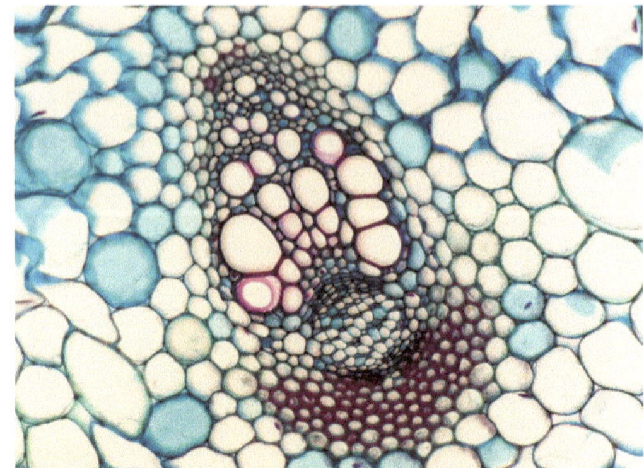

Abb. 3.13 Leitbündel mit umgebendem Parenchym im Sprossquerschnitt von *Ranunculus repens* (Kriechender Hahnenfuß). FCA-Färbung mit Astralblau, Fuchsin (rot) und Chrysoidin (gelb-orange) zur Differenzierung von primären und sekundären Zellwandbestandteilen (Bild: K. Kollath-Leiß, Botanik CAU- Kiel)

noch in Erinnerung sind die klassischen Färbelösungen wie z. B. Anilinblau für die Färbung von Cellulose (rot) und Kallose (blau) oder die Astral-Fuchsin-Färbung für die Unterscheidung von Cellulose (blau), Cutin (orange-braun) und Holz (rot) in den Zellwänden. Auch die Färbung von Zellkernen und die Bestimmung der Chromosomenanzahl mittels Karminessigsäurefärbung und Quetschpräparation zählt zu den klassischen und wohl ersten zellbiologischen Analyseverfahren, die zum Studium der Zellteilung und für phylogenetische Studien eingesetzt werden konnten. Einfache Nachweise von Zellinhaltsstoffen wie Stärke durch Jod-Jodkalium (blau-braun), Lipiden durch Sudan III/IV (rot) oder Reserveeiweiß mittels Fuchsin (rot) werden in der heutigen zellbiologischen Forschung der Pflanze angewendet. Auch Hämatoxylin und Eosin finden zur Markierung von Cellulose (blau) und Zellkern (dunkel-blau) bzw. Cytoplasma (rosa) für pflanzenanatomische Studien Verwendung. Eine ausführliche Liste und Protokolle der Färbetechniken finden sich in Lehrbüchern *Pflanzenanatomisches Praktikum* [3] oder *Romeis* [14].

Für die Untersuchung von isolierten pflanzlichen Zellen müssen Zellwände aufgelöst und die Zellen aus ihrem Gewebeverband herausgelöst werden. Durch Behandlung von zerkleinertem Pflanzenmaterial (z. B. Blattstückchen) mit Enzymgemischen aus Cellulasen und Pektinasen (Mazeration) werden Zellverbände aufgeschlossen und **Protoplasten** freigesetzt. Damit die zellwandlosen Zellen nicht platzen, muss die Osmolarität des Mediums an das Pflanzeninnere angepasst werden. Eine Zugabe von Mannitol und/oder Saccharose zum Medium ist daher zwingend erforderlich [15]. Um Protoplasten aufzureinigen oder anzureichern, können sie durch eine Gaze filtriert oder sanft zentrifugiert werden. Protoplasten müssen sehr vorsichtig behandelt und pipettiert werden, da sie sehr sensibel gegenüber Scherkräften sind und schnell zerstört werden.

3.18 Fixierung

Bei der **Fixierung** biologischer Proben für mikroskopische Untersuchungen werden Proteine und Lipide durch physikalische (Hitze, Kälte) und chemische Prozesse (Behandlung mit Aldehyden oder Säuren) so denaturiert, dass ihre Strukturen weitestgehend erhalten bleiben. Gleichzeitig werden Zellmembranen und Gewebe für Substanzen wie Farbstoffe oder Antikörper durchlässig. Als Fixiermittel können Ethanol, Methanol, Aceton, Pikrinsäure, Formaldehyd oder verschiedene Gemische (z. B. Alkohol-Chloroform-Essig-Gemisch) verwendet werden [7, 9]. Wichtig für die Wahl der Fixierlösung ist eine Eignung für das nachfolgende Nachweisverfahren [19]. Die Festigkeit der Probe, eine ausreichende Vernetzung der Strukturen, die Erhaltung der Antigenität der Proteine und die Durchlässigkeit für Nachweisreagenzien muss bedacht werden. Soll Material für nachfolgende fluoreszenzmikroskopische Untersuchungen fixiert werden, muss geprüft werden, ob die Fixierlösung keine störende Eigenfluoreszenz besitzt oder hervorruft.

Gewebe für histologische Untersuchungen werden üblicherweise in einer gepufferten 4 %igen bis 10 %igen (w/v) Formaldehydlösung fixiert. Bei dieser Fixierung bleiben antigene Strukturen gut erhalten und eine Verwendung der Präparate für immunologische Nachweise ist möglich. Die Fixierlösung wird aus **Formalin** – einer etwa 37 %igen wässrigen Formaldehydlösung mit Zusatz von Methanol – angesetzt. Methanol soll hierbei die Umsetzung des Formaldehyds in Ameisensäure verhindern. Alternativen hierzu sind pikrinsäurehaltige Lösungen oder Paraformaldehyd-Lysin-Perjodat (PLP). Da DNA durch Pikrinsäure degradiert wird, sind pikrinhaltige Lösungen für eine *in-situ*-Hybridisierung nicht geeignet. Eine umfangreiche Liste der für verschiedene Gewebe geeigneten Fixiermethoden ist in ► Kap. 2 im *Romeis* [14] oder auch in histologischen Lehrbüchern zu finden [11].

Adhärente Zellen oder Zellsuspensionen für immuncytochemische oder fluoreszenzmikroskopische Analysen müssen mit reiner – säure- und methanolfreien – Formaldehydlösung fixiert werden, die aus **Paraformaldehyd** hergestellt wird. Um zu vermeiden, dass aus dem Formaldehyd (z. B. durch Licht) Ameisensäure entsteht, sollte die Lösung unmittelbar vor der Verwendung hergestellt werden. Frisch zubereitete Lösung kann aliquotiert und bei −20 °C gelagert werden. Wichtig ist, dass die Lösung nicht mehrfach aufgetaut oder länger bei RT gelagert wird [19].

Alternativ sind Fixierungen mit **Ethanol, Methanol** oder **Aceton**lösungen möglich. Es ist aber zu bedenken, dass durch die Entwässerung (a) das Gewebe stark gehärtet wird, (b) die Zellen schrumpfen und (c) Fette und fetthaltige Substanzen sowie Cholesterin ausgewaschen werden. Intrazelluläre Kompartimente sind nach einer Behandlung mit diesen Lösungsmitteln oft weniger gut zu beobachten.

Da Fixierungen von Zellen mit einer methanolfreien gepufferten Formaldehydlösung häufig durch Fehler beim Ansetzen des Puffers misslingen, soll hier kurz dargestellt werden, wie die Lösung zubereitet wird:

Zubereitung einer Formaldehydlösung

4 g Paraformaldehyd-Pulver mit 10 ml 10× PBS und 70 ml *Aqua dest*. mischen. Es entsteht eine milchig weiße Flüssigkeit. Unter ständigem Rühren wird auf max. 60 °C erhitzt und wenige Tropfen 1 M NaOH werden zugeben. Die Lösung sollte sich klären. Der pH-Wert wird auf pH 7,4 eingestellt und die Lösung ad 100 ml mit *Aqua dest* aufgefüllt.

3.19 Gewebeschnitte

Zellverbände in Organen können auf verschiedene Weise für mikroskopische Analysen aufgearbeitet werden. Für die Herstellung von Gefrierschnitten werden Gewebefragmente in flüssigen Stickstoff (−196 °C) schockgefroren und mit einem Gefriermikrotom (Kryostat) bei −20 °C bis −30 °C geschnitten. Die 3–5 µm dicken Gefrierschnitte sind für enzymhistochemische Untersuchungen oder für den Nachweis von DNA oder RNA durch *in-situ*-Hybridisierung geeignet.

Für histologische Analysen wird das Gewebe in Formalin fixiert (s. ► Abschn. 3.18). Das fixierte Material wird anschließend entwässert, in Paraffin oder spezielle Kunststoffe eingebettet und mit einem Mikrotom geschnitten. Die Einbettung ist eine aufwendige Bearbeitung des Gewebes. Die Strukturerhaltung ist jedoch deutlich besser als bei Gefrierschnitten. Die Schneiddicke beträgt etwa 2–8 µm.

Alternativ kann natives oder fixiertes Material auch in Agarose eingebettet und mit einem Vibratom geschnitten werden. Durch die vibrierende Klinge ist die mechanische Belastung auf die Probe verringert und eine Einbettung nicht zwingend erforderlich. Die Qualität der Schnitte ist im Vergleich zu Schnitten von eingebetteten Materialien geringer. Die Schnittdicken liegen üblicherweise über 30 µm.

Pflanzliche Gewebe können auch mit einem Handmikrotom geschnitten werden. Die pflanzlichen Schnittpräparate von Frischmaterial können anschließend fixiert, eingebettet oder direkt in einer physiologischen Lösung mikroskopiert werden.

3.20 Histologische Färbungen

In der Histologie (auch mikroskopische Anatomie oder Gewebelehre genannt) werden mikrometerdünne eingebettete Gewebeschnitte hergestellt und zur Identifizierung und Lokalisierung von Zellen und Gewebestrukturen angefärbt [11, 13, 14]. Zahlreiche verschiedene histologische Färbeverfahren werden vor allem in der Anatomie und Pathologie eingesetzt. Aber auch in der Zellbiologie sind histologische Verfahren wichtig, um Zellen in ihrem komplexen Gewebeverbund zu analysieren und zu charakterisieren.

Grundlage der histologischen Färbeverfahren ist die Reaktionsfähigkeit und Affinität zwischen sauren und basischen bzw. positiv und negativ geladenen Molekülgruppen, die im Farbstoff bzw. im Gewebe enthalten sind. Durch die Färbungen werden die Zell- und Gewebestrukturen in basophil, azidophil oder neutrophil eingeteilt.

Eine weit verbreitete histologische Färbung ist die **Hämatoxylin-Eosin-Färbung** (H&E-Färbung) (◘ Abb. 3.14a, b). Die H&E-Färbung wird als Übersichtsfärbung zur Darstellung der Morphologie von Gewebe in vielen Routinelabors eingesetzt. Die Gewebedarstellung ist grundlegend für Diagnosen und die Untersuchung von Biopsien. Das Hämalaun – die basische Form des Hämatoxylins – wird u. a. auch bei immunologischen Nachweisverfahren als Gegenfärbung (Hintergrundfärbung) verwendet (Immunhistologie). Das Vorkommen von Markerproteinen, die durch markierte Antikörper nachgewiesen

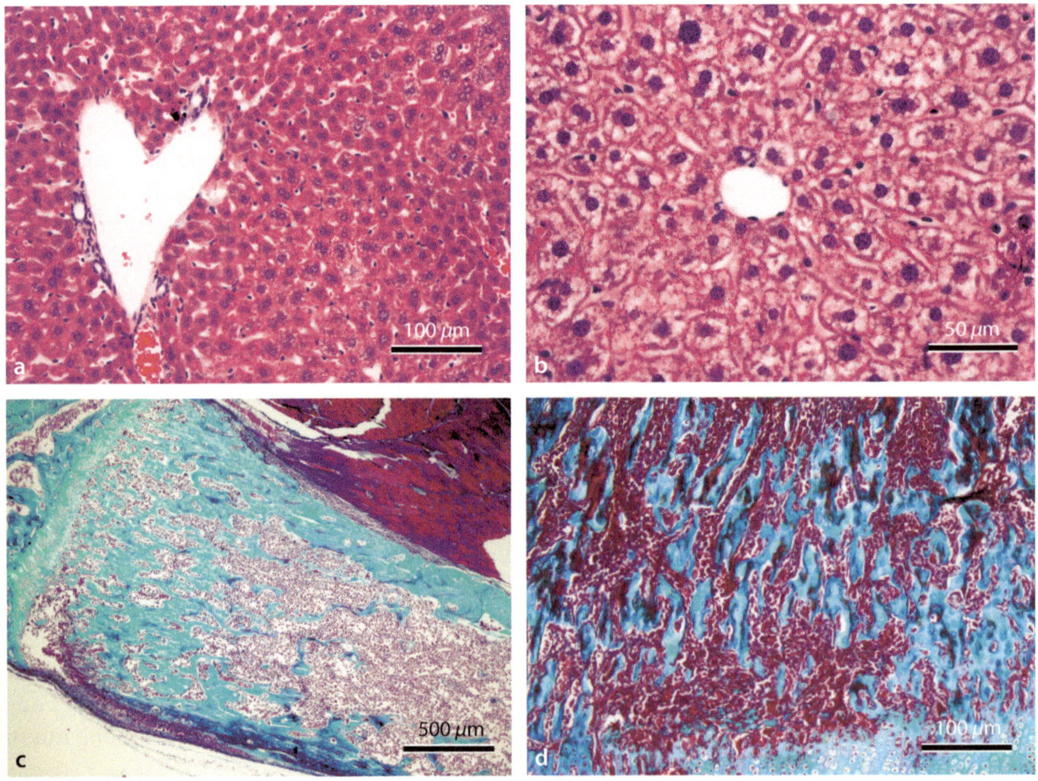

◘ **Abb. 3.14** Histologische Färbeverfahren: **a** H&E-Übersichtsfärbung von Lebergewebe (Maus): Zellkerne (*blau*) Cytoplasma, Kollagenfasern, Erythrocyten (*rot*); **b** Hepatocyten mit Fetteinlagerungen (Bild: M. Müller, Biochemie CAU-Kiel); **c, d** Trichromfärbung eines Schnittpräparates des Schienbeins (Tibia von Maus) zur Abgrenzung von Bindegewebe: Cytoplasma, Erythrocyten und Muskelgewebe (*ziegelrot*), Knochengewebe, Kollagen (*blau-grün*) (Masson-Goldner-Färbung; G. Trompke, MOIN CC, CAU Kiel)

werden, kann so durch die blaue Hämalaunfärbung den Gewebestrukturen zugeordnet und lokalisiert werden.

Bei der H&E-Färbung werden alle sauren (basophilen) Strukturen durch Hämatoxylin, bzw. durch das Derivat Hämalaun, blau eingefärbt. Insbesondere die DNA enthaltenden Zellkerne und das mit Ribosomen besetzte raue ER werden markiert. Eosin färbt alle basischen (azidophilen) Strukturen rot. Cytoplasmaproteine, Mitochondrien, das glatte ER, Kollagen und Keratin werden rot markiert. Kritisch für die Färbung und die Farbentwicklung ist der pH-Wert der Färbe- und Waschlösungen. Nach verschiedenen Färbe- und Spülschritten über Alkohollösungen werden die Präparate mit einem Eindeckmittel und einem Deckglas bedeckt und können mikroskopiert werden.

Neben der H&E-Färbung gehören die **Trichomfärbungen** zu den Klassikern der histologischen Färbetechnik (▪ Abb. 3.14c, d). Mithilfe von mindestens drei Farbstoffen werden Bindegewebskomponenten, Muskelfasern und extrazelluläre Protein- und Fibrinablagerungen differenziell dargestellt [14].

Eine weitere bekannte histologische Methode ist die **Giemsa**-Färbung. Durch eine Komplexbildung zwischen Farbstoff und DNA werden Zellkerne purpurrot und Cytoplasma bläulich eingefärbt. Parasiten bzw. Protozoenkerne erscheinen ebenfalls rötlich und können gut identifiziert werden. In der Cytogenetik wird die Giemsa-Färbung zur Identifizierung von Chromosomenpaaren und Erstellung von Karyogrammen eingesetzt. Durch pH-abhängige Waschschritte entstehen Farbbanden auf Chromosomen (G-Banding), die heterochromatische Bereiche charakterisieren.

3.21 Immunfärbung

Mit der Immuncyto- oder Immunhistochemie (auch „Immunhistologie“ oder „Immunfärbung“ genannt) werden Proteine, Polysaccharide, Lipide oder Nucleinsäuren mithilfe von markierten Antikörpern in fixierten Zellen oder Geweben nachgewiesen und lokalisiert (▪ Abb. 3.15). Grundlage des Nachweises ist die Affinität und Bindung des Antikörpers an ein Epitop innerhalb eines bestimmten Proteins. Der Antikörper ist mit einem Detektionssystem gekoppelt, durch das der Antikörper in den nachfolgenden Schritten im Präparat lokalisiert werden kann [5]. Man unterscheidet zwischen direkter und indirekter Immunmarkierung. Ist der Antikörper, der das nachzuweisende Protein erkennt, mit einem Detektionssystem gekoppelt, kann dieser direkt im Gewebe lokalisiert werden. Kann ein Antikörper hingegen erst nach Bindung eines zweiten Antikörpers (Sekundärantikörper) detektiert werden, spricht man von einem indirekten Nachweis. Der sekundäre Antiköper hat hierbei eine hohe Affinität zum F_c-Fragment des primären Antikörpers und ist mit dem Detektionssystem verbunden. Binden mehrere sekundäre Antikörper an den Primärantikörper, wird das Signal verstärkt.

Anstelle des sekundären Antikörpers kann auch Protein A – eine Zellwandkomponente von *Staphylococcus aureus* – eingesetzt werden. Protein A bindet eins zu eins an verschiedene Antikörperklassen und erlaubt daher auch einen quantitativen Nachweis, da keine Signalverstärkung wie durch Mehrfachbindung des sekundären Antikörpers erreicht wird.

▪ Detektionssysteme

Der visuelle Nachweis und die Lokalisierung der Antigen-Antikörper-Komplexe basiert entweder auf der Detektion eines Fluorophors (s. ▸ Abschn. 4.9) oder einem farbigen präzipitierenden Reaktionsprodukt. Hierbei entstehen unlösliche Produkte am Ort der Antikörperbindung durch die Aktivität von Markerenzymen, die an die Antikörper gebunden sind. Am meisten verbreitet sind Markerenzyme wie Meerrettich-Peroxidase (*horseradisch peroxidase* = HRP) und Alkalische Phosphatase (AP).

Die **HRP** verwendet Wasserstoffperoxid (H_2O_2) als Substrat. Nach der Antigen-Antikörper-Bindung kann H_2O_2 durch die konjugierte HRP umgesetzt und das Substrat Diaminobenzidin-Tetrahydochlorid (DAB) oxidiert werden. Es bildet sich ein dunkelbraunes unlösliches Präzipitat in unmittelbarer Nähe des Antigens. Um

3

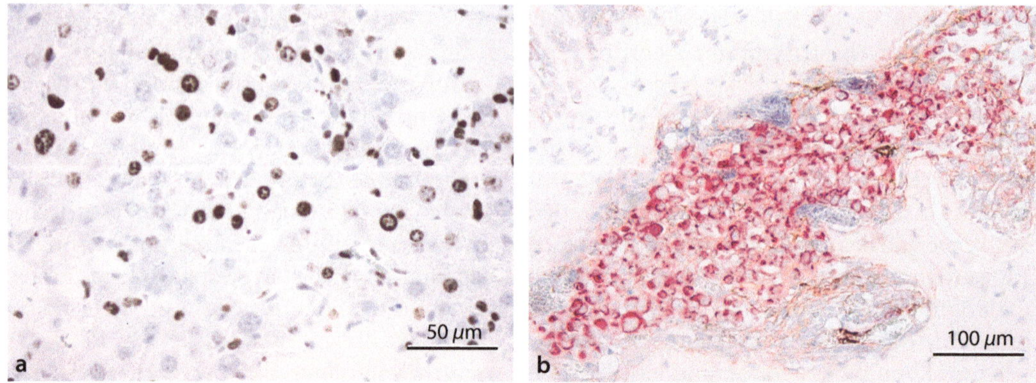

Abb. 3.15 Immunhistologie: **a** Detektion eines Proliferationsmarkers (Ki67) in Lebergewebe (Maus). Das Substrat DAB wird von der antikörpergebundenen Peroxidase umgesetzt (braunes Reaktionsprodukt). Blaue Hintergrundfärbung mit Hämalaun (Bild: M. Müller Biochemie CAU Kiel). **b** Doppelmarkierung eines Weichgewebetumors im murinen Knochengewebe mit Anti-Vimetin (*rot*, Permanent Red) und Anti-α-SMA (*smooth muscle actin; braun*, DAB). Blaue Hintergrundfärbung mit Hämalaun (Färbung mit *EnVision* G/2 *Doublestain System* von G. Trompke, MOIN CC,CAU Kiel)

unspezifische Signale durch endogene Peroxidasen zu vermeiden, müssen die Präparate vor der Immunlokalisation mit H_2O_2 im Überschuss behandelt werden.

Die **AP** ist ebenfalls sehr sensitiv und kann mit einer Vielzahl von Substraten verwendet werden. Häufig wird 5-Bromo-4-Chloro-Indolyl-Phosphat (BCIP) mit Tetrazoliumsalz (NBT) eingesetzt. Es ergibt sich eine rötlich-braune Färbung. Wird TNBT (Tetra-Nitro-Blau-Tetrazolium) verwendet, entsteht eine purpurne Färbung. Um endogene Phosphatasen zu blockieren, wird 1 mM Levamisol – ein Phosphatasehemmstoff – zugegeben. Wichtig bei der Verwendung der AP als konjugiertes Markerenzym ist der richtige Puffer.

Die ABC-Methode ist eine weitere sehr gebräuchliche und sehr sensitive Methode zum in-situ-Nachweis von Antigenen. Der Name leitet sich vom **Avidin-Biotin-Komplex** ab. Avidin ist ein Glykoprotein aus dem Hühnereiweiß mit einer hohen Affinität zu dem Vitamin Biotin. Ähnlich, aber etwas sensitiver ist Steptavidin, ein Protein aus *Streptomyces avidini*. Für den Immunnachweis wird ein biotinylierter primärer Antikörper verwendet, an den ein mit Avidin oder Steptavidin verbundenes Markerenzym oder Fluorophor gebunden werden kann. Ein sekundärer Antikörper ist für diesen indirekten Nachweis nicht notwendig.

Da jedes Avidin bzw. Streptavidin mehrere Bindungsstellen für Biotin hat, wird Avidin oder Streptavidin häufig zunächst mit einem biotinylierten Markerenzym inkubiert. Es bilden sich Komplexe aus mehreren Avidin- und Markerenzymmolekülen, die dann für die Detektion des biotinylierten Antikörpers eingesetzt werden können. Da die gebundenen Komplexe mehrere Markerenzymmoleküle enthalten und dadurch viel Substrat in unmittelbarer Nähe des Antigens umgesetzt wird, entsteht ein vielfach verstärktes Signal. Hierdurch ist es möglich, auch geringe Antigenmengen im Präparat zu lokalisieren.

▪ Kontrollen

Um die Spezifität der immunhistologischen Färbung zu kontrollieren, müssen verschiedene Kontrollen durchgeführt werden. Unspezifische Signale, die durch das Detektionssystem, durch falsche Konzentrationen oder pH-Werte, durch fehlende oder falsche Waschschritte und unabhängig von der Antigen-Antikörper-Bindung verursacht werden, können anhand einer Analyse ohne den Primärantikörper ermittelt werden. Durch eine biologische Kontrollprobe, die das Antigen nicht enthält, kann die Spezifität des primären Antikörpers getestet werden. Eine spezifische Bindung kann auch durch Präabsorption des Antikörpers mit dem Zielantigen geprüft werden. Hierfür wird das Antigen im

Überschuss zugegeben. Der so präabsorbierte und neutralisierte Antikörper sollte nun im Präparat nicht mehr in der Lage sein, an das im Gewebe oder in den Zellen befindliche Antigen zu binden.

Eine weitere Kontrolle ist die sogenannte **Isotypkontrolle**, die bei **monoklonalen** primären Antikörpern durchgeführt werden kann. Hier wird der spezifische Antikörper durch einen, nicht spezifischen gleichen Antikörper ersetzt. Es sollten auch hier keine Signale mehr auftreten.

Literatur

1. Betzig E, Trautman JK (1992) Near-field optics: microscopy, spectroscopy, and surface modification beyond the diffraction limit. Science 257:189–195
2. Bournonville CF, Diaz-Ricci JC (2011) Quantitative determination of superoxide in plant leaves using a modified NBT staining method. Phytochem Anal 22:268–271
3. Braune W, Leman A, Tauber H (2007) Pflanzenanatomisches Praktikum I: Zur Einführung in die Anatomie der Vegetationsorgane der Samenpflanzen. Spektrum Akademischer Verlag, Heidelberg
4. Choi HS, Kim JW, Cha YN, Kim C (2006) A quantitative nitroblue tetrazolium assay for determining intracellular superoxide anion production in phagocytic cells. J Immunoassay Immunochem 27:31–44
5. Fritschy J-M, Härtig W (2001) Immunofluorescence. In: eLS. John Wiley & Sons, Hoboken, New Jersey USA Ltd. http://www.els.net. Print ISBN: 9780470016176. Online ISBN: 9780470015902
6. Fryer MJ, Oxborough K, Mullineaux PM, Baker NR (2002) Imaging of photo-oxidative stress responses in leaves. J Exp Bot 53:1249–1254
7. Grizzle WE (2009) Models of fixation and tissue processing. Biotech Histochem 84:185–193
8. Hell SW, Wichmann J (1994) Breaking the diffraction resolution limit by stimulated emission: stimulated-emission-depletion fluorescence microscopy. Opt Lett 19:780–782
9. Hopwood D (1996) Fixatives and fixation: a review. Histochem J 1:323–360
10. Lampugnani MG (1999) Cell migration into a wounded area in vitro. Methods Mol Biol 96:177–182
11. Lang G (2013) Histotechnik Praxislehrbuch für die biomedizinische Analytik. Springer, Wien
12. Legesse FB, Chernavskaia O, Heuke S, Bocklitz T, Meyer T, Popp J, Heintzmann R (2015) Seamless stitching of tile scan microscope images. J Microsc 258:223–232
13. McGavin MD (2014) Factors affecting visibility of a target tissue in histologic sections. Vet Pathol 51:9–27
14. Mulisch M, Welsch U (2015) Romeis – Mikroskopische Technik. Springer, Berlin, Heidelberg
15. Neumann KH (1995) Pflanzliche Zell- und Gewebekulturen. Eine Einführung. Ulmer, Stuttgart, (UTB 1869)
16. Sieburth LE, Meyerowitz EM (1997) Molecular dissection of the AGAMOUS control region shows that cis elements for spatial regulation are located intragenically. Plant Cell 9:355–365
17. Ulfig N (2005) Kurzlehrbuch Histologie. Thieme, Stuttgart
18. Weisenburger S, Sandoghdar V (2015) Light microscopy: an ongoing contemporary revolution. Contemp Phys 56:123–143
19. Williams JH, Mepham BL, Wright DH (1997) Tissue preparation for immunocytochemistry. J Clin Pathol 50:422–428
20. Yarrow JC, Perlman ZE, Westwood NJ, Mitchison TJ (2004) A high-throughput cell migration assay using scratch wound healing, a comparison of image-based readout methods. BMC Biotechnol 4:21

Fluoreszenzmikroskopie

S. Schmitz, C. Desel, *Der Experimentator Zellbiologie*, Experimentator,
https://doi.org/10.1007/978-3-662-56111-9_4

> » Stets findet Überraschung statt
> Da, wo man's nicht erwartet hat.
> (Wilhelm Busch)

Die Fluoreszenzmikroskopie ist Teil der Lichtmikroskopie und charakterisiert durch farbige Lichtsignale vor dunklem Hintergrund. Anhand von bunten Lichtmustern in Zellen oder im Gewebe können intra- und extrazelluläre Strukturen dargestellt sowie Funktion, Wirkung und Dynamik von Proteinen und Genen aufgedeckt werden. Viele Forscher verbringen Stunden (oder auch Tage) in der Regel allein in kleinen abgedunkelten Räumen, um farbige Lichtpunkte zu verfolgen, abzulichten und zu verstehen.

In der Fluoreszenzmikroskopie werden Moleküle zum (Er-)Leuchten gebracht. Energiereiche Lichtwellen werden absorbiert und wieder abgegebenes Licht – das emittierte Fluoreszenzlicht – wird detektiert und lokalisiert. Anders als in der Hellfeldmikroskopie muss ein Präparat nicht durchstrahlt werden. Anregungs- und Emissionslicht gelangen durch das Objektiv auf die Probe und auch wieder zurück, weiter zum Okular oder zum Detektor (Auflichtmikroskopie).

Mit der Entdeckung und Entwicklung von zahlreichen fluoreszierenden Proteinen konnte sich dieser Zweig der Lichtmikroskopie in den letzten Jahrzehnten rasant weiterentwickeln. Eine hohe Spezifität der Detektionsverfahren und relativ einfache Anwendung macht die Fluoreszenzmikoskopie attraktiv. Sensitiver, besser aufgelöst und immer ausgefeilter sind die fluoreszenzmikroskopischen Verfahren geworden. Für die biologische und medizinische Forschung sind fluoreszenzmikroskopische Techniken von großer Bedeutung. Dies zeigt u. a. auch die Vergabe des Nobelpreises für Chemie an Stefan Hell, Eric Betzig und William E. Moerner für ihre Entwicklung der ultrahochauflösenden Fluoreszenzmikroskopie im Oktober 2014 (https://www.dkfz.de/de/presse/hell/). Ein paar Jahre zuvor, im Jahre 2008, wurde für die Entdeckung und Weiterentwicklung des grün fluoreszierenden Proteins – das von unschätzbarer Bedeutung für die heutige Fluoreszenzmikroskopie ist – der Nobelpreis an Osamu Shimomura, Martin Chalfie und Roger Tsien verliehen.

4.1 Das Phänomen der Fluoreszenz

Ein fluoreszierendes Molekül nimmt Energie in Form von elektromagnetischer Strahlung auf und emittiert Licht. Durch Absorption von Photonen kurzwelliger Strahlung (**Exzitation**) werden Elektronen eines Moleküls in einen höheren energiereichen kurzlebigen Zustand überführt (Quantensprung). Da aufgrund thermodynamischer Gesetze ein Bestreben besteht, möglichst energiearme Zustände anzunehmen, gibt das Elektron die aufgenommene Energie nach nur 10^{-12} bis 10^{-9} sec wieder ab. Die beim Übergang vom energiereichen zum energiearmen Niveau freigesetzte Energie wird als sichtbares Licht emittiert (**Emission**). Anschaulich beschrieben wird das Phänomen der Fluoreszenz durch das **Jabłoński-Diagramm** (1931 von Aleksander Jabłoński vorgeschlagen) (◘ Abb. 4.1). Ausgehend vom Grundzustand (S_0) können die Elektronen mehrere Anregungsniveaus (S_1 und S_2) im Singulett-Zustand annehmen. Beim Wechsel zwischen den angeregten Niveaus S_2 auf S_1 wird Energie in Form von Wärme freigesetzt. Auch können die Elektronen mehrere eng beieinanderliegende Subniveaus besetzen bzw. zwischen diesen wechseln. Neben dem Verlust von thermischer Energie geht während der Verweildauer im angeregten Zustand Energie in Form von Schwingungsenergie verloren.

Die beim Elektronenübergang zwischen S_1 nach S_0 emittierte Lichtwelle ist somit energieärmer als das für die Anregung der Elektronen benötigte Licht. Folglich ist das Exzitationslicht kurzwelliger als das Emissionslicht. Die Wellenlängendifferenz zwischen den Maxima der Exzitations- bzw. Emissionsspektren wird *Stokes*'sche Verschiebung (***stokes shift***) genannt (nach dem Mathematiker und Physiker George Gabriel Stokes, 1852). Die *Stokes'sche* Verschiebung kann sehr unterschiedlich sein. Fluorescein hat beispielsweise eine *Stokes*-Verschiebung von nur 25 nm. Bei Acridin beträgt die Differenz zwischen Anregungs- und Emissionsmaximum mehr als >100 nm.

Nehmen die Elektronen nach Umkehrung des Spins den langlebigeren Triplett-Zustand

4

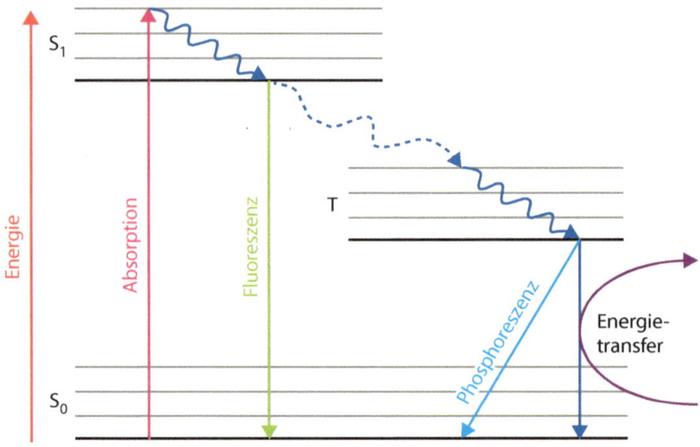

Abb. 4.1 Quantensprünge sind Grundlage für die Entstehung von Fluoreszenz. Anschaulich beschrieben sind die Elektronenübergänge und ihre energetischen Zustände im **Jabłoński-Diagramm.** (S_0: Grundzustand; S_1: angeregter Singulett-Zustand; T: Triplett-Zustand)

an, wird die Reaktivität des Moleküls erhöht. Das Molekül kann chemische Verbindungen eingehen und seine Fluoreszenzeigenschaften verlieren (*photobleaching*). Bei Anwesenheit von Sauerstoff kann die Bildung von reaktiven Sauerstoffspezies zur Schädigung von umgebenden zellulären Strukturen führen. Der Übergang in den Triplett-Zustand erfolgt beispielsweise bei hoher Intensität des Anregungslichtes oder hohen Temperaturen.

Nicht verwechselt werden sollte die Fluoreszenz mit der Phosphoreszenz oder der Lumineszenz. Bei der Phosphoreszenz wird Licht bei Rückkehr vom *Triplet*-Zustand in den Grundzustand emittiert. Dieser Wechsel erfolgt langsam (10^{-3} bis 10^{-2} sec). Phosphoreszierende Substanzen kennzeichnet daher ein vorübergehendes Weiterleuchten nach Abschaltung des Anregungslichtes. Bei der Lumineszenz hingegen ist kein Anregungslicht notwendig, die Anregungsenergie wird aus chemischen Prozessen erzeugt.

4.2 Fluoreszierende Moleküle und Fluoreszenzmarker

Die spektralen Eigenschaften eines Fluoreszenzfarbstoffes sind von der Molekülstruktur abhängig. In der Regel sind fluoreszierende Moleküle (**Fluorochrome**) organische Kohlenstoffverbindungen, die heterologe Ringe mit Stickstoff(N)-, Schwefel(S)- oder Sauerstoff(O)-Atomen enthalten. Das auffälligste Strukturmerkmal ist ein konjugiertes pi-Elektronensystem (π). Die Energiedifferenzen zwischen Grund- und Anregungsniveaus sind bei π – Elektronen niedrig und entsprechen der Energiemenge, die Photonen des sichtbaren Lichtes übertragen können. Atomgruppierungen, die einer Verbindung fluoreszierende Eigenschaften verleihen, werden **Fluorophore genannt.**

Direkte Fluoreszenzfarbstoffe markieren spezifische Strukturen aufgrund ihrer Moleküleigenschaft. Zu den direkten Farbstoffen zählen z. B. die Kernfarbstoffe DAPI oder Höchst, die in DNA-Moleküle interkalieren, oder Membranmarker, die sich aufgrund ihrer Hydrophobizität in Membranen einlagern. **Indirekte** Fluoreszenzmarker werden durch kovalente Bindung von Fluoreszenzfarbstoffen an Markersubstanzen erstellt. Ein Beispiel hierfür ist rhodamingekoppeltes Phalloidin. Das selbst nicht fluoreszierende Phalloidin besitzt eine hohe Affinität zu Actinfilamenten (F-Actin). Ist es kovalent mit dem rot-orange fluoreszierenden Fluorochrom TRITC (Tetramethylrhodamin) gebunden (*tagged*), so kann es zum Nachweis des Actins im Cytoskeletts verwendet werden (engl. *tag* für Markierung, „Schildchen" oder „Etikett").

In der **Immunfluoreszenz** werden Zielproteine mit Antikörpern detektiert, an die Fluoreszenzfarbstoffe gekoppelt sind (s. ▶ Abschn. 4.9). In der **Fluoreszenz-*in-situ*-Hybridisierung** werden DNA-Sonden eingesetzt, die Nucleotide enthalten, an denen Fluorochrome kovalent gebunden sind (s. ► Abschn. 4.10).

Eine besondere Stellung nehmen fluoreszierende Proteine wie **GFP** (*green fluorescent protein*) und die hiervon abgeleiteten Varianten (EGFP, EYFP oder ECFP u. a.) ein [65]. Die Gensequenz dieser Proteine kann durch Transfektion oder Transformation in das Genom eines Organismus' inseriert werden. Das rekombinante fluoreszierende Protein wird anschließend – abhängig von Insertionsort und Promotersequenz – von dem transgenen Organismus exprimiert. Die GFP-Gensequenz kann so als Reportergen genutzt werden, um entwicklungs- oder gewebespezifische Genexpression *in vivo* sichtbar zu machen. Durch Expression von **Fusionsproteinen** (chimäre Proteine), die aus Bestandteilen eines Zielproteins und dem fluoreszierenden Protein bestehen, können darüber hinaus Zielproteine optisch detektiert, zellulär lokalisiert, charakterisiert und ihre Dynamik im lebenden Organismus untersucht werden [53] (s. ► Abschn. 4.12.2).

Marine Organismen haben sich als besondere Quelle für fluoreszierende Proteine erwiesen. Mehr als 200 Gensequenzen von fluoreszierenden Proteinen (*fluorescent proteins*, FP) sind bekannt [42]. Durch Mutationen konnten zahlreiche Varianten dieser Proteine mit unterschiedlichen spektralen Eigenschaften entwickelt werden. Sie werden u. a. für Vielfachmarkierungen, als rekombinante Biosensoren oder für *in-vivo*-Analysen zur intermolekularen Interaktion oder Mobilität von Molekülen eingesetzt.

4.3 Autofluoreszenz und unspezifischer Hintergrund

Zahlreiche endogene Moleküle besitzen eine Autofluoreszenz – auch Eigenfluoreszenz oder Primärfluoreszenz genannt (◻ Tab. 4.1 und ◻ Abb. 4.2). Die Autofluoreszenz im Präparat kann das Fluoreszenzsignal der Markersubstanz überlagern und verändern, sodass spezifische Signale schwer detektiert werden können. Insbesondere pflanzliche Präparate weisen eine starke Autofluoreszenz auf. Fixierungs- und

◻ **Tab. 4.1** Autofluoreszenz von endogenen Molekülen

Substanz	Fluoreszenzfarbe
beta-Carotine	gelb
Chlorophyll a, b	rot
Fettsäuren	blau
Katecholamine, Serotonin	blau
Kollagen	blau
Lipofuscin	blau, rot, grün
NADH/NADPH	grün
Porphorine	rot
Vitamin B_2 (Riboflavin) oxidiertes Vitamin B_2 freies Riboflavin	grün blau gelb

Präparationsverfahren können Fluoreszenzeigenschaften endogener Moleküle stark verändern. Beispielsweise wird durch eine Fixierung mit Glutaraldehyd (1,5-Pentandial) die Autofluoreszenz des Gewebes drastisch erhöht. Um Fehlinterpretation von Signalen auszuschließen, ist es erforderlich, dass Kontrollproben ohne Fluoreszenzmarker angefertigt werden. Kontrollpräparate sollten alle Arbeitsschritte des Verfahrens parallel durchlaufen, mit identischen Lösungen und gleichen Inkubationszeiten behandelt und abschließend im Fluoreszenzmikroskop mit gleichen Einstellungen kontrolliert und dokumentiert werden.

Eine Reduktion von störender Autofluoreszenz ist vereinzelt möglich. Die Autofluoreszenz von Lipofuscin – ein Abbauprodukt roter Blutkörperchen – kann beispielsweise durch Behandlung mit Sudanschwarz reduziert werden [62]. Kommerziell erwerbbar sind sog. *Background Suppressor Reagents.* Hilfreich können auch sogenannte „Tissue Clearing"-Methoden sein, mit denen Gewebe für histologische Untersuchungen transparent gemacht und Eigenfloureszenz reduziert wird. Inwieweit diese Reagenzien für die eigenen Studien hilfreich sind, muss ausprobiert werden. Auch eine intensive Bestrahlung vor einer Immunfärbung kann zum Bleichen der Präparate und zur

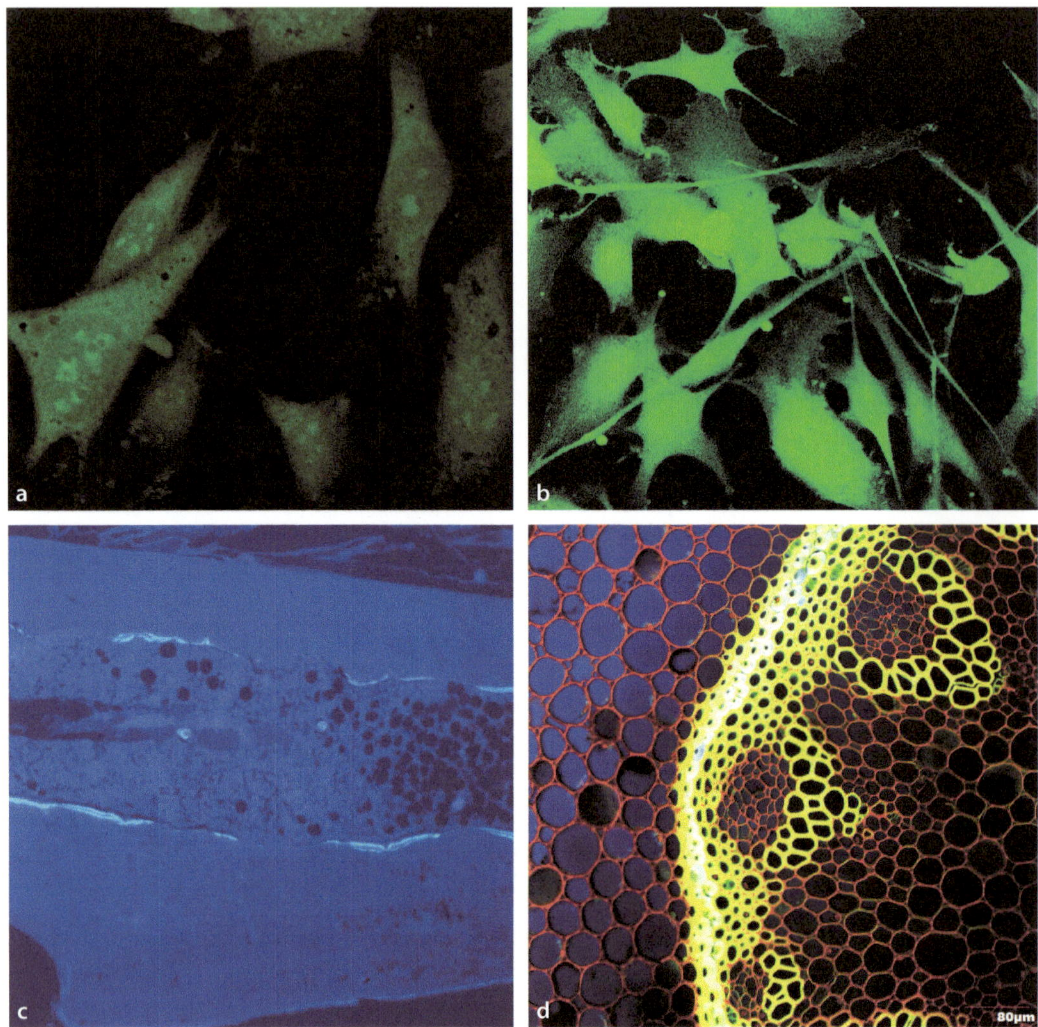

Abb. 4.2 Autofluoreszenz: **a** typische Eigenfluoreszenz von fixierten, adhärenten Zellen; **b** erhöhte Eigenfluoreszenz nach nicht optimaler Fixierung; **c** Autofluoreszenz eines Knochenschnittpräparates; **d** Eigenfluoreszenz eines Sprossquerschnitts des Maiglöckchen (*Convallaria majalis*)

Reduktion von Autofluoreszenz beitragen. Eine schonendere, möglichst stressfreie Behandlung des Ausgangsmaterials führt vielfach auch schon zur Verbesserung.

Autofluoreszenz muss nicht nur lästig und negativ sein. Sie kann als Indikator für physiologische Zustände oder für diagnostische Zwecke verwendet werden (*autofluorescence monitoring*). Die Bestimmung des Redoxzustandes durch NADH/NADPH-Fluoreszenz, Kontrolle des Alterungszustands durch Lipofuscin-Fluoreszenz (Seneszenzmarker) oder Rückschlusse auf einen erhöhten antioxidativen Status durch Nachweis einer Anreicherung fluoreszierender Polyphenole sind nur einige Beispiele [27].

Weitere unspezifische **Hintergrundfluoreszenzen** können durch unzureichend ausgewaschene Farbstoffreste als auch durch geladene Moleküle oder freie Aldehydgruppen im Präparat entstehen, an denen Farbstoffe und Markersubstanzen unspezifisch binden. Durch verdreckte Linsen oder Fingerabdrücke auf Filtern wird Licht absorbiert oder gestreut, sodass auch hierdurch störende Lichteffekte verursacht werden. Einbettmedien wie Paraffin, Glas und Plastik als auch Immersionsöle können eine Eigenfluoreszenz haben. Für fluoreszenzmikroskopische Analysen ist es daher immer erforderlich zu prüfen, ob die verwendeten Substanzen und Materialien fluoreszieren und die Signaldetektion behindern oder verfälschen könnten.

4.4 Welches Fluorochrom wofür?

Es gibt zahlreiche natürliche und synthetische Fluorochrome, die eingesetzt werden können. Entscheidend für die Auswahl des richtigen Fluoreszenzfarbstoffes sind zunächst die Exzitations- und Emissionsspektren. Eine Anregung und Detektion des Fluorochroms muss mit den am eigenen Mikroskop vorhandenen Lampen und Filtern möglich sein. Außerdem ist zu bedenken, dass sich die Emissionsspektren möglichst wenig mit der Autofluoreszenz endogener Strukturen überlagern. Breite Exzitations- oder Emissionsspektren erschweren eine spezifische Anregung und Detektion und können bei Mehrfachmarkierungen und Kolokalisierungsstudien zu Fehlinterpretationen führen (s. ▶ Abschn. 4.11). Außerdem kann die **Photostabilität** des Fluoreszenzfarbstoffs von Bedeutung sein. Eine hohe Fluoreszenzstabilität ist wichtig bei schwachen Signalen und langen Belichtungszeiten, bei Analysen von zellulären Kompartimenten mit niedrigem oder hohem pH-Wert oder für Analysen mit lebenden Zellen (*live cell imaging*), Für *in-vivo*-Untersuchungen sind weiterhin eine hohe **Membranpermeabilität** als auch geringe **Toxizität** des Farbstoffs wichtig [1].

Soll möglichst sensitiv detektiert werden, sollte die Intensität der Fluoreszenz (emittierte Photonen pro Zeit und Fläche), die von Quantenausbeute und molaren Extinktionskoeffizienten abhängig ist, berücksichtigt werden. Je höher beide Werte sind, desto sensitiver kann detektiert werden.

Die **Quantenausbeute** ($Q_{F;}$ QE, Quanteneffizienz, Fluoreszenzausbeute) beschreibt das Verhältnis zwischen der Anzahl der absorbierten Photonen (Lichtquanten) und der daraus folgenden Fluoreszenzintensität. Ein Farbstoff ist darüber hinaus durch einen **Extinktionskoeffizient** charakterisiert. Der Extinktionskoeffizient ist ein Maß für die Schwächung (Extinktion) von elektromagnetischen Wellen durch ein Medium. Der molare Absorptionskoeffizient ist ein Maß dafür, wie viel eine spezifische Substanz in molarer Konzentration (1 mol/l) bei einer Durchtrittslänge von 1 cm und einer bestimmten Wellenlänge absorbiert.

Bedacht werden muss, dass Spektren, Photostabilität und Quantenausbeute der Fluorochrome durch die chemische Umgebung verändert werden können. Durch veränderte Ionenstärke, pH-Wert, Polarität oder Sauerstoffkonzentration können Spektren verschoben sowie die Quantenausbeute (QE) und Stabilität der Moleküle reduziert werden. Fluorescein besitzt beispielsweise als lösliches Protein in alkalischer Umgebung eine QE von 0,9. In gebundener Form und bei neutralem pH-Wert hat Fluorescein hingegen nur noch eine QE von 0,3–0,6. Das bedeutet, dass ein fluoresceinmarkierter Indikator in einem alkalischen Zellkompartiment eine höhere Intensität und Sensitivität hat als in neutraler Umgebung. Eine Lokalisierungsstudie oder quantitative Analyse in zwei Zellkompartimenten mit variierenden pH-Werten könnten hierdurch falsch interpretiert werden.

Zahlreiche andere Farbstoffe sind für den Nachweis in saurer Umgebung ungeeignet. Insbesondere bei extremen pH-Werten wird die Fluoreszenz der meisten Fluorochrome stark vermindert oder gelöscht. Für das Studium von sauren Zellkompartimenten wie Lysosomen, Endosomen oder der pflanzlichen Vakuole können nur pH-insensitive oder speziell säurestabile Fluorochrome eingesetzt werden. Auch die Untersuchung von Stressreaktionen, bei denen starke pH-Wert-Änderungen innerhalb der Zelle erwartet werden, erfordert daher eine besondere Auswahl von stabilen Farbstoffen als auch gute Kontrollproben.

Ausführliche Informationen zu Fluoreszenzfarbstoffen und ihren Eigenschaften sind beispielsweise unter: http://thermofisher.com; http://www.dianova.com; http://www.omegafilters.com; http://www.erofinsgenomics.eu zu finden. Hilfreich ist auch: *Molecular Probes Handbook, A Guide to Fluorescent Probes and Labeling Technologies* [25], das online zur Verfügung steht. Besteht Unsicherheit, ob das Fluorochrom für die eigenen Analysen geeignet ist, sollte man beim Hersteller nachfragen.

Aus **natürlichen Farbstoffen** wie Rhodamin und Fluorescein (Xanthenderivate) wurden in den letzten Jahren zahlreiche Derivate weiterentwickelt und verbessert [58]. **Synthetische** Substanzen mit optimierten Eigenschaften u. a. aus der Reihe der Alexa Fluor, Cyanine oder BODIPY- Farbstoffe stehen in allen spektralen Bereichen zur Verfügung. Eine Übersicht über Chemie und Eigenschaften der Farbstoffgruppen beschreibt Heisig [20]. Im Folgenden können nur einige Beispiele aufgeführt werden, die den Einstieg in die Recherche nach dem richtigen Farbstoff etwas erleichtern.

Fluoresceinderivate wie FITC (*fluorescien isothiocyanate*) gehören zu den am häufigsten eingesetzten Fluorochromen. Fluoresceinanaloge der *OregonDye*-Serie sind photostabiler und neigen bei hohen Konzentrationen nicht zur Komplexbildung und *Quenching*. Die synthetischen **Alexa-Fluor**^{R}-Farbstoffe (*Molecular Probes)* zeichnet eine hohe Quantenausbeute und Photostabilität aus. Sie sind pH-stabil, gut wasserlöslich und an die Laserlinien angepasst, die in vielen mikroskopischen Systemen vorhanden sind. Eine hohe Wasserlöslichkeit verhindert Aggregation und Präzipitation der markierten Moleküle. Die **Cyanin**(Cy™)-Farbstoffe gehören zu einer Fluorochrom-Familie der zweiten Generation. Sie sind photostabiler und leuchtintensiver als zum Beispiel FITC oder TRITC (Tetramethylrhodamine). Fluorochrome der **BODIPY**-(Bordipyrromethen)Serie sind relativ unpolare Moleküle. Sie eignen sich u. a. zur Markierung von Molekülen in lipophiler Umgebung (z. B. Zellmembranen) und mit kleinen Molekulargewichten. **Quantum dots** sind Fluoreszenzmarker der nächsten Generation mit extrem hoher Quantenausbeute und Photostabilität. Sie bestehen aus Halbleiter-Nanokristallen, deren Oberflächeneigenschaften verändert und mit unterschiedlichsten Liganden ausgestattet werden kann. Die Farbigkeit der Quanten dots kann so durch Veränderung der Größe und Oberfläche beliebig modifiziert werden [56].

4.5 Fluoreszenzmikroskop

4.5.1 Aufbau

Ein Fluoreszenzmikroskop enthält zumeist auch die Grundstruktur und Optik eines Hellfeldmikroskops (◘ Abb. 4.3; s. ► Abschn. 3.2). Fluoreszenzmarkierte Präparate können so auch im Hellfeld oder mit instrumentellen Kontrastverfahren betrachten und geprüft werden. Für die Anregung der Elektronen und die Erzeugung von Fluoreszenz enthält das Fluoreszenzmikroskop eine zusätzliche Lichtquelle, die Licht hoher Intensität erzeugt. In der Regel werden Gasentladungslampen oder LEDs hierfür verwendet. Ein Fluoreszenzmikroskop besitzt folglich ein zweites Lampengehäuse und ein dazugehöriges Netzteil oder Transformator – in der Regel neben dem Mikroskop – über den die Lampe gezündet bzw. an- und ausgestellt wird. Das zusätzliche Lampengehäuse kann am Mikroskopstativ oder extern angebracht sein. Ist ein externes Lampengehäuse vorhanden, wird das Anregungslicht über einen Lichtleiter zum Mikroskop geleitet.

Je nachdem, ob es sich um ein aufrechtes oder inverses Mikroskop handelt, wird das Anregungslicht – durch das Objektiv hindurch – von oben bzw. von unten auf das Präparat gestrahlt (Auflichtmikroskop, *Epi*-Fluoreszenzmikroskop). Das Objektiv erfüllt im Fluoreszenzmikroskop eine doppelte Funktion. Es fungiert als Kondensor für die Fokussierung des Anregungslichtes und ist bildgebend durch Aufnahme und Weiterleitung des Emissionslichtes. Objektive für die Fluoreszenzmikroskopie sollten daher eine ausreichend hohe Numerische Apertur (NA) besitzen, keinen chromatischen Linsenfehler (Plan-Apochromat, Plan-Fluorit) und eine gute Transparenz im Wellenlängenbereich des verwendeten Fluorochroms aufweisen (s. ► Abschn. 3.6.3).

Sozusagen das „Herzstück" eines Fluoreszenzmikroskops ist der Filterblock, in dem

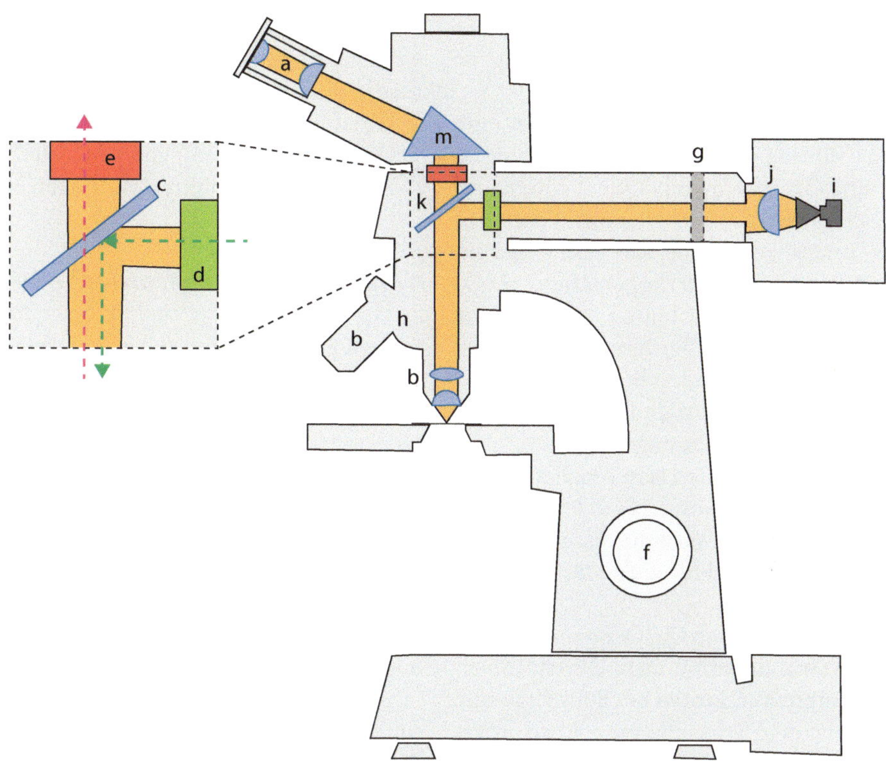

Abb. 4.3 Komponenten eines Fluoreszenzmikroskops: (a) Okular, (b) Objektiv, (c) dichromatischer Spiegel, (d) Exzitationsfilter, (e) Emissionsfilter, (f) Fokussierrad (Grob- und Feintrieb), (g) Shutter (Verschlussschieber), (h) Objektivrevolver, (i) Lichtquelle, (j) Kollektor, (k) Filterblock, (m) Tubusprisma

Emissions- und Exzitationsfilter sowie ein dichromatischer Spiegel zusammengefasst sind. Exzitations- und Emissionsfilter bestimmen über die Anregungswellenlänge (n) und den Wellenlängenbereich, der detektiert wird. Der dichromatische Spiegel (Strahlenteiler, *beam splitter*, BS) reflektiert das kurzwellige Anregungslicht und lässt langwelligeres Emissionslicht passieren. Der Anregungsstrahl wird in einem Winkel von 45° reflektiert und auf die Probe geleitet. Das emittierte Licht wird zum Okular oder zum Detektor durchgelassen.

Filter- und Spiegeleigenschaften müssen aufeinander abgestimmt sein und zu den Eigenschaften des zu detektierenden Fluorochroms passen. Die Filtereigenschaften entscheiden über die Spezifität der detektierten Lichtsignale und sollten bei der Interpretation der Ergebnisse mit einbezogen werden (s. ▶ Abschn. 4.5.3). In der Regel besitzen Fluoreszenzmikroskope mehrere Filterblöcke, die es erlauben, verschiedene Fluorochrome anzuschauen. Vor Beginn einer mikroskopischen Studie ist es ratsam, sich diese Filter genau anzusehen und zu verstehen.

4.5.2 Lichtquellen

Für die Anregung der Fluorochrome wird eine Lichtquelle benötigt, die 10–100-fach heller als die üblicherweise für die Hellfeldmikroskopie eingesetzte Halogenlampe ist. Spezielle Metalldampfbogenlampen, Quecksilber- oder Xenon-Hochdrucklampen emittieren energiereiche Strahlung im Bereich des sichtbaren Lichtes (400–700 nm). **LED**s erzeugen monochromatisches Licht mit hoher Intensität, wodurch eine gute Auflösung und hervorragende Bildgebung erreicht werden kann. Einziger Nachteil der LEDs ist, dass für jede Wellenlänge eine eigene LED-Lampe erforderlich ist.

Xenon-Gasbogenlampen enthalten eine Xenongasfüllung. Quecksilber-Bogenlampen haben eine Gasfüllung aus Quecksilber und einem Edelgas (Argon oder Xenon). Vergleicht man die kontinuierlichen Spektren der **Quecksilberdampflampe** (Hg-Kurzbogenlampe; HBO-Lampe) und der Xenonlampe, so fallen im Spektrum der Quecksilberdampflampe energiereiche Emissionsbanden bei 366 nm (UV), 405 nm, 436 nm, 546 nm und 578 nm auf, die das Grundkontinuum überragen. Farbstoffe wie DAPI, Cy3 oder Texas Red lassen sich mit einer HBO-Lampe daher besonders gut beobachten. Langwellige Fluorochrome mit Anregungsspektren über 680 nm sind hingegen nur schwach detektierbar.

Xenondampflampen (XBO-Brenner) haben ein höheres Grundkontinuum und breites Spektrum mit intensiven Linien bei 800–1000 nm. Aufgrund eines gleichmäßigeren Anregungslichts im sichtbaren Bereich sind sie besser geeignet für eine simultane Detektion mehrerer Fluorochrome oder für *live-cell-imaging*-Studien. Xenon-Bogenlampen haben eine „Lebensdauer" von etwa 2000 Betriebsstunden und eine konstante Farbtemperatur über die gesamte „Lebenszeit". Quecksilberdampflampen besitzen eine deutlich geringere „Lebenszeit" (150bis maximal 400 Betriebsstunden).

Ist ein Lampengehäuse für eine HBO-Lampe bzw. Quecksilberdampflampe eingebaut, so ist bei der Bedienung Folgendes zu beachten: HBO-Lampen sollten nicht kurzzeitig angestellt werden. Eine Aufwärmphase von wenigen Minuten, in der das Quecksilber verdampft, ist notwendig, bevor die Lampe ihre volle Leuchtkraft erreicht. Gut ist, wenn eine HBO-Lampe etwa eine Viertelstunde brennt, bevor sie wieder ausgestellt wird. Außerdem ist es notwendig, dass sie abkühlt, bevor sie erneut gezündet wird. Werden HBO-Lampen häufig nur kurzzeitig angestellt, werden sie schwarz, überhitzen und ihre „Lebenszeit" verkürzt sich. Eine verrußte Lampe erkennt man an einem ungleichmäßig und schwach ausgeleuchteten Lichtfeld. Neu eingebaute HBO-Lampen müssen justiert werden, damit das Sehfeld optimal und gleichmäßig stark ausgeleuchtet ist.

Ausführliche Informationen und hilfreiche Erklärungen über Lampentypen bieten die Mikroskophersteller auf ihren Webseiten an.

4.5.3 Filter und Strahlenteiler

In der Lichtmikroskopie werden farbige Glasfilter und dünn beschichtete Interferenzfilter oder eine Mischung aus beiden eingesetzt. Als Exzitations- und Emissionsfilter in Fluoreszenzmikroskopen sind Interferenzfilter aufgrund einer übergangslosen und präzisen Blockierung bzw. Durchlässigkeit bestimmter Wellenlängenbereiche besser geeignet. Durch ihre Beschichtung haben Interferenzfilter eine spezielle Orientierung und sollten im Strahlengang nicht falsch ausgerichtet sein.

Filter werden in ***shortpass*** (SP); ***longpass*** (LP) und ***bandpass*** (BP) eingeteilt. Ein SP-Filter lässt Licht kurzer Wellenlänge passieren, während lange Wellenlängen reflektiert werden. Ein LP-Filter ist transparent für lange Wellenlängen und blockiert Licht mit kurzer Wellenlänge. Ein BP-Filter ist durchlässig nur für einen speziellen Wellenlängenbereich, der durch Zahlenwerte hinter dem Kürzel BP angegeben wird (z. B. BP520–580 oder BP560+/–20: für einen Bandpassfilter, der für Licht der Wellenlängen von 520–580 nm durchlässig ist). Hinter dem Kürzel LP oder SP wird nur ein Zahlenwert angegeben. LP580 bedeutet, dass dieser Filter Licht der Wellenlänge größer als 580 nm durchlässt, während SP580 einen Filter beschreibt, der für Licht der Wellenlänge kleiner als 580 nm transparent ist.

Auf dem Filterblock befindet sich neben den Angaben für den Exzitations- und Emissionsfilter auch eine Angabe für den dichromatischen Spiegel (Strahlenteiler, *beam splitter*, BS), der im 45°-Winkel zur optischen Achse des Mikroskops im Filterblock eingebaut ist. Ein Zahlenwert hinter dem Kürzel BS beschreibt die Wellenlängen, bei der ein Wechsel zwischen Reflexion und Transmission erfolgt. BS530 bedeutet, dass Licht der Wellenlänge $\lambda < 530$ nm reflektiert und auf das Präparat geleitet wird, während emittiertes Licht der Wellenlänge $\lambda > 530$ nm durchgelassen wird.

4.6 Verlust von Fluoreszenz: Quenching – Bleaching – Fading

Die Intensitätsabnahme der Fluoreszenz eines Fluorochroms kann verschiedene Ursachen haben. Entweder handelt es sich um den reversiblen Prozess der Fluoreszenzlöschung, das Quenching, oder um eine irreversible Fluoreszenzbleichung, das Photobleaching (auch Fading genannt).

Quenching bedeutet, dass beim Übergang der Elektronen vom hohen Anregungsniveaus in den Grundzustand (s. ▶ Abschn. 4.1, ◘ Abb. 4.1) die Energie nicht in Form von Licht (als Fluoreszenz) freigesetzt, sondern auf andere Moleküle (Quencher) übertragen oder als Wärme verloren geht. Ebenso kann Quenching durch Vorgänge ausgelöst werden, die verhindern, dass ein Fluorophor nicht in den angeregten Zustand überführt werden kann. Ursachen können die Bildung von Komplexen oder häufige Zusammenstöße von Molekülen sein (z. B. bei zu hoher Konzentration des Fluorophors). Die Übertragung von Resonanzenergie bei der FRET-Methode zählt zu den Quenching-Effekten (s. ▶ Abschn. 4.13.2). Charakteristisch ist, dass die Fluoreszenz steigt, sobald der Quencher entfernt wird.

Der irreversible Vorgang des Photobleachings (oder Fading) beruht auf einer chemischen Veränderung des Moleküls, wodurch das Fluorophor zerstört wird. Durch Bestrahlung mit hoher Anregungsenergie gelangen Elektronen nach Spinumkehr in einen langlebigeren Zustand (Triplett-Zustand). Das Fluorophor kann in diesem Zustand chemische Reaktionen mit Molekülen in der Umgebung eingehen.

Durch niedrige Anregungsenergie (z. B. geringe Laserintensität) und minimale Belichtungszeiten – insbesondere mit kurzwelligem Licht – können Bleaching-Effekte verringert werden. Auch gibt es sog. Anti-Fading-Reagenzien, die zum Einbetten von fixierten Präparaten eingesetzt werden können. Diese Anti-Fading-Reagenzien enthalten Antioxidanzien, Glycerin und physiologische Puffer. Bei *live-cell*-Untersuchungen treten Bleaching und phototoxische Prozesse, die oxidative Radikale und Zelltod induzieren, besonders häufig auf. Durch niedrige O_2-Konzentrationen, Zugabe von Antioxidanzien (z. B. Vitamin C, reduziertes Glutathion oder Trolox) und Verwendung von phenolrot-freiem Medium können diese Effekte vermindert werden [11]. Ein zusätzlicher UV-Filter, der kurzwelliges Streulicht des Anregungsstrahls blockiert, kann für *live-cell*-Analysen ebenfalls sehr hilfreich sein.

Bleaching-Effekte können kontrolliert eingesetzt werden, um dynamische Prozesse zu untersuchen. FRAP (*Fluorescence Recovery after Photobleaching*) ermöglicht beispielsweise, die intrazelluläre Diffusion von Molekülen zu beobachten (s. ▶ Abschn. 4.13.3).

4.7 Konfokale Mikroskopie

Mit einem Konfokalmikroskop ist es möglich, Lichtsignale aus der Fokusebene von Lichtsignalen außerhalb des Fokus zu trennen. Es wird ein sogenannter optischer Schnitt der fokussierten Ebene (Fokalebene) dargestellt, wodurch Hintergrundfluoreszenz verringert und Kontrast des Bildes erhöht werden. In der konventionellen Fluoreszenzmikroskopie werden hingegen Emissionssignale aus allen optischen Ebenen des Präparates simultan detektiert und zusammen dargestellt (◘ Abb. 4.4).

Die Abtrennung des *out-of-focus*-Lichtes erfolgt in der Konfokalmikroskopie durch das Einfügen einer Lochblende, die nur Licht aus dem scharf abgebildeten Bereich des Präparates durchlässt und Licht aus anderen optischen Ebenen blockiert (◘ Abb. 4.5 und 4.6, ◘ Tab. 4.2). Voraussetzung für diese Abtrennung ist, dass das gesamte Präparat nicht gleichzeitig beleuchtet wird. In einem konfokalen *Laser-Scanning*-Mikroskop (CLSM oder cLSM) wird das Präparat daher mit einem fokussierten

4

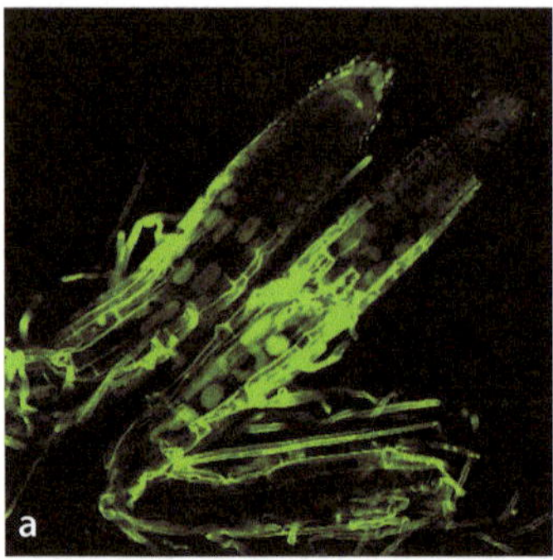

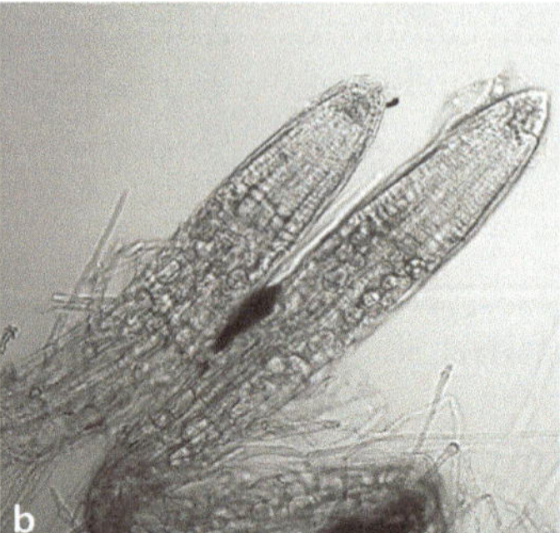

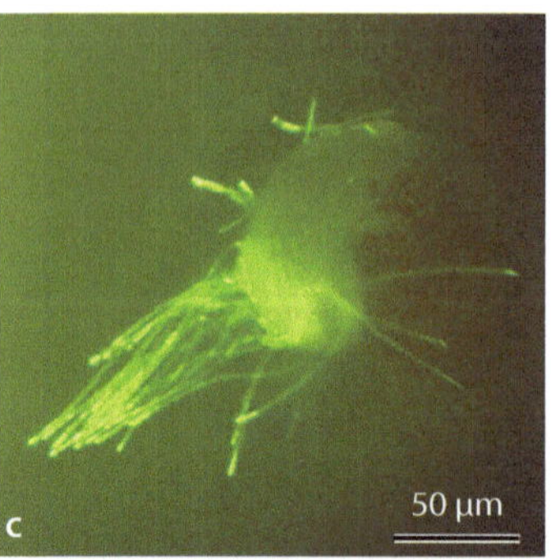

Abb. 4.4 Konfokale und konventionelle Fluoreszenzmikroskopie. **a** Beim konfokalen Mikroskop wird nur die fokussierte optische Ebene abgebildet. Wurzelspitze oder Wurzelhaare liegen außerhalb der Fokusebene; **b** vergleichendes Transmissionsbild. **c** Durch konventionelle Mikroskopie können Wurzelhaare aus verschiedenen Ebenen gleichzeitig detektiert werden. Zellstrukturen innerhalb des Gewebes lassen sich aber nur schwer differenzieren (NOx-Nachweis mit DAF-DA in Wurzeln von *Arabidopsis thaliana*)

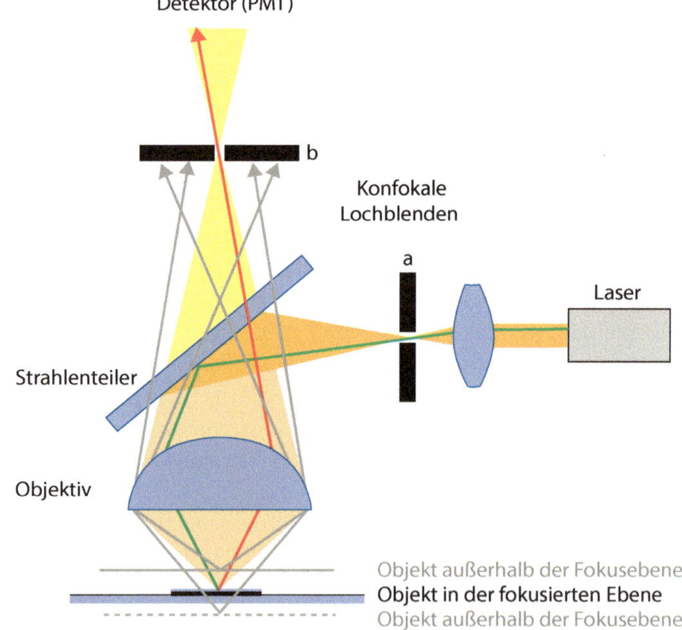

Abb. 4.5 Prinzip der konfokalen Mikroskopie: Zwei Lochblenden im Strahlengang bewirken, dass nur aus der Fokusebene emittierte Strahlen zum Detektor gelangen. (a) Anregungs-Pinhole, (b) Detektions-Pinhole

Laserpunkt (Punktscanner) abgerastert. Die emittierten Photonen werden durch spezielle sensitive Elektronenröhren sog. Photomultiplier (Photoelektronenvervielfacher, engl. *photomultiplier tube*, PMT) pro Bildpunkt detektiert, in elektrische Signale umgesetzt und verstärkt. Durch Computerprogramme werden die Signale zu digitalen Bildern zusammengefügt und mit Farben koloriert (Falschfarben). Damit der Fokus des Laserpunktes und der Lochblende in der Zwischenbildebene vor dem Detektor aufeinander abgestimmt sind, ist eine zweite Lochblende mit gleichem Durchmesser im Strahlengang des Laserlichtes angebracht. Konfokale Systeme sind mit unterschiedlichen Lasern ausgestattet. Verfügbare finanzielle Mittel entscheiden meist darüber, wie viele und welche Gaslaser, Festkörperlaser oder Dioden eingebaut wurden

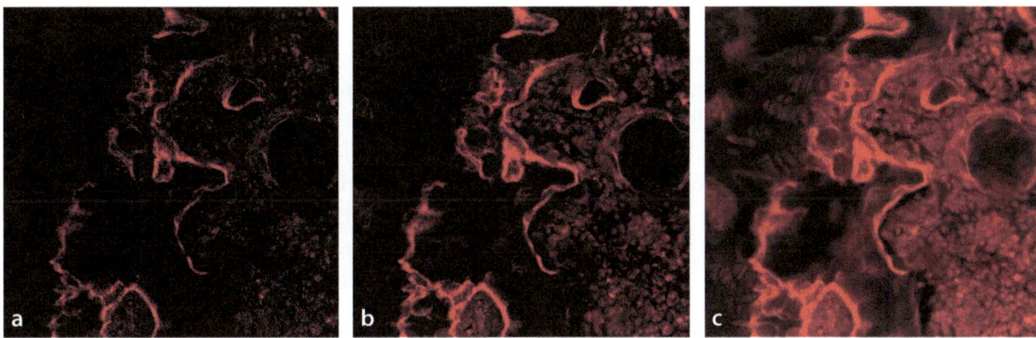

Abb. 4.6 Konfokale Mikroskopie: Abbild bei minimaler (**a**), mittlerer (**b**) und maximaler (**c**) Öffnungsweite der Detektorblende (Pinhole). Durch Öffnung der Blende wird die Detektionsebene in die Tiefe verbreitert. Die optische Schnittdicke wird in Z-Richtung vergrößert. Mehr Fluoreszenzlicht wird detektiert, aber die Signale erscheinen diffuser

und welche unterschiedlichen Anregungswellenlängen im System zur Verfügung stehen.

Außer dem oben beschriebenen konfokalen System mit einem Punktscanner gibt es u. a. Systeme mit Linienscanner oder Spinning-Disk-Systeme [26]. Beide Systeme erreichen eine höhere Scangeschwindigkeit und so eine verbesserte zeitliche Auflösung, was insbesondere für *live-cell*-Untersuchungen sehr hilfreich ist. Bei Linienscannern wird eine ganze Bildzeile auf einmal erstellt. Spinning-Disk-Systeme enthalten eine rotierende Nipkow-Scheibe, auf der mehrere Lochblenden spiralförmig angeordnet sind [50].

Will man ein konfokales System für die eigenen Analysen einsetzen, ist es unbedingt erforderlich, sich vorher darüber zu informieren, welches Scanprinzip angewendet und welche Laser am Gerät eingebaut sind. Für die Beurteilung der detektierten Signale sollte man wissen, ob und welche Detektionsbereiche durch Filter eingegrenzt werden oder ob spektral variierbare Detektoren vorhanden sind. Diese Geräteinformationen sind notwendig, um zu entscheiden, ob das Gerät für die Detektion der ausgewählten Fluorochrome geeignet ist. Die Gerätesoftwares und Bildaufnahmeprogramme bieten für zahlreiche Fluorochrome Sets mit vorgegebenen Scanparametern an, in denen Anregungslinien und Emissionsbereiche bereits automatisch eingestellt werden. Zu bedenken ist, dass diese Parameter optimal für Fluorochrome unter optimalen Bedingungen sind. Wird eine Mehrfachmarkierung durchgeführt, sind Signalintensitäten sehr unterschiedlich oder werden

Tab. 4.2 Einstellungen im konfokalen System sowie ihr Einfluss auf Signalintensität und Auflösung (↑ Erhöhung; ↓ Verminderung)

Parameter	Effekt auf Dokumentation
↑Durchmesser der Lochblende (*Pinhole*)	↑Signalintensität ↓räumliche Auflösung
↑Fokussierung (Zoom)	↑Signalintensität ↑räumliche Auflösung
↑Scangeschwindigkeit	↓Signalintensität ↑zeitliche Auflösung
↑Numerische Apertur (NA) des Objektivs	↑Signalintensität ↑räumliche Auflösung

Signale in außergewöhnlicher Umgebung (z. B. veränderter pH-Wert oder O_2-Konzentration) analysiert, müssen Anregungswellenlängen und Detektionsbereiche geprüft und ggf. korrigiert werden, um eine spezifische Signaldetektion und korrekte Interpretation der Daten zu garantieren.

4

4.8 Direkte Fluoreszenzmarker und Fluoreszenzindikatoren

Um Zellen morphologisch oder physiologisch zu charakterisieren, stehen zahlreiche kommerziell erhältliche Fluoreszenzmarker und Indikatoren zur Verfügung. Wichtig für die Auswahl des Farbstoffes ist, vorher zu klären, ob der Farbnachweis für *in-vivo*-Studien oder für fixiertes Material geeignet ist. Viele Substanzen können intakte Membranen nicht passieren und sind nur für fixierte oder permeabilisierte Materialien verwendbar. Einige *in-vivo*-Farbnachweise bleiben bei einer anschließenden Fixierung des Materials erhalten; andere gehen verloren oder werden durch eine Präparation des Gewebes verfälscht. Zelluläre Marker und Indikatoren sind häufig nur für bestimmte Zelltypen geeignet oder nur unter bestimmten physiologischen Bedingungen spezifisch. Da viele der Fluoreszenzmarker und -indikatoren nicht preiswert sind, empfiehlt es sich vor einem Kauf, sich beim Hersteller über die Eigenschaften des Fluoreszenzmarkers zu informieren.

Im Folgenden sollen einige für zellbiologische Analysen typische Beispiele aufgeführt und mögliche Fehler angedacht werden.

Zur Identifizierung zellulärer Strukturen werden blau fluoreszierende DNA-Farbstoffe wie **DAPI** (4′,6-Diamidin-2-phenylindol) und HÖCHST oder Farbstoffe mit roter Emission wie Propidiumjodid (PI) eingesetzt. DAPI und PI können Membranen schlecht durchdringen und sind für fixierte Zellen geeignet. Die Permeabilität für HÖCHST ist besser, aber sehr abhängig vom Zelltyp.

Phalloidin-gekoppelte Fluorochrome zum Nachweis des F-Actins (Cytoskelett) sind nur für fixierte und permeabilisierte Proben geeignet. Organellenmarker wie **Mitotracker** (zur Identifizierung von aktiven Mitochondrien) oder **Lysotracker** (akkumuliert in sauren Kompartimenten) sind Vitalfarbstoffe, die bei einer nachfolgenden Fixierung erhalten bleiben können (◘ Abb. 4.7a). Der **ER-Tracker** Blue-White für die *in-vivo*-Markierung für endoplasmatisches Reticulum ist nach einer Fixierung zwar noch nachweisbar, besitzt aber eine deutlich verminderte Intensität. Andere Farbstoffe, die im Cytosol oder in Vakuolen akkumulieren, können sich bei einer Fixierung und dadurch verminderten Barrierefunktion der Zellmembranen unspezifisch in der fixierten Zelle verteilen.

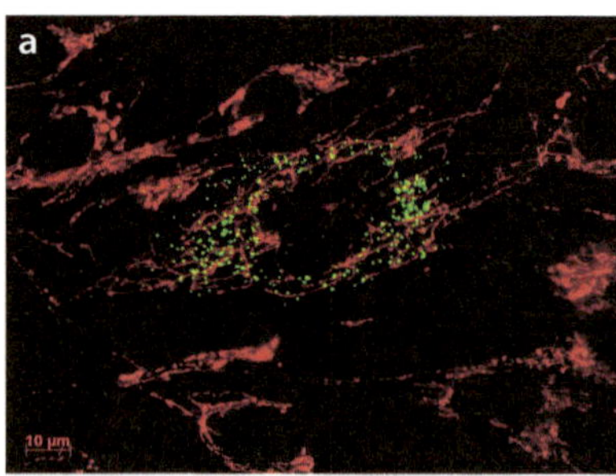

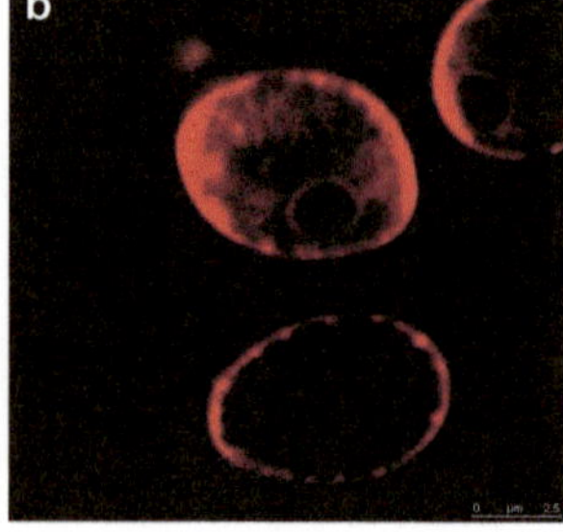

◘ **Abb. 4.7** **a** Vitalfärbung der Mitochondrien mit *Mitotracker* (*rot*) und nachfolgender Immunnachweis eines peroxisomalen Proteins (*grün*) nach Fixierung der Zellen (humane Fibroblasten der Haut (Bild von J. Wolf, Biochemie-CAU Kiel). **b** Nachweis der endocytotischen Aktivität durch *in-vivo*-Färbung der Membran mit *SynaptoRed*. Während in der oberen Zelle bereits innere Membranen markiert sind, verbleibt der Farbstoff in der unteren Zelle in der Plasmamembran (Makrokonidiospore von *N. crassa*; Bild von K. Kollath-Leiß, Genetik & Molekularbiologie-CAU Kiel)

Plasmamembranmarker, die ebenfalls *in vivo* verwendet werden (◻ Abb. 4.7b), überstehen ggf. eine Fixierung, werden aber bei einer Permeabilisierung der Zellmembranen häufig verändert und zerstört.

Fluoreszierende Proteine (FPs), die ihre spektralen Eigenschaften in Abhängigkeit von der Bindung spezifisch gebundener Ionen oder Molekülgruppen verändern, können als **optische Indikatoren** eingesetzt werden. Fluoreszenzindikatoren sind u. a. für Autophagie (z. B. Autophagy Sensor), Calcium oder Magnesium (Fura, Indo, Magnesium-Green etc.), oxidativen Stress (z. B. DCF, DAF) oder pH-Wert-Änderungen erhältlich (◻ Abb. 4.8).

Gute optische Indikatoren sollen aber nicht nur anzeigen, ob ein Ion oder Molekül vorhanden oder nicht vorhanden ist, sondern auch eine quantifizierbare, möglichst der Konzentration des Zielmoleküls proportionale Fluoreszenzintensität besitzen. Da die Fluoreszenzintensität vom Zelltyp und chemischer Umgebung abhängt, wurden Indikatoren entwickelt, die bei einer Ionenbindung zwischen zwei Emissions- und/oder Anregungsmaxima wechseln. Das Verhältnis der Fluoreszenzintensitäten in beiden Emissionsbereichen oder bei zwei Anregungswellenlängen ist unabhängig von Farbstoffkonzentration und Umgebungseinflüssen und proportional zur zellulären Konzentration (**Ratio-Farbstoff**). Durch eine nachfolgende Kalibrierung wird es möglich, eine intrazelluläre Ionenkonzentration aus den gemessenen Verhältnissen (Ratio) abzuleiten [46].

Für die Kalibrierung werden nach Beladung der Zellen mit dem Fluoreszenzindikator die Membranen mit Ionophoren permeabilisiert. Danach werden die Zellen mit isotonischem Medium definierter Ionenkonzentration überflutet und die Fluoreszenzintensitätswerte bestimmt. Aus dem

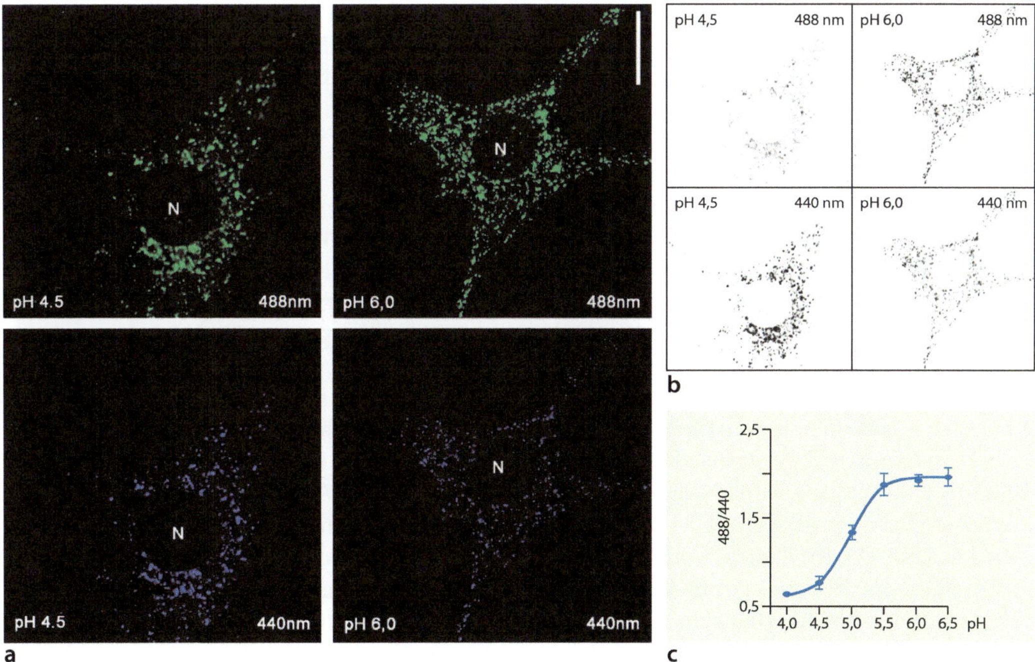

◻ **Abb. 4.8** Intrazelluläre pH-Wert-Bestimmung mit dem *Ratio*-Farbstoff „*Oregon Green* 514". **a** Vesikuläre Strukturen im Cytoplasma sind markiert. N: Zellkernregion. **b** Inverse Bilddarstellung. **c** Quotient der Signalintensitäten bei Anregung mit 440 bzw. 488 nm bei verschiedenen pH-Werten. (cLSM-Bilder: S. Kissing, Biochemie-CAU Kiel)

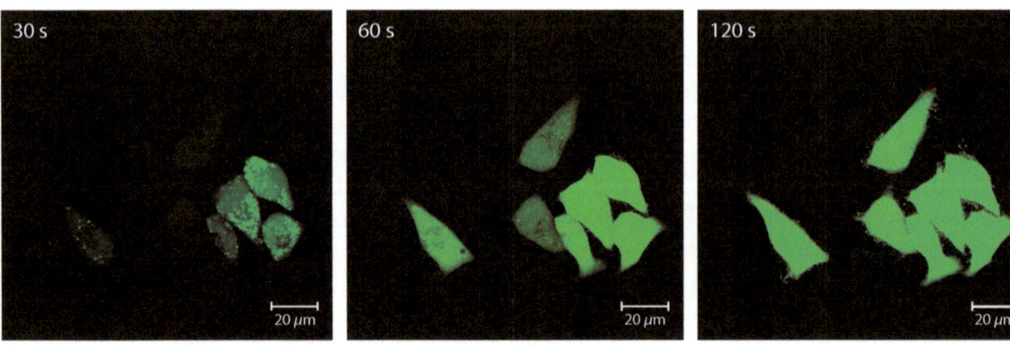

Abb. 4.9 *Live Cell Imaging* von oxidativem Stress: Bei kontinuierlicher Bestrahlung mit Anregungslicht von 488 nm steigt die Fluoreszenz des grünen ROS-Indikator DCF-DA in den humanen Darmepithelzellen an

Verhältnis der Intensitätswerte – entweder der beiden Emissionsbereiche oder bei verschiedenen Anregungswellenlängen – und den bekannten Ionenkonzentrationen lässt sich eine Kalibrierungskurve erstellen, aus der eine intrazelluläre Konzentration der intakten Zellen errechnet werden kann.

Ratio-Farbstoffe gibt es u. a. für die Bestimmung der Ca^{2+}-Konzentration sowie als pH-Indikatoren [36, 49]. Da viele Indikatoren in unphysiologischen pH-Werten gequencht werden, ist es wichtig, bei der Auswahl von pH-Indikatoren darauf zu achten, dass der zu messende pH-Bereich mit dem optimalen Messbereich des Indikators übereinstimmt. Zu den Ratio-Farbstoffen zählen auch FRET-basierte Biosensoren (s. ► Abschn. 4.13.2).

Für den Nachweis von **oxidativem Stress,** d. h. einer erhöhten Konzentration an reaktiven Sauerstoffspezies (*reactive oxygen species*, ROS) oder Stickoxiden (*nitric oxide*, NO_x), sind mehrere *in-vivo*-Fluoreszenzfarbstoffe erhältlich [14]. Enorm wichtig ist bei diesen Markern, die Spezifität der Signale mit Negativ- und Positivkontrollen zu prüfen ([6] Häufig verwendet wird H_2**DCF**-DA (2',7'-*dichlorodihydrofluorescein-diacetate*), welches gut membranpermeabel ist und innerhalb der Zelle zu dem stark fluoreszierenden DCF oxidiert werden kann (Abb. 4.9). Für den Nachweis einer erhöhten Bildung von Stickoxiden ist der Farbstoff **DAF**-FM-DA (4-*amino*-5-*methylamino*-2',7'-*difluorofluorescein-diacetate*) erhältlich (Abb. 4.4). Beide Farbstoffe enthalten eine **Diazetatgruppe (-DA)**, die dem Molekül die nötige Hydrophobizität verleiht, um über die Membran in die Zelle zu gelangen. Nach Abspaltung der Acetatgruppe durch intrazelluläre Esterasen kann der Farbstoff nicht mehr über intakte Membranen passieren und akkumuliert innerhalb der Zelle. Dieses Prinzip – die Abspaltung einer hydrophoben Molekülgruppe (z. B. Acetoxymethyl-AM-Ester) durch intrazelluläre Enzyme – wird verwendet, um Membranpermeabilität zu erhöhen bzw. zu gewährleisten [54, 64].

4.9 Immunfärbung und Immunfluoreszenz

4.9.1 Prinzip

Mit der Immunfluoreszenz werden Proteine mithilfe von markierten Antikörpern in fixierten Zellen oder Geweben nachgewiesen und lokalisiert (Abb. 4.10 und 4.11). Es können polyklonale Antikörper, die mehrere Epitope des Zielproteins erkennen, oder monoklonale Antikörper, die gegen nur ein Epitop im Zielportein gerichtet sind, eingesetzt werden. Ein spezifischerer Nachweis ist mit monoklonalen Antikörpern möglich. Der Einsatz von polyklonalen Antikörpern führt zu stärkeren Signalintensitäten, kann aber auch unerwünschte Kreuzreaktionen verursachen. Auch *Nanobodies*,

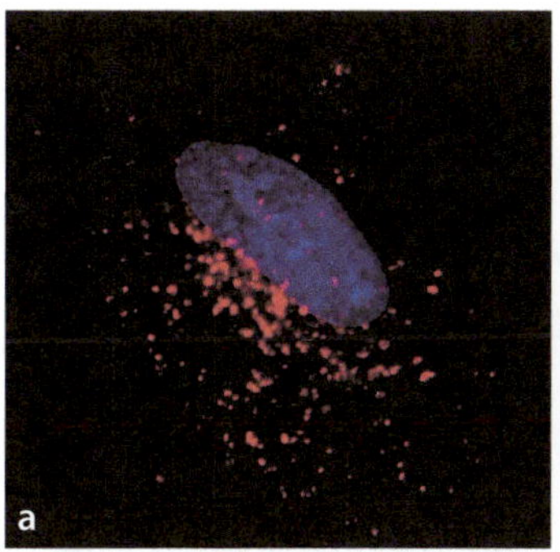

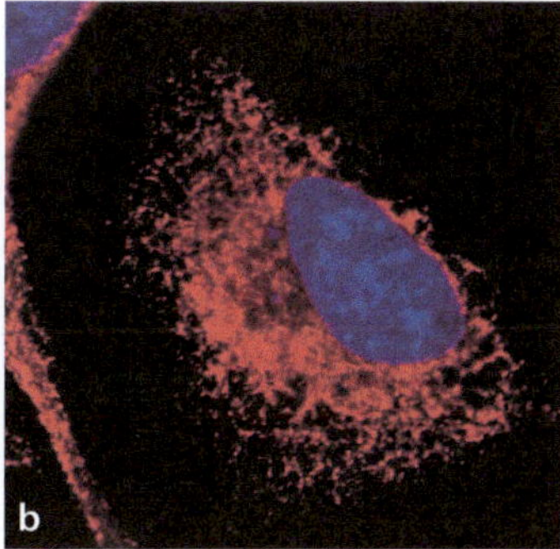

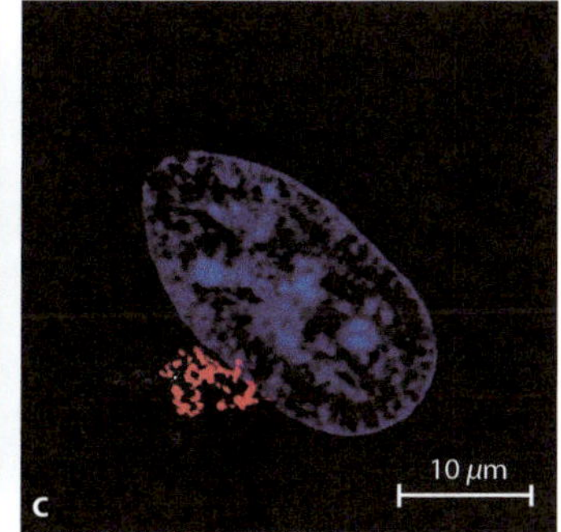

Abb. 4.10 Immunologischer Nachweis von kompartimentspezifischen Markerproteinen, kombiniert mit einer Kernfärbung (DAPI: *blau*): **a** Lysosomenmembranprotein Anti-Lamp2red (*rot*); **b** Anti-KDEL-ER-Marker (*rot*); **c**)Cis-Golgi-Marker Anti-GM130red (*rot*). (cLSM-Bild von A. Gonzalez, Biochemie-CAU Kiel)

kleine funktionelle Antikörpermoleküle [23, 55] (http://www.ablynx.com), die nur aus einer einzelnen variablen Domäne bestehen, können für Immunfluoreszenznachweise eingesetzt werden. Sie gelangen besonders leicht in Zellen und Gewebe.

Man unterscheidet zwischen direkter und indirekter Immunmarkierung. Ist der Antikörper, der das nachzuweisende Protein (das Epitop) erkennt, mit einem Fluorochrom gekoppelt, kann dieser direkt mittels Fluoreszenzmikroskopie lokalisiert werden. Ist der Primärantikörper nicht fluoreszierend und kann erst nach Bindung eines zweiten fluorochrom-gekoppelten Antikörpers (Sekundärantikörper) detektiert werden, spricht man von einem indirekten Nachweis. Der sekundäre Antikörper hat hierbei eine hohe Affinität zum F_c-Fragment des primären Antikörpers. Binden mehrere sekundäre Antikörper an einen Primärantikörper, wird das Signal verstärkt. Wichtig ist, dass Primär- und Sekundärantikörper nicht aus der gleichen Tierart gewonnen wurden und der Sekundärantikörper passend zum Primärantikörper ausgewählt wird. Wird ein polyklonaler Primärantikörper eingesetzt, so sollte der Sekundärantikörper gegen Immunglobulin G (anti-IgG) gerichtet sein. Werden monoklonale Primärantikörper aus anderen Antikörperklassen verwendet (z. B. Ig M), so muss der Sekundärantikörper folglich gegen diese Antikörperklasse gerichtet sein (z. B. anti-IgM).

4.9.2 Präparate

Ein Nachweis von Zielproteinen mittels Immunfluoreszenz kann sowohl in Gewebeschnitten, Zellkulturzellen als auch an der Oberfläche von dicken Komplettpräparaten (*whole mount*) erfolgen. Wichtig bei Präparaten und Schnitten ist, dass das Material für Antikörper durchlässig ist und keine starke Eigenfluoreszenz besitzt. Gefrierschnitte oder mit Formaldehyd (aus PFA hergestellt) fixierte Schnitte bzw. Zellen sind gut geeignet (s. ▶ Abschn. 3.18). Adhärente Zellen sollten auf Deckgläschen oder in Schalen, die für fluoreszenzmikroskopische Analysen geeignet sind, angezogen werden (s. ▶ Abschn. 3.10).

4.9.3 Kontrollen

Die Arbeitsschritte für eine Immunmarkierung sind nach etwas Übung relativ einfach durchzuführen. Eine wesentlich größere Herausforderung ist die richtige Dokumentation und Interpretation der Signale. Grundsätzlich gilt Gleiches wie für die Immuncytologie und Immunhistologie (s. ▶ Abschn. 3.9). Unbedingt erforderlich – und vorher gut bedacht – sollten positive und negative Kontrollpräparate sein, die parallel angefertigt werden, alle Arbeitsschritte und die mikroskopische Auswertung in gleicher Weise durchlaufen wie die eigentlichen Untersuchungsobjekte. Wie bei einem immunhistologischen Nachweis muss

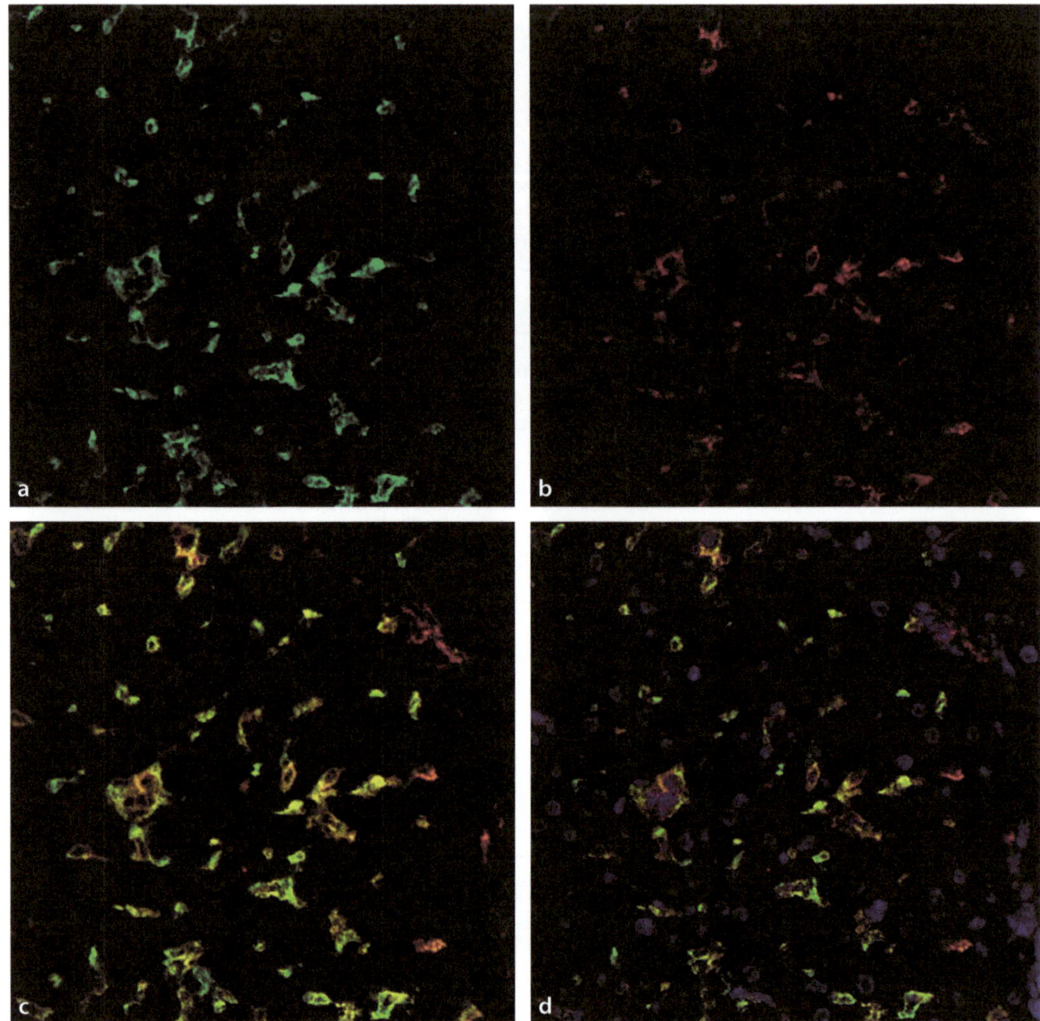

Abb. 4.11 Immunkolokalisierung von Kupffer-Zellen (**a**, *grün*) und Makrophagen (**b**, *rot*) in Mauslebergewebe. Die Kolokalisation beider Zellmarker wird durch die Mischfarbe *orange* dargestellt (**c**). Zur besseren morphologischen Analyse der Strukturen wurden die Zellkerne im Gewebepräparat mit DAPI angefärbt (**d**). Die Doppelmarkierung wurde an PFA-fixierten Kryoschnitten durchgeführt. Monoklonale Antikörper gegen das Antigen F4/80 wurden zur Detektion von Makrophagen eingesetzt. Mit Antikörpern gegen Clec4f (*C-type lectin receptor family 4*) wurden Kupffer-Zellen markiert. Die primären Antikörper aus Ratte bzw. Ziege wurden durch fluorochrommarkierte sekundäre Antikörper detektiert (Alexa Fluor594 und 488 (cLSM-Bilder: N. Schumacher, Biochemie-CAU Kiel)

auch das Fehlen von Signalen in Vergleichs- und Kontrollproben gut dokumentiert werden (s. ▶ Abschn. 3.9.2 und 3.21).

4.9.4 Durchführung

Um einen ersten Eindruck der Technik zu vermitteln, ist ein Beispiel für die Immunfärbung von adhärent wachsenden Zellkulturzellen unten detailliert vorgestellt. Es sind mehrere Methodenvarianten geläufig, die an besondere Zelllinien oder an die eigene Laborausstattung angepasst sind.

Die Färbeschritte sind relativ einfach, etwas Übung bedarf das *handling* der Deckgläschen, auf denen die Zellen kultiviert werden. Jedem passiert es zunächst, dass ein Deckglas falsch herum gedreht wird, der Zellrasen zerkratzt ist oder ein Deckglas zerbricht. Es ist ratsam, bevor man mit kostbarem Zellmaterial oder teuren Antikörpern hantiert, die Arbeitsschritte quasi trocken zu üben. Die Wahl der Pinzette, mit der die Deckgläschen aufgenommen werden, oder die Größe der Schalen kann sehr wichtig sein. Auch sollte vorher geprüft werden, ob der Zelltyp ausreichend fest auf der Glasoberfläche anhaftet und bei den Waschschritten nicht abgespült wird. Eine Beschichtung der Gläser (beispielsweise mit Lysin oder Silan) , kurzes Abflämmen der Deckgläschen oder ein Wechsel der Deckglassorte kann notwendig sein, wenn die Zellen sich rasch ablösen. Während der Waschschritte sollte darauf geachtet werden, dass die Deckglasoberflächen niemals trocknen. Gleichzeitig sollten die Lösungen vollständig abgenommen und gründlich gewaschen werden. Bei Ansätzen mit zahlreichen Parallelproben ist angeraten, in Teilarbeitsschritten zu arbeiten, sodass Inkubationsperioden und Zeiten, in denen die Deckgläser wenig bedeckt sind, für alle Ansätze gleich sind. Je nach Lichtempfindlichkeit der verwendeten Fluorochrome ist darauf zu achten, dass keine direkte Strahlung auf die Präparate fällt. Sinnvoll ist, die Inkubationszeiten mit markierten Antikörpern im Dunkeln durchzuführen.

Alternativ zur Verwendung der Deckgläschen, können adhärente Zellen auf x-*well*-Objektträgern aus Glas oder Plastik angezogen werden. Auf diesen Objektträgern sind Ein- oder Mehrfachkammern angebracht, in die Zellen und Zellkulturmedien sowie die Lösungen für die Immunfärbung pipettiert werden können. Nach Abschluss der Wasch- und Färbeschritte wird die Kammer entfernt und der gefärbte Zellrasen eingebettet und mit einem Deckglas bedeckt. Die x-*well*-Objektträger ermöglichen eine effiziente und schnelle Durchführung paralleler Versuchsreihen. Ein Zerbrechen der Deckgläschen oder eine Verwechslung der Ober- und Unterseite wird so ausgeschlossen.

Einziger Nachteil ist, dass das gleichmäßige Auflegen eines großen Deckglases Präzision und Übung bedarf. Schwer fokussierbare Zellen, starke Hintergrundfluoreszenz oder variierende Signalintensitäten in unterschiedlichen Objektträgerbereichen können durch ein ungleichmäßig aufliegendes Deckglas verursacht werden. Von einigen Herstellern werden auch breite Deckgläser mit Kammeraufsatz angeboten, die sich wie Objektträger handhaben lassen und eine gute Alternative darstellen.

Beispielprotokoll

Material

- PBS
- 4 % (w/v) Formaldehyd (frisch aus PFA angesetzt) (► Abschn. 3.18)
- PBS/Saponin (0,2 %(w/v) Saponin in PBS)
- 0,12 % (w/v) Glycin in PBS/Saponin
- 10 % (w/v) BSA in PBS/Saponin (BSA: *bovine serum albumin*)
- *Mowiol*/DABCO mit DAPI (Anti-Fading-Solution mit 1,4-*diazabicyclo*-[2, 2]-*octane* (DABCO) und dem Kernfarbstoff DAPI)
- Antikörperverdünnung in PBS/Saponin mit 10 % (w/v) BSA
- feuchte Kammern:
  dicht verschließbare Box, deren Boden mit feuchten Tüchern ausgelegt wird. Über einer glatten Tuchoberfläche wird ein Stück Parafilm für die Antikörperinkubation ausgebreitet.

Arbeitsschritte

- Zellen bis zur Konfluenz auf sterilen Deckgläschen kultivieren:
  2–3 Deckgläschen (8–12 mm) pro Schale einer 6-*well*-Platte auslegen und je 3 ml Zellsuspension zugeben, 1–2 Tage vor Immunnachweis aussähen.
- Entfernung des Kulturmediums und wiederholtes Waschen (3 ×) mit PBS: jeweils ca. 2 ml/*well* vorsichtig zugeben und absaugen. Damit die Zellen sich nicht ablösen, sollte die Lösung nicht direkt auf den Zellrasen bzw. die Deckgläsern pipettiert werden.
- Fixierung der Zellen:
  nach Absaugen der Restflüssigkeit wird Formaldehyd zugegeben, bis die Deckgläschen vollständig bedeckt sind.
  Nachfolgend 20 min bei RT inkubieren.

4

- Entfernung von Formaldehyd durch drei Waschschritte mit PBS: mindestens 2 ml/*well* einer 6-*well*-Platte
- Permeabilisierung der Zellmembranen: 5 min bei RT mit PBS/Saponin inkubieren. Es kann auch Triton oder Tween verwendet werden. Starke Detergenzien können zum Verlust von membrangebundenen Proteinen führen. Je nach Zelltyp und nachzuweisenden Proteinen sollten verschiedene Detergenzien ausprobiert werden. Beim Nachweis von Plasmamembrankomponenten sollte auf eine Permeabilisierung verzichtet werden.
- Sättigung freier Aldehydgruppen: Inkubation über 10 min bei RT in 0,12 % Glycin

Nachfolgend mit PBS/Saponin waschen.

- Blockierung unspezifischer Proteinbindungsstellen: mindestens einstündige Inkubation mit 10 % BSA bei RT
- Zugabe des primären Antikörpers: Je Deckglas ein Tropfen mit 50 µl Antikörperverdünnung auf Parafilmoberfläche in einer feuchten Kammer vorlegen, danach Deckglas mit Zellen nach unten – d. h. zur Flüssigkeit hin – auf den Antikörpertropfen legen.
- Antikörperbindung: Kammer dicht verschließen und inkubieren, entweder über Nacht bei 4 °C oder 1 Stunde bei RT.
- Abwaschen von überschüssigen Antikörpern und Zugabe des sekundären Antikörpers: 20 ml Waschpuffer (PBS/Saponin) in fünf kleine Bechergläser füllen und 50 µl der Sekundärantikörperlösung auf einen zweiten frischen Parafilmstreifen pipettieren. Dann die Deckgläschen nacheinander aufnehmen, eintauchen und auf den Tropfen der zweiten Antikörperlösung legen.
- Inkubation mit dem sekundären Antikörper: Parafilmstreifen mit aufgelegten Deckgläschen 1 h bei RT in der geschlossenen, feuchten Kammer inkubieren.
- Abwaschen von überschüssigen Antikörpern und Einbettung: 20 ml Waschpuffer (PBS/Saponin) in drei und 20 ml H_2O in zwei kleine Bechergläser füllen. 15 µl Mowiol/DABCO mit DAPI auf einen Objektträger pipettieren. Deckgläschen nacheinander aufnehmen, fünfmal eintauchen und auf den Tropfen Einbettlösung möglichst ohne Luftblasen ablegen. Deckglas vorsichtig und gleichmäßig mit einem Tuch andrücken.
- sofort – oder nach einer Nacht bei 4 °C im Dunkeln – mikroskopieren.

4.10 Fluoreszenz-*in-situ* Hybridisierung

Die Fluoreszenz-*in-situ*-Hybridisierung (FISH) ist eine Methode der Cytogenetik, mit der spezifische DNA-Sequenzen im Genom visuell nachgewiesen und lokalisiert werden können [72]. Die Verteilung einer Sequenz im Genom kann zur Charakterisierung von Karyotypen und zur Erstellung von physikalischen Genomkarten verwendet werden. FISH-Analysen werden sowohl in phylogenetischen Studien wie auch für die Tumorforschung und die pränatale Diagnostik eingesetzt [8, 43, 52]. Grundlage der Hybridisierung ist eine spezifische, d. h. möglichst passgenaue Anlagerung eines Nucleinsäurefragments (der Sonde) an die komplementäre Nucleinsäurezielsequenz im fixierten Gewebeschnitt, in Zell- oder Zellkernpräparationen. Die hybridisierte DNA-Sonde enthält Nucleotide, die Fluorochrome oder ein Hapten kovalent gebunden haben. Eine erfolgreich hybridisierte Sonde kann dann entweder direkt oder indirekt nach Bindung eines fluoreszenzmarkierten Antikörpers, der das gekoppelte Hapten erkennt und bindet, fluoreszenzmikroskopisch nachgewiesen werden.

Die Basis einer erfolgreichen Hybridisierung ist die Spezifität der eingesetzten Sonde für die Zielsequenz und eine gute Permeabilität des zu untersuchenden Gewebes. Anders als bei der Hybridisierung an isolierter *in-vitro*-DNA ist die *in-situ*-Zielsequenz durch Proteine und Zellstrukturen maskiert und so wesentlich schwieriger erreichbar und zudem in geringer Konzentration vorhanden. Ausreichende Permeabilität bei einer guten strukturellen Integrität, die eine präzise Lokalisierung der Signale erlaubt, ist besonders wichtig bei der Durchführung einer FISH. Meist ist es erforderlich, Inkubations- und Waschschritte auf Sonde und untersuchte Spezies anzupassen. Ausführliche Anleitungen und *Troubleshooting*-Guides sind in Lehr- und Fachbüchern zu finden [33, 48].

4.11 Mehrfachmarkierung und Kolokalisierung

Eine Mehrfachmarkierung kann sowohl durch verschieden markierte Antikörper, mit unterschiedlichen direkten oder indirekten Fluoreszenzmarkern als auch durch eine Kombination von Immunnachweis- und Fluoreszenzfärbung erfolgen (▪ Abb. 4.10 und 4.11). Soll eine Kolokalisierung von unterschiedlichen Zielproteinen durch **indirekte Immunmarkierung** durchgeführt werden, ist darauf zu achten, dass der sekundäre Antikörper dem jeweiligen primären Antikörper angepasst ist und Kreuzreaktionen ausgeschlossen sind. Parallel verwendete primäre Antikörper müssen aus unterschiedlichen Tierarten stammen. Effizient und gründlich durchgeführte Blockierungs- und Waschschritte sind bei Mehrfachmarkierungen sehr wichtig.

Allen Mehrfachfarbenstudien gemeinsam ist, dass vor Versuchsbeginn geprüft werden muss, ob Exzitations- und Emissionsspektren der verwendeten Fluorochrome ausreichend genug getrennt werden können. Auch sollte man kontrollieren, ob die zur Verfügung stehenden Geräte, Filter und Detektoren eine spezifische Detektion ermöglichen. Wichtig ist, dass nicht nur die Exzitations- und Emissionsmaxima betrachtet, sondern die vollständige Breite der Spektren verglichen wird. Breite Emissionsspektren verursachen Fluoreszenzsignale in mehreren Detektionsbereichen (*spectral bleedthrough*) und können so zu Fehlinterpretationen führen. Parallele Kontrollen, bei denen nur ein einzelnes Fluorochrom nachgewiesen wird, müssen daher vergleichend analysiert werden. Auch ist mit den Einzelfarbenproben zu prüfen, ob die verwendeten Anregungswellen die einzelnen Fluorochrome spezifisch anregen. Kurzwellige Strahlung kann Fluoreszenz von Molekülen mit Anregungsspektren im langwelligen Bereich erzeugen. Bei Verwendung eines konfokalen Systems ist ein sequenzieller Scanmodus empfehlenswert, bei dem Fluorochrome nacheinander angeregt und detektiert werden.

Für die **qualitative Auswertung** von Kolokalisierungsstudien bieten Bildbearbeitungsprogramme Module an, mit denen Intensitäten von Bildpixel in zwei überlagerten Bildern verglichen und kolokalisierende Signale identifiziert werden können. Aus Bildern, die für die jeweiligen Fluorchrome erstellt wurden, lassen sich Diagramme (*scatter blots*) und Kolokalisationskoeffizienten berechnen. Wichtig ist auch hier, vergleichende Bilder der Einzelfarbenproben für eine klare Abgrenzung von Signal und unspezifischem Hintergrund (*Noise*) in die Rechnung mit einzubeziehen [5, 21, 32].

Bei der **Wahl der Fluorochrome** für parallel nachweisbare Strukturen, DNA-Sequenzen oder Proteine sollte beachtet werden, dass das zu erwartende schwächere Signal mit einem Fluorochrom markiert wird, das eine hohe Quantenausbeute, bessere Stabilität und daraus folgend höhere Fluoreszenzintensität besitzt. Proteine hingegen, die in hohen Konzentrationen vorliegen, können auch erfolgreich mit einem Farbstoff nachgewiesen werden, der über eine geringere Quantenausbeute verfügt.

Steht ein System zur Verfügung, das ein sogenanntes ***spectral imaging*** ermöglicht, können überlagerte Emissionsspektren identifiziert und rechnerisch erstaunlich gut getrennt werden (spektrale Entmischung, ***linear unmixing***) [16, 79]. Durch Mehrkanaldetektoren (*multi channel* PMT) wird das Fluoreszenzspektrum der Probe aufgenommen und aufgetrennt. Das „Durchbluten" eines Fluorochroms in den Detektionsbereich des zweiten Fluorochroms kann substrahiert und ein Bild der tatsächlich spezifischen

Signale eines Fluorochroms herausgerechnet und erstellt werden. Vorsicht ist geboten, wenn die Fluoreszenzintensitäten sehr unterschiedlich sind oder von den Referenzspektren beispielsweise aufgrund veränderter Umgebung (z. B. Ionenkonzentration, pH-Wert, Temperatur) abweichen.

Ähnliches gilt auch für eine simultane Detektion von unterschiedlichen DNA-Sequenzen bei einer Fluoreszenz-*in-situ*-Hybridisierung (**FISH**) [35]. Die Spezifität der DNA-Sonden, Stabilität und Stringenz der Hybridkomplexe entscheidet auch über den Erfolg. Werden bei einem indirekten Nachweis fluoreszenzmarkierte Antikörper eingesetzt, müssen auch hier Kreuzreaktionen vermieden werden. Eine Differenzierung aller humanen Chromosomen ist mittels ***Multi-fluor*-FISH** (24-Farben-Multiplex-FISH, [66]) oder spektraler Karyotypisierung SKY-FISH [63] möglich. Für Tumorforschung und pränatale Diagnosen wurden komplexe Detektions- und Auswertungsverfahren entwickelt, die es ermöglichen, derart viele Fluoreszenzen simultan zu detektieren und differenziell darzustellen [3, 68, 73].

4.12 Fluoreszierende Reporterproteine

Die wichtigsten Reporterproteine für die Fluoreszenzmikroskopie sind (1.) das – vom Wildtyp-GFP abgeleitete – EGFP (engl. *green fluorescent protein) und (2.) seine zahlreichen Varianten (z. B: ECFP, EYFP, Cerulean, Venus)* [42]. *Die fluoreszierenden Proteine der Reportergene (fluorescent proteins, FP) wurden in den letzten Jahren hinsichtlich ihrer Stabilität und Fluoreszenzeigenschaften, ihres* Faltungsverhaltens, ihrer Reifungsgeschwindigkeit und ihres Oligomerisierungsgrads weiterentwickelt und verbessert [2, 22, 58]. Im natürlichen Zustand liegen viele FPs als Oligomere vor. Da Aggregation und Komplexbildung der Fusionsproteine vermieden werden sollen, werden monomere Varianten in zellbiologischen Analysen bevorzugt.

Für die Auswahl der geeigneten Fluoreszenzproteine für die eigenen Analysen sind zunächst die spektralen Eigenschaften (Exzitations- und Emissionsspektren) entscheidend (s. ► Abschn. 4.4). Die Signale sollten von der Autofluoreszenz im zu untersuchenden Gewebe unterscheidbar und mit den verfügbaren Geräten detektierbar sein (s. ► Abschn. 4.3). Bei Mehrfachmarkierungen müssen die Spektren der Fluorochrome ausreichend gut trennbar sein (s. ► Abschn. 4.11). Signale im kurzwelligen Bereich sind häufig besser differenzierbar und auch für das menschliche Auge gut erkennbar. Die Detektion von Fluoreszenzproteinen im langwelligen Bereich ist allerdings schonender und weniger phototoxisch, insbesondere für lebende Zellen. Für die intravitale Mikroskopie werden Fluoreszenzproteine mit Spektren im langwelligen Bereich bevorzugt (z. B. dtTomato, mCherry). Darüber hinaus durchdringt langwelliges Licht Gewebe tiefer und wird weniger gestreut [30, 75].

4.12.1 Genexpressionsanalyse mit Reportergenen

Reportergene sind Gene, die zum Nachweis der Expression anderer Gene verwendet werden. Sie dienen zur Sichtbarmachung und Verfolgung räumlich- und zeitlicher Genexpressionsmuster. Für die Studien von regulatorisch aktiven Promotoren wird das Reportergen in den codierenden Bereich hinter der Promotorregion des zu untersuchenden Gens eingefügt. Wird das DNA-Konstrukt anschließend in Zellen oder Gewebe eingebracht, kommt es zur Expression des Reportergens überall dort, wo der Promotor aktiv und folglich das zu untersuchende Gen (Kandidatengen) exprimiert wird. Bei Verwendung von fluoreszierenden Reporterproteinen können gewebs- oder entwicklungsspezifische Analysen der Transkriptionsaktivität eines spezifischen Promotors *in vivo* durchgeführt werden. Werden stabile Fluorochrome eingesetzt, die bei einer Fixierung erhalten bleiben, ist es möglich, Zellen oder Gewebe auch nach einer Fixierung mikroskopisch zu analysieren (s. ► Abschn. 3.16).

4.12.2 Expression von fluoreszierenden Fusionsproteinen

Ein Fusions- oder Hybridprotein ist aus definierten Anteilen unterschiedlicher Proteine zusammengesetzt. Hierzu werden die klonierten Gensequenzen beider Proteine hintereinander und mit einer Promotorsequenz verknüpft. Das DNA-Konstrukt wird in eine Zelle oder einen Organismus eingebracht (Transformation, Transfektion) und dort exprimiert. Das Fusionsgen enthält ein durchgehendes offenes Leseraster, sodass Transkription und Translation für beide Proteingene gemeinsam erfolgt und ein Hybridprotein gebildet wird. Alternativ zu den Fusionsproteinen mit vollständigen Genen können auch Fusionsproteine mit kurzen, C- oder N-terminalen Peptiden (sog. *Tags*) hergestellt werden.

Eine Transfektion von Zellen oder Gewebe kann entweder zu einer transienten (vorübergehenden) oder stabilen (andauernden) Genexpression führen. Eine stabile Transfektion ermöglicht die Untersuchung von entwicklungs- oder gewebespezifischen Prozessen in transgenen Organismen. Bei der transienten Transfektion liegt die DNA extrachromosomal vor. Eine transiente Transfektion ermöglicht Proteinlokalisierungs- oder Interaktionsstudien.

Für die intrazelluläre Lokalisierung eines Zielproteins *in vivo* wird die Gensequenz eines fluoreszierenden Proteins wie GFP mit dem Gen des markierten Zielproteins fusioniert. Synthese, Transport und Dynamik des Zielproteins in Zellen und Gewebe können so *in vivo* visuell nachgewiesen, verfolgt und dokumentiert werden.

Um eine möglichst hohe Genexpression und ausreichende Menge des Genprodukts zu erreichen, ist es sinnvoll, einen Promotor zu wählen, bei dem das Gen konstitutiv exprimiert wird. Geeignet sind Promotoren, die in allen Zelltypen und in nahezu allen Entwicklungsstadien exprimiert werden (*housekeeping genes*). Bei Pflanzenexpressionsvektoren wird der 35S-Promotor des Blumenkohl-Mosaik-Virus (*cauliflower mosaic virus*, CaMV) eingesetzt. Bei Säugern wird beispielsweise der cmV-Promoter (*cytomegatovirus*) oder der murine RNA-Polymerase-II-Promotor verwendet. Soll die Expression des Gens nicht in allen Entwicklungsstufen oder allen Zellen erfolgen, können induzierbare Expressionssysteme eingesetzt werden [15, 60].

Kommerziell erhältlich sind verschiedene Expressionsvektoren mit Klonierungsstellen (*multiple cloning sites*), mit denen die cDNA des Zielproteins – oder eines Proteinfragments – und die Gensequenz des fluoreszierenden Proteins (FPs) verknüpft werden können. Die Sequenz des Zielproteins kann an das C- oder N-terminale Ende und muss passend zum Leseraster (*in-frame*) eingefügt werden. Für die Transfektion gibt es physikalische (z. B. Elektroporation, Mikroinjektion), chemische (z. B. $Ca_3(PO_4)_2$-Präzipitation, Lipofektion, Nanopartikel) als auch biologische Verfahren (z. B. antikörpervermittelte Transfektion). Die geeigneten Vektoren und Verfahren hängen stark von den Eigenschaften der Promotorsequenz, der verwendeten Spezies und vom Zelltyp ab. Eine intensive Literaturrecherche ist hier hilfreich bzw. leider unumgänglich.

Zu bedenken ist, dass eine nichtkorrekte Faltung des Fusionsproteins die Expressionseffizienz stark beeinflussen kann. Um **sterische Hindernisse** zu vermeiden, werden sog. *linker*-Sequenzen eingefügt. Auch zusätzliche *enhancer*-Sequenzen können zur Erhöhung der Expressionsrate in die Expressionsvektoren eingebaut werden. Der *codon-usage* des Gens kann darüber hinaus die Translationseffizienz beeinflussen. Die kommerziell erhältlichen *codon*-optimierten FP-Gene sind für humane Sequenzen optimiert. Bei der Verwendung in anderen Tierarten oder in dikotyledonen Pflanzen kann dies problematisch sein.

Damit fluoreszenzmarkierte Fusionsproteine in dem Zellkompartiment des zu analysierenden Zielproteins exprimiert werden können, muss weiterhin beachtet werden, dass **Signal-, Transit- oder *target*-Peptid**, die N- oder C-terminal lokalisiert sein können, durch die Fusion mit dem Reportergen nicht verloren gehen bzw. in ihrer Funktionalität nicht eingeschränkt werden. Sind Signalpeptide nicht mehr funktional, ist ein Membrantransport und Proteinimport nicht gewährleistet. Die Expressionseffizienz und Lokalisierung des Fusionsproteins wird hierdurch beeinträchtigt.

Zu bedenken ist auch, dass ein Fusionsprotein ein größeres Molekulargewicht als das endogene Zielprotein hat. Kleine Proteine, die beispielsweise durch Kernporen diffundieren können, können nach Verknüpfung mit dem FP zu groß sein, um in den Kern zu gelangen. Das Fusionsprotein würde dann cytoplasmatisch lokalisiert, während das endogene Zielprotein in einer unbehandelten Zelle nucleär vorliegt.

Die Verwendung von starken Promotoren (z. B. von konstitutiv exprimierten Genen) führt zu einer Expression, die weit über die physiologische Expression eines zu untersuchenden Zielproteins hinausgehen kann (**Überexpression**). Folglich wird deutlich mehr Fusionsprotein in der transfizierten Zelle gebildet als das eigentliche Zielprotein in einer unbehandelten Zelle vorliegen würde. Dies kann zur Überlastung der für die korrekte Lokalisation des Zielproteins verantwortlichen Transportsysteme oder zur Sättigung von Bindestellen führen. Das Fusionprotein kann dadurch intrazellulär anders verteilt sein, als das endogene Zielprotein. Überexpression führt folglich dann zur Fehlinterpretation.

Auch die gleichzeitige Expression von mehreren unterschiedlichen fluoreszierenden Fusionsproteinen ist nicht einfach. Expressionsstärken der Zielgene können sich verändern und koexprimierte Fusionsproteine können in deutlich unterschiedlichen Mengen in der Zelle vorliegen. Eine starke Expression von GFP kann z. B. zur Schädigung oder Apoptose der Zelle führen.

Um diese vielen Schwierigkeiten durch Überexpression einzuschränken, sollte man versuchen, Vektoren einzusetzen, die Promotoren mit abgestuften Expressionsstärken enthalten. Ziel sollte sein, dass fluoreszierende Fusionsprotein auf ähnlichem oder demselben Niveau zu exprimieren wie das endogene Protein.

4.13 Zelluläre dynamische Prozesse: *Live Cell Imaging*

In den letzten Jahren sind zahlreiche neue Fluoreszenzproteine (FPs), deren Gene in Zellen exprimiert und mit denen dynamische zelluläre Prozesse beobachtet werden können, entwickelt worden [11, 24]. Neue rekombinante Biosensoren (u. a. für pH-Wert und Ca^{2+}) als auch photoaktivierbare oder konvertierbare Proteine machen *in-vivo*-Analysen, nicht-invasiv und in Echtzeit, möglich. Auch technische Neuerungen führten zur steten Verbesserung der räumlichen und zeitlichen Auflösung. Im Folgenden können leider nur wenige Methoden prinzipiell vorgestellt werden. Detaillierte Erklärungen und Anleitungen findet man in Reviews und Spezialliteratur wie in *Live Cell Imaging – A Laboratory Manual* [13].

Fluoreszenzsignale können räumlich, zeitlich und spektral analysiert werden. **Mehrdimensionale Detektionsverfahren** sind beispielsweise **3D/4D/5D-Imaging**:

3D: Bildaufnahme in dreidimensionaler Richtung x, y und z

4D: Multitemporale Bildaufnahme (*time-lapse microscopy*) in 3D

5D: Multitemporale Bildaufnahme in 3D in mehreren Farbbereichen/-kanälen (*multiple color channels*)

4.13.1 Interaktion von Molekülen und FRET

Mit der FRET(Förster [*fluorescence*] *resonance energy transfer*)-Methode können Interaktionen von Molekülen und Distanzen zwischen Fluorophoren bestimmt werden [29, 41]. Von einem Donor-Fluorophor aufgenommene Energie wird direkt ohne Abgabe von Lichtstrahlen auf ein Akzeptorfluorophor übertragen (**Förster-Resonanzenergietransfer**). Die übertragene Energie wird von dem Akzeptorfluorophor als Lichtemission wieder freigesetzt. Wichtig hierfür ist, dass die Anregungsspektren von Donor und Akzeptor ausreichend getrennt sind, sodass der Akzeptor bei der Anregung des Donors nicht ebenfalls angeregt wird. Weitere Voraussetzung für diesen strahlenlosen Energietransfer zwischen Donor und Akzeptor sind überlappende Spektren der Emission des Donors mit dem Exzitationsspektrum des Akzeptors.

Zu den klassischen Fluorophor-Donor/Akzeptor-Paaren zählen CFP/YFP oder BODIPY493/503 und TexasRed. Ein Energietransfer ist von der räumlichen Nähe beider Fluorophore abhängig. Für einen Transfer sollten die Fluorophore einen **Abstand von etwa 0,5 bis 10 nm** besitzen. Die Effizienz des Transfers nimmt mit zunehmendem Abstand der beiden Fluorophore deutlich ab bzw. erlischt. Die FRET-Effizienz – die Effizienz des Förster-Resonanzenergietransfers –, die auf den Abstand zwischen Donor- und Akzeptorfluorophor hinweist, wird nach Ausbleichen des Akzeptors durch die Intensitätszunahme des Donors errechnet [28, 47]. Liegen beide Fluorophore in ungleichem stöchiometrischen Verhältnis vor oder ist eine starke Auto- oder Hintergrundfluoreszenz vorhanden, müssen weitere Kontrollmessungen durchgeführt und in die Berechnung mit einbezogen werden (z. B. Bestimmung der Emission nach Donorbleichen und/oder Emissionsintensität bei alleiniger Akzeptoranregung).

4.13.2 FRET-basierte Biosensoren

Das Prinzip der FRET-basierten Biosensoren ist, dass beide Fluorophore eines FRET-Paares kovalent an getrennte Bereiche eines einzigen Sensormoleküls gebunden sind. Die Distanz und Orientierung der beiden Fluorophore zueinander und damit die Veränderung des FRET-Signals wird durch eine Konformationsänderung oder Spaltung des Sensormoleküls hervorgerufen [34]. Eine Änderung des Fluorophorabstandes kann also spezifisch durch Interaktion mit einem Molekül, Ion oder Enzym induziert werden. Die Liste der Biosensoren ist lang. Es gibt Biosensoren u. a. für sekundäre Botenstoffe (cAMP), für pH-Wert, oxidativen Stress, Membranpotenzial, Zucker, Caspase-Aktivität und für die Aktivität von Proteinkinasen [17, 31, 67, 78].

Da Donor- und Akzeptorfluorophor Bestandteil eines Sensormoleküls sind und somit Donor und Akzeptor des FRET-Paares in stöchiometrisch gleicher Konzentration vorliegen, kann aus der Emission von Donor und Akzeptor und des sich daraus ergebenden FRET-Signals direkt auf den Zustand des Sensors und somit auf die Aktivität oder das Vorhandensein der Moleküle rückgeschlossen werden (*quantitative monitoring*).

Im Folgenden sind die Prinzipien von drei Sensoren beispielhaft vorgestellt.

Der **Ca^{2+}-Sensor *Cameleon*** ist eine Fusion, bestehend aus vier Komponenten: BFP-Calmodulin-M13-EGFP. Die Bindung von Ca^{2+} an Calmodulin bewirkt, dass dieses sich um M13 (*Calmodulin-binding-protein*) wickelt. Das führt zu einer Konformationsänderung des *Cameleon*, wodurch die Fluorophore von EGFP und BFP sich nähern und ein FRET-Signal ausbilden können. Die Zunahme des FRET-Signals zeigt folglich eine erhöhte Ca^{2+}-Konzentration an (◘ Abb. 4.12).

Ein Sensor für die **Aktivität von Proteasen** enthält einen Sequenzabschnitt (*linker*) zwischen beiden FRET-Fluorophoren mit einer Erkennungs- und Schnittstelle (*protein cleavage sensor*). Der ungespaltene Sensor, in dem beide Fluorophore eng benachbart sind, weist ein starkes FRET-Signal auf. Durch Spaltung des *linkers* werden die Fluorophore räumlich getrennt und das FRET-Signal nimmt ab. Die Proteaseaktivität kann so durch Abnahme des FRET-Signals visuell dargestellt und verfolgt werden.

4

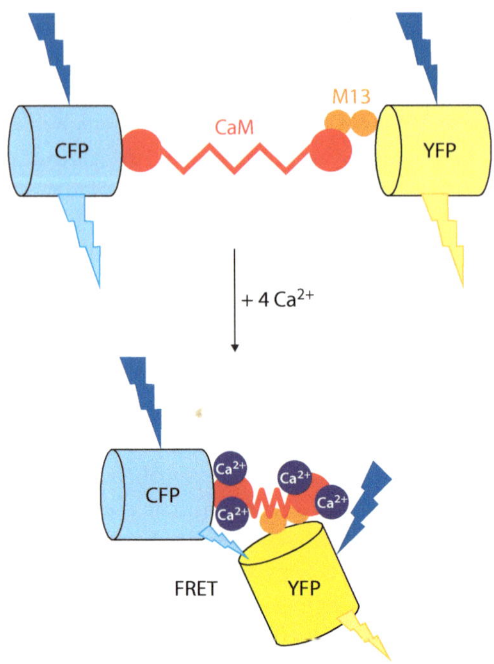

Abb. 4.12 Prinzip des Ca^{2+}-FRET-Biosensors *Cameleon*. Nach Bindung von Ca^{2+} verringert sich der Abstand zwischen CFP und YFP. Nach Anregung von CFP kann Resonanzenergie auf YFP übertragen werden. Die blaue Fluoreszenz des CFP verschwindet und die gelbe Emission des YFP wird stärker (Graphik: S.Frank, CAU Kiel)

Bei einem Biosensor für die **Aktivität von Proteinkinasen** ist in dem Proteinabschnitt, der beide Fluorophore miteinander verbindet, eine Substratsequenz integriert. Die Konformationsänderung des Sensors kann durch Phosphorylierung des Substrats induziert werden. Durch die Kinaseaktivität kann ein FRET-Signal induziert werden, das dem nicht phosphoryliertem Sensor fehlt.

4.13.3 Mobilität und Diffusion von Molekülen – FRAP und FLIP

FRAP- (*fluorescence recovery after photobleaching*) und FLIP- (*fluorescence loss in photobleaching*) Verfahren werden zur Untersuchung der Mobilität und Diffusion von intrazellulären oder membrangebundenen Molekülen eingesetzt [9, 76]. Beim FRAP-Verfahren wird ein kleines Areal (*region of interest*, ROI) mit einem Laser derart intensiv bestrahlt, dass keine Fluoreszenz mehr in diesem Abschnitt vorhanden ist (*photobleaching*). ROIs können sowohl beliebige intrazelluläre Regionen als auch Membranabschnitte sein. In der nachfolgenden Erholungsphase wandern fluoreszenzmarkierte Moleküle der benachbarten Regionen in den zuvor gebleichten Bereich (ROI). Die Mobilität fluoreszenzmarkierter Moleküle in der Zelle lässt sich durch Messung des Fluoreszenzanstiegs über die Zeit innerhalb des zuvor gebleichten ROIs ermitteln. Übung bedarf es, eine ausreichende Menge an Molekülen im ROI zu „bleichen" und gleichzeitig die Zellumgebung nicht zu schädigen [40]. Für die verschiedenen Mikroskopsysteme wurden variierende Bleaching-Techniken entwickelt. Detaillierte Erklärungen findet man auf den Herstellerwebseiten oder besser direkt beim jeweiligen *application specialist* nachfragen.

Bei der FLIP-Methode wird eine Region – ein zelluläres Areal oder Kompartiment – während des Experiments kontinuierlich gebleicht und die Intensitätsabnahme in benachbarten Regionen quantitativ analysiert. Während bei FRAP die Einwanderung von ungebleichten Molekülen in die ROI charakterisiert wird, wird beim FLIP-Verfahren beobachtet, wie gebleichte Moleküle aus der ROI hinaus diffundieren und sich in der Zelle verteilen.

4.13.4 Photoaktivierung und Photokonvertierung

Für die Beobachtung der intra- und interzellulären Mobilität von Proteinen sind photoaktivierbare und -konvertierbar (*photoswitchable*) fluoreszierende Proteine (FPs) entwickelt worden. Durch eine Anregung bei spezifischen Anregungswellenlängen lässt sich bei diesen FPs eine sterische Veränderung induzieren, durch die spektrale Eigenschaften des FPs modifiziert werden. Die Moleküle, die in einem bestimmten zellulären Areal vorliegen, können so durch einen anregenden Lichtimpuls in ihrer Fluoreszenzintensität oder ihrer Farbe verändert und markiert werden. Die photoaktivierbaren und -konvertierbaren FPs können als freie oder chimäre Proteine in Zellen exprimiert und für *in-vivo*-Studien von intra- und interzellulärer Diffusion und Transportprozessen genutzt werden. Photokonvertierbare Moleküle werden u. a. auch in der intravitalen Mikroskopie zur spezifischen Markierung und Differenzierung von Zellen einer speziellen Mikroumgebung (*Niche*) eines Gewebes oder Organs eingesetzt. Hierdurch ist es z. B. möglich, die Mobilität eines Zelltyps innerhalb des Gewebes zu beobachten [70].

Das photoaktivierbare **PA-GFP** (eine Variante des GFPs) besitzt eine geringe Fluoreszenz im nicht aktivierten Zustand [51]. Durch Aktivierung mit Licht der Wellenlänge 413 nm kann die Fluoreszenzintensität um das 100-Fache gesteigert werden. Wird das FP nur in einer kleinen intrazellulären Region (*region of interest*, ROI) aktiviert, lässt sich verfolgen, wie die fluoreszierenden Moleküle sich in der Zelle verteilen.

Das photokonvertierbare FP ***Kaede*** emittiert grünes Licht. Das Emissionsspektrum kann durch kurzwellige Strahlung in den roten Lichtbereich verschoben werden [61, 74]. Wird *Kaede* nur in einem kleinen zellulären Areal konvertiert, lässt sich die Diffusion der nicht aktivierten grün- wie auch der rot-fluoreszierenden Moleküle beobachten. Weitere photokonvertierbare FPs, die in zellbiologischen Studien eingesetzt werden, sind beispielsweise: PS-GFP, EosFP, Dronpa, und Dendra [37].

4.14 Besondere fluoreszenzmikroskopische Verfahren

4.14.1 Multiphotonenmikroskopie

Bei der Multiphoton-Fluoreszenzmikroskopie (MPM) erfolgt die Anregung der Moleküle durch langwelliges Licht und Infrarotstrahlung ($\lambda > 750$ nm). Die Energie einzelner energiearmer Photonen in diesem Wellenlängenbereich reicht in der Regel nicht aus, um ein Elektron der Fluoreszenzfarbstoffe in einen angeregten Zustand zu überführen (s. ▶ Abschn. 4.1). Für die Anregung von Fluorochromen wird daher Energie von zwei oder drei Photonen zusammengeführt und addiert (Zweiphotonen- bzw. Triphotonenmikroskopie). Daher werden für die MPM hochfrequente pulsierende Lasern verwendet, die es ermöglichen, dass mehrere Photonen nahezu gleichzeitig an einem Punkt zusammentreffen und die Gesamtenergie für die Anregung verwendet werden kann [10, 57, 77]. Das Besondere der MPM ist daher, dass eine Anregung von Molekülen nur in einem engen Fokuspunkt erfolgt, in dem die Photonen aufeinandertreffen-

Im Vergleich zur konfokalen Mikroskopie, bei der Moleküle außerhalb der Fokusebene mit angeregt und nur nachfolgend die *out-of-focus*-Emission mittels einer Lochblende blockiert wird (▶ Abschn. 4.7), wird bei der MPM die Entstehung von *out-of-focus*-Licht gänzlich verhindert. Die MPM zeichnet sich daher durch eine stark reduzierte Phototoxizität für das untersuchte Gewebe und ein geringes Ausbleichen der Farbstoffe aus. Lange Beobachtungszeiten, insbesondere in *in-vivo-Studien*, werden hierdurch ermöglicht.

Langwelliges Licht wird weniger stark gestreut und abgelenkt als kurzwellige Strahlung. Infrarotstrahlen besitzen daher eine große Eindringtiefe (bis zu 500–600 µm) in Gewebestrukturen. MPM wirkt folglich nur gering invasiv auf Organe und Gewebe und wird daher für die intravitale Mikroskopie im lebenden Tier eingesetzt [30].

Nachteil der MPM ist, dass die spektralen Eigenschaften für die Multiphotonenanregung nicht von allen Fluorochromen bekannt sind und am eigenen System zunächst geprüft und definiert werden müssen. Weiterhin sind die Spektren für Zwei-Photonenanregung für viele Fluorochrome recht breit, sodass bei Mehrfarbenanalysen Anregungs- und Detektionsbereiche sich stark überlappen und folglich die Spezifität von Signalen gute Kontrollproben verlangt.

Mit MPM können darüber hinaus Moleküle wie Kollagen oder Actin mittels ***second harmonic generation*** (SHG, Frequenzverdopplung) bzw.

4

third harmonic generation (THG, Frequenzverdreifachung) detektiert werden (Abb. 4.13). SHG beschreibt ein Phänomen von Molekülen mit polaren asymmetrischen Atombindungen und Dipolen. Die Frequenz von eingestrahltem Laserlicht wird durch dipolare Molekülstrukturen verdoppelt, ohne dass eine Anregung von Elektronen – wie bei der Fluoreszenzentstehung – erfolgt. Die hierdurch bewirkte Veränderung der Lichtwellenlänge ist spezifisch. Beispielsweise werden bei Bestrahlung mit infrarotem Licht der Wellenlänge 800 nm blaue Lichtstrahlen der Wellenlänge 400 nm abgegeben. Hierdurch ist es möglich, Kollagen in Haut, Bindegewebe oder Knochen als auch Muskelactin ohne besondere Markierung und Einsatz von Fluorochromen zu detektieren und Gewebestrukturen relativ einfach darzustellen [4, 44].

4.14.2 TIRF

Mit einem TIRF(*total internal reflection fluorescence microscopy*)-Mikroskop können Strukturen untersucht werden, die sich sehr nahe (80–200 nm) an der Kontaktoberfläche des Präparats – also dem deckglasnahem Bereich – befinden. Die TIRF-Methode (**Nahfeldmikroskopie**) eignet sich für die Untersuchung von Membranstrukturen, Membranproteinen oder dynamischen Veränderungen an der Membran (z. B. Exocytose oder Signaltransduktion). Die Präparate werden hierfür in einem Winkel bestrahlt, der so groß ist, dass eine Totalreflexion auftritt. Im TIRF-Mikroskop werden optische Schnittebenen betrachtet, die deutlich dünner als bei der konfokalen Mikroskopie sind. Der Vorteil ist, dass hierdurch ein besseres Signal-Rausch-Verhältnis für **deckglasnahe Strukturen** (bis 200 nm) erreicht werden kann [38, 71].

4.14.3 Hochauflösende Mikroskopie

SIM: *structured illumination microscopy*
STORM: *stochastic optical reconstruction microscopy*
STED: *stimulated emission depletion*
PALM: *photoactivated localization microscopy*

In den letzten Jahren sind neue fluoreszenzmikroskopische Verfahren, wie beispielsweise PALM, STORM, dSTORM, STED, SIM, entstanden, die als ***superresolution microscopy*** zusammengefasst werden. Fluoreszierende Moleküle können mit den neuen Methoden mit einer Positionsgenauigkeit von 1–100 nm nachgewiesen

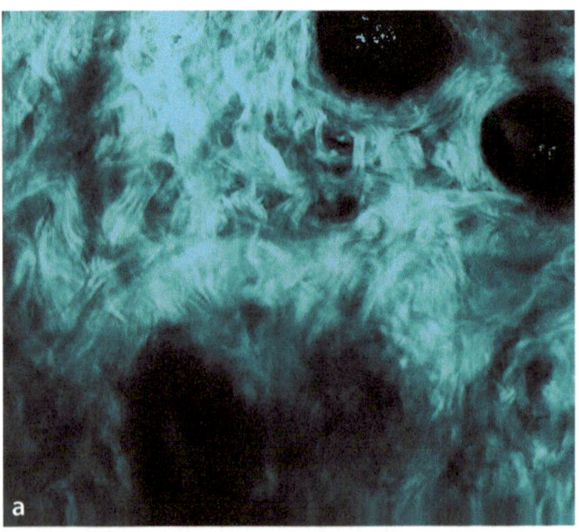

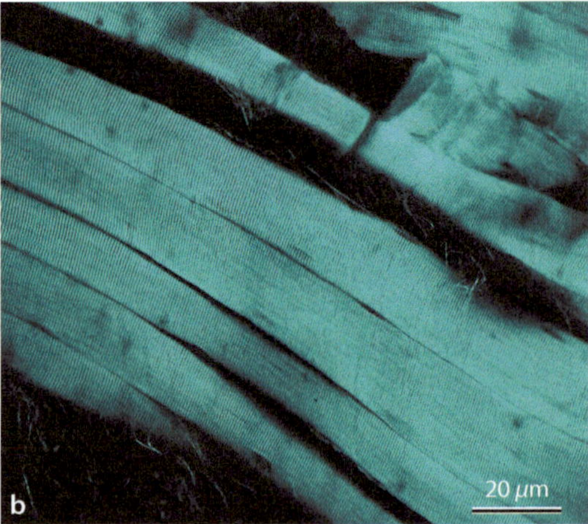

Abb. 4.13 *Second Harmonic Generation* (SHG, Frequenzverdopplung): **a** Kollagenfasern in Hautgewebe (Maus), **b** Muskelactin im murinen Skelettmuskel

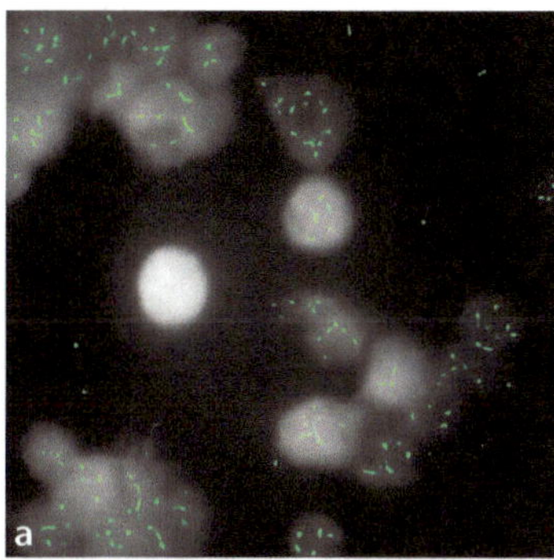

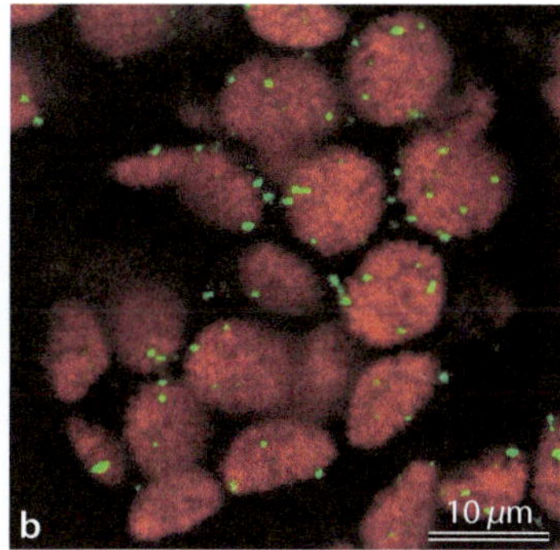

Abb. 4.14 Nachweis von DNA (Nucleotiden) in Chloroplasten eines Maisblattes und Vergleich von hochauflösender Mikroskopie und konfokaler Mikroskopie: **a** STORM: DNA-Nachweis nach *Topro*-1 Färbung (*grün*). Chloroplasten erscheinen *grau* (Bild: D. Eggers – Pette-Institut, Hamburg). **b** Detektion mit konfokaler Mikroskopie nach Färbung mit *Sybergreen* (DNA-grün). Die Chloroplasten können hier durch die rote Eigenfluoreszenz des Chlorophylls lokalisiert werden

und dargestellt werden [59, 69]. Es gibt verschiedene Prinzipien, die diese neuartigen Methoden einsetzen. Es werden u. a. Einzelmolekülspektren kombiniert, Dunkelzustände von Fluorophoren ausgenutzt oder neuartige Beleuchtungsmethoden eingesetzt. Bei der STED- und SIM-Technik werden komplexe optische Anregungsoptiken eingesetzt. Bei PALM, SPM oder dSTORM wird die Position einzelner Fluorophore sequenziell bestimmt. Ziel der Verfahren ist, die sogenannte *point spread function* (Punktspreizfunktion, PSF) in den Signalmustern zu verringern. Die *point spread function* beschreibt das Beugungsmuster, das ein punktförmiges Signal im mikroskopischen Abbild erzeugt. Diese Beugungsringe, die einen Signalpunkt im Abbild umgeben, verhindern, dass enge benachbarte Signalpunkte getrennt wahrgenommen werden können. Durch die neuen Verfahren werden diese Beugungsmuster gegeneinander verrechnet und einem idealisierten punktförmigen Signal angenähert. Hierdurch wurde erreicht, dass nach Analyse und Computerberechnung die Position einzelner Moleküle mit einer Auflösung jenseits der von Ernst Abbe beschriebenen optischen Auflösungsgrenze (>200 nm lateral; >500 nm axial) dargestellt werden kann (s. ▶ Abschn. 3.3, Abb. 4.14).

Literatur

1. Alford R, Simpson HM, Duberman J, Hill GC, Ogawa M, Regino C, Kobayashi H, Choyke PL (2009) Toxicity of organic fluorophores used in molecular imaging: literature review. Mol Imaging 8:341–354
2. Aliye N, Fabbretti A, Lupidi G, Tsekoa T, Spurio R (2015) Engineering color variants of green fluorescent protein (GFP) for thermostability, pH-sensitivity, and improved folding kinetics. Appl Microbiol Biotechnol 99:1205–1216
3. Bayani J, Squire J. 2004. Multi-color FISH techniques. In: Curr Protoc Cell Biol24(1): 22.5.1–22.5.25. Chapter 22: Unit 22.25. https://doi.org/10.1002/0471143030.cb2205s24.
4. Bianchini P, Diaspro A (2008) Three-dimensional (3D) backward and forward second harmonic generation (SHG) microscopy of biological tissues. J Biophotonics 1:443–450
5. Bolte S, Cordelieres FP (2006) A guided tour into subcellular colocalization analysis in light microscopy. J Microsc 224:213–232
6. Chen X, Zhong Z, Xu Z, Chen L, Wang Y (2010) 2′,7′-Dichlorodihydrofluorescein as a fluorescent probe for reactive oxygen species measurement: Forty years of application and controversy. Free Radic Res 44:587–604
7. Cox S, Jones GE (2013) Imaging cells at the nanoscale. Int J Biochem Cell Biol 45:1669–1678
8. Das K, Tan P (2013) Molecular cytogenetics: recent developments and applications in cancer. Clin Genet. 84:315–325
9. Day CA, Kraft LJ, Kang M, Kenworthy AK (2012) Analysis of protein and lipid dynamics using

4

confocal fluorescence recovery after photobleaching (FRAP). In: Curr Protoc Cytom 62(1):2.19.1–2.19.29. Chapter 2: Unit 2.19. https://doi.org/10.1002/0471142956.cy0219s62
10. Dunn KW, Young PA (2006) Principles of multiphoton microscopy. Nephron Exp Nephrol 103:e33–e40
11. Ettinger A, Wittmann T (2014) Fluorescence live cell imaging. Methods Cell Biol 123:77–94
12. Fritzky L, Lagunoff D (2013) Advanced methods in fluorescence microscopy. Anal Cell Pathol (Amst) 36:5–17
13. Goldman RD, Swedlow J, Spector DL (2010) Live cell imaging a laboratory manual. Cold Spring Harbor Laboratory Press, Cold Spring Harbor, NY
14. Gomes A, Fernandes E, Lima JL (2006) Use of fluorescence probes for detection of reactive nitrogen species: a review. J Fluoresc 16:119–139
15. Gossen M, Bujard H (1992) Tight control of gene expression in mammalian cells by tetracycline-responsive promoters. Proc Natl Acad Sci U S A 89:5547–5551
16. Grecco HE, Imtiaz S, Zamir E (2016) Multiplexed imaging of intracellular protein networks. Cytometry A 89(8): 761-775. (Special Issue: High Throughput and High Content Imaging and Cellular Informatics (Part I)). https://doi.org/10.1002/cyto.a.22876
17. Hamers D, Van Voorst Vader L, Borst JW, Goedhart J (2014) Development of FRET biosensors for mammalian and plant systems. Protoplasma 251:333–347
18. Han R, Li Z, Fan Y, Jiang Y (2013) Recent advances in super-resolution fluorescence imaging and its applications in biology. J Genet Genomics 40:583–595
19. Heilemann M (2010) Fluorescence microscopy beyond the diffraction limit. J Biotechnol 149:243–251
20. Heisig F (2007) Synthese neuer, funktionalisierter BODIPY-Fluorophore zur Fluoreszenzmarkierung von Membranrezeptor-Liganden. In: Pharmazeutisches Institut der Rheinischen Friedrich-Wilhelms-Universität Bonn, Bd. 228. Universitäts- und Landesbibliothek Bonn, Universität Bonn
21. Herce HD, Casas-Delucchi CS, Cardoso MC (2013) New image colocalization coefficient for fluorescence microscopy to quantify (bio-)molecular interactions. J Microsc 249:184–194
22. Hsu ST, Blaser G, Jackson SE (2009) The folding, stability and conformational dynamics of beta-barrel fluorescent proteins. Chem Soc Rev 38:2951–2965
23. Huang L, Muyldermans S, Saerens D (2010) Nanobodies(R): proficient tools in diagnostics. Expert Rev Mol Diagn 10:777–785
24. Ishikawa-Ankerhold HC, Ankerhold R, Drummen GP (2012) Advanced fluorescence microscopy techniques–FRAP, FLIP, FLAP, FRET and FLIM. Molecules 17:4047–4132
25. Johnson I (2010) The molecular probes handbook a guide to fluorescent probes and labeling technologies. Life Technologies, Carlsbad, Calif. [u.a].
26. Jonkman J, Brown CM (2015) Any Way You Slice It-A Comparison of Confocal Microscopy Techniques. J Biomol Tech 26:54–65
27. Jung T, Hohn A, Grune T (2010) Lipofuscin: detection and quantification by microscopic techniques. Methods Mol Biol 594:173–193
28. Karpova TS, Baumann CT, He L, Wu X, Grammer A, Lipsky P, Hager GL, McNally JG (2003) Fluorescence resonance energy transfer from cyan to yellow fluorescent protein detected by acceptor photobleaching using confocal microscopy and a single laser. J Microsc 209:56–70
29. Kenworthy AK (2001) Imaging protein-protein interactions using fluorescence resonance energy transfer microscopy. Methods 24:289–296
30. Kobat D, Durst ME, Nishimura N, Wong AW, Schaffer CB, Xu C (2009) Deep tissue multiphoton microscopy using longer wavelength excitation. Opt Express 17:13354–13364
31. Komatsu N, Aoki K, Yamada M, Yukinaga H, Fujita Y, Kamioka Y, Matsuda M (2011) Development of an optimized backbone of FRET biosensors for kinases and GTPases. Mol Biol Cell 22:4647–4656
32. Lagache T, Sauvonnet N, Danglot L, Olivo-Marin JC (2015) Statistical analysis of molecule colocalization in bioimaging. Cytometry A 87:568–579
33. Leitch AR, Bettenhausen B (1994) In situ-Hybridisierung. Spektrum Akad. Verl., Heidelberg [u.a].
34. Li IT, Pham E, Truong K (2006) Protein biosensors based on the principle of fluorescence resonance energy transfer for monitoring cellular dynamics. Biotechnol Lett 28:1971–1982
35. Liehr T, Starke H, Weise A, Lehrer H, Claussen U (2004) Multicolor FISH probe sets and their applications. Histol Histopathol 19:229–237
36. Lipp P, Niggli E (1993) Microscopic spiral waves reveal positive feedback in subcellular calcium signaling. Biophys J 65(6):2272–2276
37. Lippincott-Schwartz J, Patterson GH (2003) Development and use of fluorescent protein markers in living cells. Science 300:87–91
38. Loder MK, Tsuboi T, Rutter GA (2013) Live-cell imaging of vesicle trafficking and divalent metal ions by total internal reflection fluorescence (TIRF) microscopy. Methods Mol Biol 950:13–26
39. Maeda H (2008) Which are you watching, an individual reactive oxygen species or total oxidative stress? Ann N Y Acad Sci 1130:149–156
40. Mai J, Trump S, Lehmann I, Attinger S (2013) Parameter importance in FRAP acquisition and analysis: a simulation approach. Biophys J 104:2089–2097

41. Masi A, Cicchi R, Carloni A, Pavone FS, Arcangeli A (2010) Optical methods in the study of protein-protein interactions. Adv Exp Med Biol 674:33–42
42. Matz MV, Lukyanov KA, Lukyanov SA (2002) Family of the green fluorescent protein: journey to the end of the rainbow. Bioessays 24:953–959
43. Menzel G, Heitkam T, Seibt KM, Nouroz F, Muller-Stoermer M, Heslop-Harrison JS, Schmidt T (2014) The diversification and activity of hAT transposons in Musa genomes. Chromosome Res 22:559–571
44. Millard AC, Campagnola PJ, Mohler W, Lewis A, Loew LM (2003) Second harmonic imaging microscopy. Methods Enzymol 361:47–69
45. Monici M (2005) Cell and tissue autofluorescence research and diagnostic applications. Biotechnol Annu Rev 11:227–256
46. Moreton RB (1994) Optical methods for imaging ionic activities. Scanning Microsc Suppl 8:371–390
47. Mueller F, Karpova TS, Mazza D, McNally JG (2012) Monitoring dynamic binding of chromatin proteins in vivo by fluorescence recovery after photobleaching. Methods Mol Biol 833:153–176
48. Mulisch M, Welsch U (2015) Romeis – Mikroskopische Technik. Springer, Berlin, Heidelberg
49. O'Connor N, Silver RB (2007) Ratio imaging: practical considerations for measuring intracellular Ca2+ and pH in living cells. Methods Cell Biol 81:415–433
50. Oreopoulos J, Berman R, Browne M (2014) Spinning-disk confocal microscopy: present technology and future trends. Methods Cell Biol 123:153–175
51. Patterson GH 2011. Photoactivation and imaging of optical highlighter fluorescent proteins. Curr Protoc Cytom 57(1): 12.23.1–12.23.12. Chapter 12: Unit 12.23. https://doi.org/10.1002/0471142956.cy1223s57
52. Peters DG, Yatsenko SA, Surti U, Rajkovic A (2015) Recent advances of genomic testing in perinatal medicine. Semin Perinatol 39:44–54
53. Progatzky F, Dallman MJ, Lo Celso C (2013) From seeing to believing: labelling strategies for in vivo cell-tracking experiments. Interface Focus 3:20130001
54. Qu H, Xing W, Wu F, Wang Y (2016) Rapid and inexpensive method of loading fluorescent dye into pollen tubes and root hairs. PLoS One 11:e0152320
55. Rocchetti A, Hawes C, Kriechbaumer V (2014) Fluorescent labelling of the actin cytoskeleton in plants using a cameloid antibody. Plant Methods 10:12
56. Rössler A, Skillas G, Pratsinis SE (2001) Nanopartikel — Materialien der Zukunft: Maßgeschneiderte Werkstoffe. Chemie in unserer Zeit 35:32–41
57. Rubart M (2004) Two-photon microscopy of cells and tissue. Circ Res 95:1154–1166
58. Sample V, Newman RH, Zhang J (2009) The structure and function of fluorescent proteins. Chem Soc Rev 38:2852–2864
59. Schermelleh L, Heintzmann R, Leonhardt H (2010) A guide to super-resolution fluorescence microscopy. J Cell Biol 190:165–175
60. Schlatter S, Senn C, Fussenegger M (2003) Modulation of translation-initiation in CHO-K1 cells by rapamycin-induced heterodimerization of engineered eIF4G fusion proteins. Biotechnol Bioeng 83:210–225
61. Schmidt A, Wiesner B, Schulein R, Teichmann A (2014) Use of Kaede and Kikume green-red fusions for live cell imaging of G protein-coupled receptors. Methods Mol Biol 1174:139–156
62. Schnell SA, Staines WA, Wessendorf MW (1999) Reduction of lipofuscin-like autofluorescence in fluorescently labeled tissue. J Histochem Cytochem 47:719–730
63. Schrock E, Du Manoir S, Veldman T, Schoell B, Wienberg J, Ferguson-Smith MA, Ning Y, Ledbetter DH, Bar-Am I, Soenksen D, Garini Y, Ried T (1996) Multicolor spectral karyotyping of human chromosomes. Science 273:494–497
64. Schultz C, Vajanaphanich M, Harootunian AT, Sammak PJ, Barrett KE, Tsien RY (1993) Acetoxymethyl esters of phosphates, enhancement of the permeability and potency of cAMP. J Biol Chem 268:6316–6322
65. Shimomura O (2005) The discovery of aequorin and green fluorescent protein. J Microsc 217: 1–15
66. Speicher MR, Gwyn Ballard S, Ward DC (1996) Karyotyping human chromosomes by combinatorial multi-fluor FISH. Nat Genet 12:368–375
67. Sprenger JU, Perera RK, Gotz KR, Nikolaev VO (2012) FRET microscopy for real-time monitoring of signaling events in live cells using unimolecular biosensors. J Vis Exp 20;(66): e4081, 1–7. https://doi.org/10.3791/4081.
68. Sugita S, Asanuma H, Hasegawa T (2016) Diagnostic use of fluorescence in situ hybridization in expert review in a phase 2 study of trabectedin monotherapy in patients with advanced, translocation-related sarcoma. Diagn Pathol 11:37
69. Tam J, Merino D (2015) Stochastic optical reconstruction microscopy (STORM) in comparison with stimulated emission depletion (STED) and other imaging methods. J Neurochem. 135:643–658
70. Tomura M, Yoshida N, Tanaka J, Karasawa S, Miwa Y, Miyawaki A, Kanagawa O (2008) Monitoring cellular movement in vivo with photoconvertible fluorescence protein „Kaede" transgenic mice. Proc Natl Acad Sci U S A 105:10871–10876
71. Trache A, Meininger GA (2008) Total internal reflection fluorescence (TIRF) microscopy. Curr Protoc Microbiol. Chapter 2: Unit 2A.2.1–2A.2.22 10(1): 2A.2.1–2A.2.22. https://doi.org/10.1002/9780471729259.mc02a02s10

4

72. Volpi EV, Bridger JM (2008) FISH glossary: an overview of the fluorescence in situ hybridization technique. Biotechniques 45:385–386, 388, 390 passim
73. Wang M, Huang TZ, Li J, Wang YP (2016) A patch-based tensor decomposition algorithm for M-FISH image classification. Cytometry A 91(6): 622–632. (Special Issue: Computer-Aided Diagnostics in Digital Pathology). https://doi.org/10.1002/cyto.a.22864
74. Wiedenmann J, Nienhaus GU (2006) Live-cell imaging with EosFP and other photoactivatable marker proteins of the GFP family. Expert Rev Proteomics 3:361–374
75. Wiedenmann J, Oswald F, Nienhaus GU (2009) Fluorescent proteins for live cell imaging: opportunities, limitations, and challenges. IUBMB Life 61:1029–1042
76. Wustner D, Solanko LM, Lund FW, Sage D, Schroll HJ, Lomholt MA (2012) Quantitative fluorescence loss in photobleaching for analysis of protein transport and aggregation. BMC Bioinformatics 13:296
77. Young MD, Field JJ, Sheetz KE, Bartels RA, Squier J (2015) A pragmatic guide to multiphoton microscope design. Adv Opt Photonics 7:276–378
78. Zadran S, Standley S, Wong K, Otiniano E, Amighi A, Baudry M (2012) Fluorescence resonance energy transfer (FRET)-based biosensors: visualizing cellular dynamics and bioenergetics. Appl Microbiol Biotechnol 96:895–902
79. Zimmermann T (2005) Spectral imaging and linear unmixing in light microscopy. Adv Biochem Eng Biotechnol. 95:245–265

Zellzyklus und Proliferation, Differenzierung und Seneszenz

S. Schmitz, C. Desel, *Der Experimentator Zellbiologie*, Experimentator,
https://doi.org/10.1007/978-3-662-56111-9_5

» Wer sich selbst anspornt, kommt weiter als der, welcher das beste Ross anspornt.
Johann Heinrich Pestalozzi

Im folgenden Kapitel werden zunächst die nötigen Grundlagen erläutert, die für das Verständnis der hier vorgestellten zellbasierten Untersuchungsmethoden von Bedeutung sind. Jeder Experimentator muss sich früher oder später mit dem Lebenszyklus seiner experimentellen Grundlage, den Zellen, auseinandersetzen. Um den Leser an dieser Stelle nicht mit ausufernden Details zu strapazieren, werde ich mich auf den Zellzyklus der Eukaryotenzelle beschränken, wobei ich entsprechende Textpassagen aus ▶ Abschn. 2.3 aus dem *Experimentator Zellkultur* extrahiert habe [1].

5.1 Zellzyklus und Proliferation

Unter dem Begriff „Zellzyklus“ versteht man den sich wiederholenden Ablauf von Ereignissen zwischen zwei Zellteilungen. Die Bezeichnung der Zellzyklusphasen geht auf eine Veröffentlichung von Alma Howard und Stephen R. Pelc aus dem Jahr 1951 zurück [2]. Der Zellzyklus setzt sich aus der Interphase (Zwischenphase, Phase zwischen zwei Zellteilungen) und der M-Phase (Mitose, Zellteilung) zusammen, wobei die Interphase der M-Phase gegenübergestellt wird. Während die Interphase durch Zellwachstum und Stoffwechselaktivität geprägt ist, werden in der M-Phase die Chromosomen verdoppelt und auf die Zellkerne der Tochterzellen verteilt. Anschließend findet sowohl die Kernteilung (Karyokinese) als auch die Zellteilung (Cytokinese) statt. Die Gesamtdauer des Zellzyklus kann, je nach Zelltyp, zwischen 18,5 und 24 Stunden dauern. Sowohl Interphase als auch Mitose setzen sich ihrerseits wieder aus weiteren Phasen zusammen. Die einzelnen Zellzyklusphasen werden im Folgenden kurz vorgestellt.

G_1-Phase: Da sich diese Phase der Mitose anschließt, wird sie auch „postmitotische Phase“ genannt. Das G steht für *gap* (engl. = Lücke, Abstand). Nach einer Mitose befinden sich die Zellen in der G_1-Phase, die hauptsächlich durch Zellwachstum und durch die Ergänzung der nach der Zellteilung noch fehlenden Kompartimente wie Cytoplasma und Zellorganellen gekennzeichnet ist. Diese Phase wird außerdem dazu benutzt, die für die bevorstehende Synthesephase benötigten Enzyme und Proteine zu produzieren. Das sind z. B. Replikationsenzyme wie DNA-Polymerasen, Ligasen usw. Für die Proteinsynthese muss außerdem die benötigte mRNA synthetisiert werden. Dem steigenden Energiebedarf wird durch die Produktion energiereicher Verbindungen wie Desoxyribonucleosidtriphosphate (z. B. ATP) Rechnung getragen. Damit keine fehlerhafte DNA auf die Tochterzellen verteilt wird, werden notwendige DNA-Reparaturen durchgeführt. Der Chromosomensatz ist diploid (n = 46), wobei jedes Chromosom aus einer Chromatide besteht. Die G_1-Phase kann sehr unterschiedlich lang sein. *In vivo* dauert sie durchschnittlich drei Stunden, *in vitro* ergibt sich, je nach Zelltyp und betrachteter Spezies, eine breite Spanne von zwei bis 20 Stunden. In dieser Phase befindet sich auch ein wichtiger Kontrollpunkt (*checkpoint*) des Zellzyklus, der Restriktionspunkt. An diesem Punkt wird entschieden, ob die Zelle den Zellzyklus weiter durchläuft oder in die G_0-Phase eintritt und sich differenziert. Ein Schema des Zellzyklus mit seinen Kontrollpunkten ist in ▣ Abb. 5.1 wiedergegeben.

S-Phase: Das S steht für Synthese, womit die DNA-Synthese gemeint ist. Die Erbsubstanz muss vor der nächsten Zellteilung verdoppelt werden, daher findet in dieser Phase die Replikation der DNA statt. Nach diesem Vorgang besteht jedes Chromosom aus zwei Chromatiden. Diese Phase dauert im Schnitt sechs bis zehn Stunden.

G_2-Phase: Diese Phase wird auch „postsynthetische“ oder „prämitotische Phase“ genannt. Die Zellen bereiten sich auf die bevorstehende Zellteilung vor. Dazu gehört, dass die in der G_1-Phase produzierten Proteine und Enzyme noch prozessiert (geschnitten) bzw. modifiziert

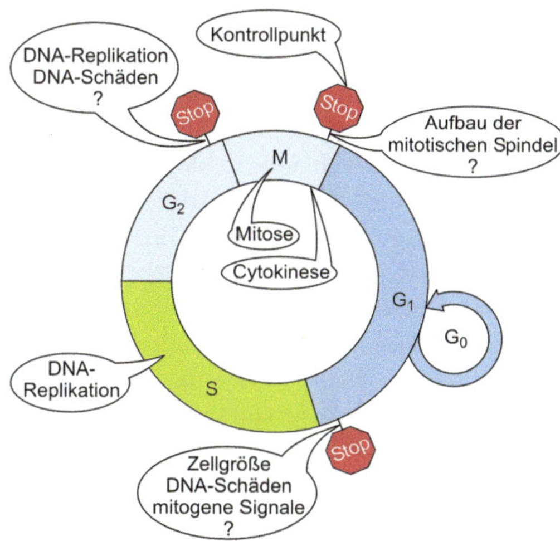

Abb. 5.1 Der Zellzyklus einer eukaryotischen Zelle. Die Zyklusdauer einer proliferierenden Zelle beträgt ca. 24 Stunden, wobei eine Stunde auf die Mitose und 23 Stunden auf die übrigen Phasen – summarisch als Interphase bezeichnet – entfallen. Zur Interphase zählen G_1, (2–20 h), S (6–10 h) und G_2 (2–4 h). G_0 ist die Ruhephase. An den *checkpoints*, hier durch Stoppschilder symbolisiert, kontrolliert die Zelle ihren Zyklus. (Mit freundlicher Genehmigung von Herrn Prof. Dr. Müller-Esterl)

werden, damit sie ihre volle Funktion ausüben können. Außerdem lösen sich im zellulären Gewebeverband die Zell-Zell-Kontakte zu den Nachbarzellen und die Zellen schwellen durch Flüssigkeitsaufnahme an. Die bevorstehende Mitose wird durch die Produktion zellteilungsspezifischer Proteine vorbereitet. Die G_2-Phase dauert durchschnittlich zwei bis vier Stunden. Hier befindet sich ein weiterer Kontrollpunkt, an dem überprüft wird, ob die Zelle groß genug ist und die gesamte DNA repliziert wurde.

Die **M-Phase**: Das M steht für Mitose. Die Mitose ist ihrerseits wieder in die folgenden Phasen unterteilt: Prophase, Prometaphase, Metaphase, Anaphase und schließlich die Telophase. All diese Phasen werden in einem relativ kurzen Zeitraum durchlaufen. Das ganze Spektakel der Zellteilung ist innerhalb etwa einer Stunde abgeschlossen. Die eigentliche Zellteilung (Telophase) benötigt dabei nur ca. 20 Minuten.

5.1.1 Die Regulation des Zellzyklus – externe und interne Kontrollmechanismen

Der Zellzyklus wird durch das komplexe Zusammenspiel verschiedener Faktoren reguliert, die entscheidenden Einfluss auf die Kontrollmechanismen haben. Zu den **externen Faktoren** werden hauptsächlich physiologische Parameter gezählt. Dazu gehören mitogene und antimitogene Signale, die entweder zur Progression durch den Zellzyklus oder aber zum Stillstand führen bzw. den Eintritt in die G_0-Phase induzieren. Hier einige Beispiele:

- Die Anzahl der Nachbarzellen ist ein für die Praxis bedeutsamer Faktor. Befinden sich zu viele Zellen in unmittelbarer Nachbarschaft, wird die Zellteilung bei normalen Zellen durch die Kontakthemmung inhibiert.
- Eine Schädigung der DNA kann als externes wie auch als zellinternes Signal zu einem Zellzyklusarrest sowohl in der G_1- als auch in der G_2-Phase führen.
- Ein ausreichendes Nährstoffangebot stellt einen mitogenen Stimulus dar, der essenziell für die Progression der Zellen durch den Zellzyklus ist.
- Der Zellzyklus wird auch durch **interne Faktoren** gesteuert. Diese Parameter werden routinemäßig von der Zelle überprüft, ohne dass es eines besonderen Ereignisses bedarf:
- Es gibt eine kritische Zellgröße, unterhalb der sich Zellen nicht teilen. Eine zu geringe Zellgröße ist das Signal, sich so lange nicht zu teilen, bis die Zelle groß genug ist, um zwei lebensfähige Tochterzellen hervorzubringen.
- Ist die DNA intakt? Werden DNA-Schäden festgestellt, kommt es zum Zellzyklusarrest, mit dem Ziel der Schadensreparatur.
- Ist die DNA-Replikation vollständig? Das wird in der G_2-Phase überprüft, bevor die Zellen in die Mitose eintreten. Nur vollständig replizierte DNA soll auf die Tochterzellen verteilt werden.

Externe und interne Faktoren wirken auf eine Reihe sogenannter Kontrollpunkte (*checkpoints*), die für die Regulation des Zellzyklus eine Schlüsselrolle spielen. Die Dauer und die Abfolge der Zellzyklusphasen werden durch diese Steuerungsmechanismen kontrolliert. Die Kontrollpunkte gewährleisten, dass alles hübsch der Reihe nach geht und erst dann der nächste Schritt des Zellzyklus erfolgt, wenn der vorhergehende abgeschlossen ist. An solchen *checkpoints* besteht die Möglichkeit einer Arretierung des Zellzyklus. Diese Option ist für die Integrität der Zellen unerlässlich, z. B., wenn bei einer Zelle ein DNA-Schaden aufgetreten ist. Die Kontrollpunkte lassen sich in zwei Kategorien einteilen.

- Kontrollpunkte für DNA-Schäden (G_1- und G_2-Kontrollpunkt): Der G_1-Kontrollpunkt ist im übertragenen Sinne der TÜV für den Übergang von der G_1- zur S-Phase. Er wird aktiviert, wenn z. B. die für die DNA-Synthese benötigten Bausteine, die Nucleotide, fehlen. Das gleiche trifft zu, wenn der DNA-Stoffwechsel durch andere Faktoren gestört oder die DNA wie im Beispiel oben durch Strahlen oder chemische Stoffe (Mutagene) geschädigt ist. Ebenso führt ein Mangel an Nährstoffen dazu, dass die Zellen nicht in die S-Phase gehen. Nur wenn das Nährstoffangebot stimmt, werden energieverbrauchende Prozesse wie die Verdopplung der DNA durchgeführt. Der G_2-Kontrollpunkt ist der TÜV für den Übergang von der G_2- zur M-Phase. Die bevorstehende Mitose macht es erforderlich, zuvor die Unversehrtheit des genetischen Materials zu überprüfen und bei Bedarf notwendige Reparaturen durchzuführen. Ist ein Schaden an der DNA registriert worden, wird der Zellzyklus in der G_2-Phase angehalten und die Reparaturgene werden aktiviert. Nur einwandfreie DNA soll repliziert und an die Nachkommen weitergegeben werden. In diesem Sinne ist dieser Kontrollpunkt ein genetischer Kontrollmechanismus für die Replikation.
- Kontrollpunkt der Spindelbildung (Metaphase-Kontrollpunkt): Für diesen Kontrollpunkt spielen bestimmte Vorgänge während der Mitose eine Schlüsselrolle. Der ausschlaggebende Faktor ist die Trennung der Chromatiden in der Anaphase der Mitose. Die Chromatiden werden erst dann getrennt, wenn alle Transportfasern des Spindelapparates mit dem Kinetochor, dem Ansatzpunkt für die Spindelfasern am Centromer, verbunden und die Chromosomen in der Äquatorialplatte angeordnet sind. Dadurch wird verhindert, dass Chromatiden verloren gehen und es zu Fehlverteilungen des genetischen Materials während der Mitose kommt.

■ Molekulare Kontrollmechanismen

Was ist die treibende Kraft, die für den geordneten Ablauf der Ereignisse im Zellzyklus verantwortlich ist? Der Motor der Zellzyklusmaschinerie besteht aus dem Zusammenspiel bestimmter zellzyklusassoziierter Proteine und Enzyme. Dazu gehören Cycline, cyclin-abhängige Kinasen, Kinasen und Phosphatasen, die an der Regulation des Zellzyklus beteiligt sind und somit das Karussell der zellulären Proliferation drehen.

Dabei interagieren die Cycline mit bestimmten zellulären Proteinkinasen, den CDKs (engl. = *cycline dependent kinases*). Die Cycline bilden mit ihren spezifischen Kinasen einen Komplex. Dieser steuert dann den Eintritt in die verschiedenen Phasen des Zellzyklus. Zu bestimmten Zeitpunkten im Zyklus werden die Cycline verstärkt exprimiert, bis deren Konzentration ein Maximum erreicht. Dieses Konzentrationsmaximum stellt den Kontrollpunkt dar. Ist er erreicht, werden die Cycline rasch degradiert und die Zelle schreitet in ihrem Lebenszyklus weiter voran. Synthese und Degradierung der Cycline sowie die Aktivierung und Deaktivierung der Cyclin-Kinase-Komplexe stehen unter strikter Kontrolle und werden unter anderem durch Wachstumsfaktoren und Protoonkogene, wie z. B. Ras, gesteuert.

Der Zellzyklus wird auch negativ reguliert, und zwar durch eine ganze Reihe von Inhibitoren. Diese Inhibitoren lassen sich in zwei Gruppen einteilen. Die eine wird **CIP** (engl. = *CDK inhibitory proteins*) genannt und hemmt alle Cyclin-Kinase-Komplexe, wodurch der Übergang von der G_1- zur S-Phase verhindert wird. Die andere Gruppe der Inhibitoren nennt man **Ink4** (engl. = *Inhibitor of kinase 4*). Hierbei handelt es sich um Inhibitoren der CDK4-Cyclin-D- und CDK6-Cyclin-D-Komplexe, die lediglich das Vorrücken der Zellen in der G_1-Phase hemmen. Zu dieser Gruppe gehören die Proteine pi5, pi6, pi8 und pi9.

Der sich stetig wiederholende Prozess, bestehend aus Zellwachstum und Zellteilung, wird auch Zellproliferation oder einfach nur Proliferation genannt. Der Begriff setzt sich zusammen aus den lateinischen Wörtern *proles* = Nachwuchs, Sprössling und *ferre* = tragen. Gemeint ist damit schlicht und ergreifend rasches Wachstum, beziehungsweise die Vermehrung von Gewebe.

Ob Zellen proliferieren, d. h. sich im Zellzyklus befinden, kann man mit einer Methode nachweisen, die darauf beruht, dass proliferierende Zellen während der S-Phase des Zellzyklus ihren DNA-Gehalt verdoppeln. Im Folgenden wird eine Technik vorgestellt, die sich mittlerweile als Weiterentwicklung des bekannten Einbau-Assays mit 5-Bromdesoxyuridin (BrdU) in den Labors etabliert hat. Durch den Einsatz eines Durchflusscytometers lässt sich anschließend die Verteilung asynchron wachsender Zellkulturen auf einzelne Zellzyklusphasen darstellen.

5.1.2 Zellzyklusanalyse proliferierender Zellen – Just Click-iT

Die traditionelle Methode zur Messung proliferierender Zellen beruht auf dem Einbau von ^{3}H-Thymidin während der S-Phase des Zellzyklus. Hierbei wird das den Zellen angebotene radioaktive Thymidin als Analogon anstelle des „kalten“ (nicht radioaktiven) Thymidins in die sich replizierende DNA eingebaut (Inkorporation) und die Zellen in der S-Phase werden dadurch markiert (*labeling*). Diese Originalmethode hatte jedoch entscheidende Nachteile: Sie ist radioaktiv, wodurch die für das Arbeiten mit radioaktiven Stoffen notwendigen Schutzmaßnahmen erforderlich sind. Außerdem ist die Methode nicht kompatibel mit Multiplexanalysen, mit denen die Zellen eventuell im Anschluss noch untersucht werden sollen. Mitte der 1980er-Jahre wurde die ^{3}H-Thymidin-Methode durch die Verwendung des Thymidin-Analogons 5-Bromdesoxyuridin abgelöst. Dass die Methode nicht radioaktiv ist, ist ein klarer Vorteil und auch das „Multiplexing“ stellt kein Problem dar. Nach dem Einbau in die DNA muss BrdU im nächsten Schritt mittels eines Antikörpers detektiert werden. Hierfür muss sichergestellt sein, dass der Antikörper sein Zielmolekül, welches sich ja nicht frei zugänglich, sondern innerhalb des DNA-Moleküls befindet, auch findet. Um das zu gewährleisten, müssen die beiden DNA-Stränge voneinander getrennt werden (Denaturierung), was durch den Einsatz aggressiver Chemikalien bzw. Hitze bewerkstelligt wird. Genau hier kommen die Nachteile der Methode zum Tragen, denn diese krude Behandlung kann sich auf andere Parameter negativ auswirken. So kann z. B. die Bindungsfähigkeit anderer Antikörper aufgrund sterischer Probleme oder auch die Morphologie des DNA-Moleküls beeinträchtigt werden. DNA-Farbstoffe etwa, die für Zellzyklus-Analysen eingesetzt werden und für ihre Bindung ein intaktes DNA-Molekül benötigen, können in ihrer Bindungsfähigkeit negativ beeinflusst werden.

Was also tun? Seit einigen Jahren hat sich ein alternatives Verfahren etabliert, bei dem zunächst wieder ein Basenanalogon in die DNA eingebaut wird. Der Nachweis erfolgt jedoch nicht mehr durch eine Antikörperreaktion, sondern durch ein chemisches Verfahren welches „Klick-Chemie“ genannt wird [3–6]. Dieser Begriff wurde von K. Barry Sharpless definiert, der 2001 mit seinen Kollegen William S. Knowles und Ryoji Noyori gemeinsam den Nobelpreis für Chemie erhielt.

Wie muss man sich die Klick-Chemie vorstellen? Das hierbei verwendete Basenanalogon ist 5-Ethyl-2'-deoxyuridin, auch kurz EdU genannt. Bei diesem Molekül ist die endständige Methylgruppe durch eine Alkingruppe ersetzt, wodurch die Detektion mittels eines fluoreszierenden Azids ermöglicht wird. Dieses Azid wird durch die sogenannte „Klick-Reaktion" (*click reaction*) kovalent an die Alkingruppe gebunden. Bei dieser Reaktion handelt es sich um eine Azid-Alkin-Cycloaddition, die durch Kupfer (Cu I) katalysiert wird. Einen Überblick über den Ablauf bei der Klick-Reaktion bietet ◘ Abb. 5.2.

Die Vorteile dieser neuen Methode sind ziemlich überzeugend. Der Nachweis ist nichtradioaktiv, schnell durchzuführen, spezifisch und benötigt zudem auch keine Denaturierung der DNA. Das Verfahren ist kompatibel mit Multiplexanalysen, bei denen weder die Bindung von Zellzyklus-Farbstoffen beeinträchtigt wird, noch „*downstream*"-Analysen auf der Basis von Antikörperbindungen gestört werden. Das Ganze funktioniert deshalb so gut, weil die Klick-Reaktion mit „kleinen Molekülen" durchgeführt wird. Das lässt sich durch einen Vergleich der Molekulargewichte veranschaulichen. Bei der BrdU-Methode wird ein Antiköper mit einem Molekulargewicht von ca. 150 kDa zum Nachweis eingesetzt, bei der Klick-Reaktion bringt es das verwendete Azidmolekül auf nicht einmal 1 kDa.

Die Klick-Chemie ist so vielseitig einsetzbar, dass es inzwischen eine ganze Reihe von Assays gibt, die auf diesem Funktionsprinzip beruhen. Weil das nicht nur innovativ, sondern auch komfortabel ist, werde ich an dieser Stelle nicht den Nachweis proliferierender Zellen mittels BrdU, sondern den EdU Click-iT-Assay vorstellen.

Da die Verwendung von Kits mittlerweile Standard im Labor geworden ist, wird ein Kit der Firma Invitrogen verwendet, der sich „Click-iT™ EdU Flow Cytometry Assay Kit" [7] nennt. Zum Nachweis mittels Durchflusscytometrie wird der Kit mit drei verschiedenen Farbstoffvarianten, nämlich Pacific Blue, Alexa Fluor 488 und Alexa Fluor 647, angeboten (◘ Abb. 5.3). Zu beachten ist, dass für den Nachweis jeweils verschiedene Laseranregungen und entsprechende Filter benötigt werden. Im hier vorgestellten Protokoll wird EdU mit dem Farbstoff Alexa Fluor 647 nachgewiesen und für die Gegenfärbung der DNA-Farbstoff Cytox Green eingesetzt. Dieser Farbstoff kann intakte Zellmembranen nicht durchdringen, wird also von vitalen Zellen nicht aufgenommen. Geschädigte bzw. tote Zellen hingegen besitzen durchlässige Membranen, wodurch der Farbstoff eindringt und an doppelsträngige DNA binden kann (siehe gleicher Abschnitt weiter unten und ◘ Tab. 5.2). Durch die zunehmende Fluoreszenz können tote von lebenden Zellen unterschieden werden. Mittels der Farbstoffkombination kann bestimmt werden, wie viele Zellen sich in den jeweiligen Zyklusphasen befinden. Das beruht darauf, dass in der G_2/M-Phase nur ein einfacher DNA-Gehalt vorliegt, während in der S-Phase der DNA-Gehalt in aktiv proliferierenden Zellen verdoppelt wird. Im vorgestellten Protokoll sind proliferierende Zellen EdU-positiv und

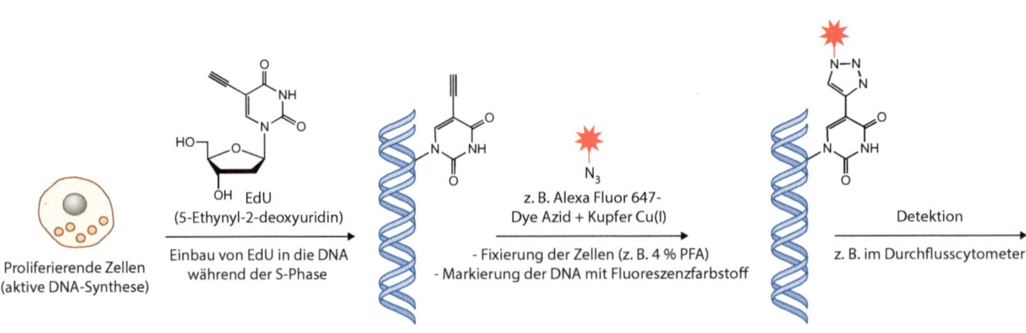

◘ **Abb. 5.2** Der Click-iT™-Assay von Invitrogen™. (Aus: Chehrehasa et al. [5])

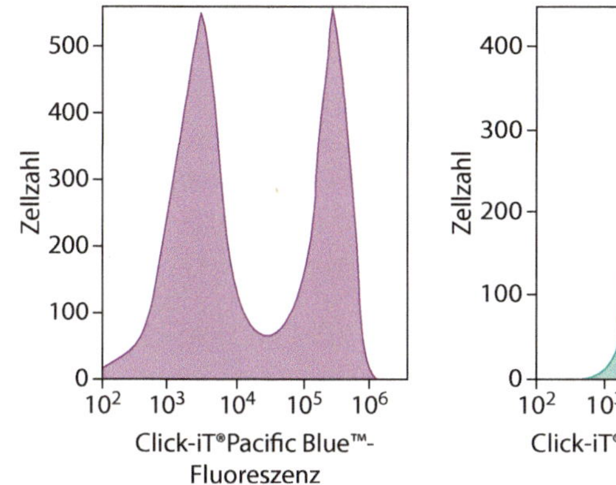

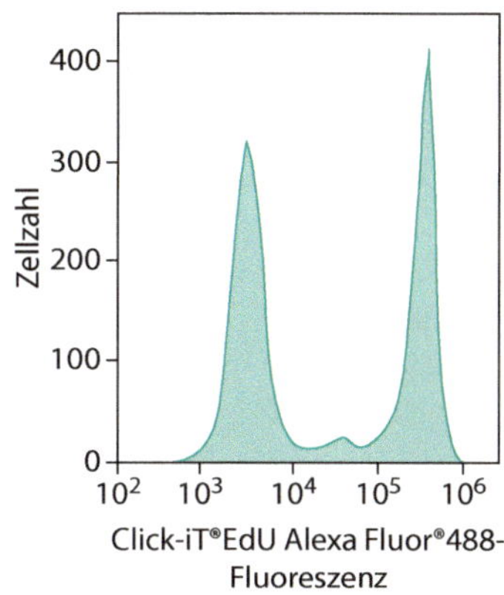

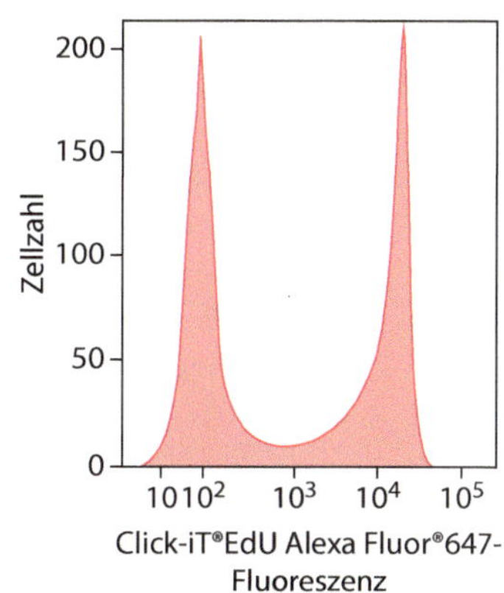

Abb. 5.3 Anregungs- und Emissionsspektren der Farbstoffe, in denen der Click-iT™ EdU Flow Cytometry Assay Kit angeboten wird. (© Invitrogen/Life Technologies, verwendet mit freundlicher Genehmigung)

Tipp

Bevor man startet, sollte man unbedingt überprüfen, ob Substanzen oder Materialien benötigt werden, die nicht im Kit enthalten sind. Darüber kann man sich oft schon vorab informieren, indem man das jeweilige Arbeitsprotokoll aus dem Internet abruft und die nicht im Lieferumfang enthaltenen Komponenten vor Versuchsbeginn besorgt. Andernfalls wird man unverhofft ausgebremst und muss im ungünstigsten Fall einen bereits begonnenen Versuch abbrechen.

fluoreszieren rot, während tote Zellen Cytox-Green-positiv sind und grün fluoreszieren.

Was man für den EdU-Click-iT-Test braucht

- Click-iT™ EdU Flow Cytometry Assay Kit (Invitrogen) mit Alexa Fluorazid 647
- Mikroliter-Pipetten (1000, 100, 10 µl)
- 15 ml Zentrifugenröhrchen, Eppendorf-Reaktionsgefäße, FACS-Röhrchen
- Zentrifuge, Mikroliter-Zentrifuge, Eppendorf-Schüttler

Vorbereitende Arbeiten

Einige im Kit enthaltene lyophyllisierte (gefriergetrocknete) Kit-Komponenten müssen einmalig vor dem Gebrauch in den vom Hersteller angegebenen Lösungsmitteln gelöst werden (nicht benötigte Kit-Komponenten ausgeschlossen). Danach erhält man 10-fach konzentrierte Lösungen, die allerdings kurz vor der Verwendung noch weiter verdünnt werden müssen. Das sind für den hier vorgestellten Assay folgende Lösungen:

- EdU-Stocklösung (10 mM): Zugabe von 4 ml DMSO oder alternativ PBS
- Puffer-Additiv (10-fach): Lösen des Pulvers in 2 ml entionisiertem Wasser
- Alexa Fuorazid 647: Lösen des Pulvers in 130 µl DMSO, die Gebrauchslösung wird unverdünnt eingesetzt.

Zu beachten sind die geänderten Bedingungen für die Lagerung der Stocklösungen bei −20 °C. Ab dann sind die Stocklösungen für 1 Jahr stabil.

Ansatz weiterer benötigter Lösungen

- 1 % BSA/PBS: z. B. 1 g BSA/100 ml PBS,
- 10× Saponin-Waschpuffer: 1× durch 1:10-Verdünnung mit 1 % BSA/PBS,
- 10× EdU Reaktionspuffer: 1× durch 1:10-Verdünnung mit *A. dest.*,
- 10× RNAse: 1× durch 1:10-Verdünnung mit PBS,
- Sytox Green (Invitrogen): Um die Gebrauchslösung zu erhalten, sind mehrere Verdünnungsschritte nötig, da man andernfalls entweder sehr kleine Volumina pipettieren oder aber große Mengen der

Verdünnungen ansetzen muss. Die Stocklösung (50 mM) wird in 1× SSC Puffer gelöst. Daraus erstellt man durch 1:100-Verdünnung der Stocklösung in 1× SSC/0,1 % Triton X-100 eine Zwischenverdünnung (50 µM). Zum Schluss wird kurz vor der Färbung die Gebrauchslösung (0,1 µM) durch 1:500-Verdünnung der Zwischenlösung in 1× SSC/0,1 % Triton X-100 hergestellt.

Protokoll für die Zellzyklusanalyse mit dem Click-iT[TM] EdU Flow Cytometry Assay/Alexa Fluor 647

1. Inkubation der Probe(n) mit je 5 µl 10 µM EdU pro 10 ml Kultur für die Dauer der S-Phase.
2. Überführung der Zellsuspension in Zentrifugenröhrchen und Zentrifugation für 5 min bei 250 × g, Überstand bis auf 1 ml absaugen, Pellet darin resuspendieren.
3. Pellet 2× mit jeweils 2 ml PBS waschen.
4. Zugabe von 400 µl 4 % PFA/PBS (Paraformaldehyd/PBS) zum Pellet, darin resuspendieren und für 15 min auf Eppendorf-Schüttler bei RT und 600 rpm fixieren.
5. 1 ml PBS zugeben, dann 5 min bei 250 × g zentrifugieren, Überstand absaugen.
6. Pellet in 1 ml PBS resuspendieren, dann entweder weiter verarbeiten oder optional bis zur weiteren Verwendung im Kühlschrank lagern.
7. Suspension 5 min bei 250 × g zentrifugieren, Überstand absaugen, Pellet in 1 ml 1 % BSA/PBS aufnehmen.
8. 5 min bei 250 × g zentrifugieren, Überstand absaugen.
9. Pellet in 100 µl Saponin/Waschpuffer resuspendieren und vortexen.
10. Proben in FACS-Röhrchen überführen.
11. FACS-Röhrchen 5 min bei 250 × g zentrifugieren, Überstand absaugen.

500 µl Click-iT-Reaktions-Cocktail (Achtung: innerhalb von 15 min nach dem Ansetzen verbrauchen, enthält z. B. Alexa 647 Fluorazid) zu jeder Probe geben und gut mischen. Das Pipettierschema hierzu ist in Tab. 5.1 wiedergegeben.

12. 30 min bei RT im Dunkeln inkubieren.
13. Umpuffern durch Zugabe von 1,5 ml 1×SSC/0,1 % Triton X-100. Dieser Schritt ist notwendig, da die besten Resultate bei der Gegenfärbung mit Sytox Green mit einem phosphatfreien Puffer erzielt werden.
14. 5 min bei 250 × g zentrifugieren, Überstand absaugen.
15. Pellet in 100 µl RNAse A (Endkonzentration 0,1 mg/ml) aufnehmen, 10 min bei 37 °C inkubieren, anschließend 900 µl 1× SSC/0,1 % Triton X-100 zugeben.
16. 5 min bei 250 × g zentrifugieren, Überstand absaugen.
17. Pellet in 500 µl Farbstoff Sytox Green (0,1 µM) in 1× SSC/0,1 % Triton X-100 aufnehmen, für 10 min bei RT im Dunkeln inkubieren.
18. Messung am Durchflusscytometer vornehmen.

Tab. 5.1 Pipettierschema für den EdU-Click-iT-Reaktions-Cocktail

Komponenten	Anzahl der Proben						
	1	2	5	10	15	30	50
PBS, D-PBS oder TBS	438 µl	875 µl	2,19 ml	4,38 ml	6,57 ml	13,2 ml	21,9 ml
$CuSO_4$ (Komponente F)	10 µl	20 µl	50 µl	100 µl	150 µl	300 µl	500 µl
Alexa 647 Fluorazid	2,5 µl	5 µl	12,5 µl	25 µl	37,5 µl	75 µl	125 µl
Reaktionspuffer-Additiv	50 µl	100 µl	250 µl	500 µl	750 µl	1,5 ml	2,5 ml
Gesamtvolumen	500 µl	1 ml	2,5 ml	5 ml	7,5 ml	15 ml	25 ml

Wenn der eingesetzte DNA-Farbstoff im stöchiometrisch linearen Verhältnis in doppelsträngige DNA eingebaut wird (interkaliert), dann ist die gemessene Fluoreszenzintensität direkt proportional zum DNA-Gehalt. Für eine DNA-Färbung kommen zahlreiche verschiedene Farbstoffe infrage, die sich in ihren biophysikalischen Eigenschaften unterscheiden. Ein grundsätzliches Auswahlkriterium ist, ob lebende oder fixierte, und damit tote, Zellen untersucht werden sollen. Werden lebende Zellen gefärbt, kommen sogenannte Vitalfarbstoffe zum Einsatz. Diese sind für Zellen und Gewebe unschädlich und reichern sich unter physiologischen Bedingungen in den Zielstrukturen (hier die DNA) an. Grundsätzlich können Vitalfarbstoffe wie z. B. Höchst 33342 und 33258 aber auch an fixierten Zellen verwendet werden.

Apoptotisch/nekrotische oder fixierte und anschließend (z. B. mit Saponin) permeabilisierte Zellen haben poröse Membranen. Dieser Umstand ermöglicht es den Nichtvitalfarbstoffen, in diese Zellen einzudringen, während sie in gesunde Zellen mit intakten Membranen nicht eindringen können. Deshalb werden sie auch „Ausschlussfarbstoffe" genannt. Eine Übersicht über einige ausgewählte Farbstoffe und ihre Eigenschaften bietet ◘ Tab. 5.2.

Tipp

Der unangefochtene Marktführer für Farbstoffe aller Art ist Molecular Probes. Deren Online-Katalog kann man aus dem Internet beziehen (Download oder Printprodukt bestellen). Er ist eine echte Fundgrube für jeden Zellbiologie-Experimentator.

Wie ein typisches DNA-Histogramm nach der Färbung aussieht, ist in ◘ Abb. 5.4 dargestellt. Aus dem DNA-Profil lässt sich ablesen, dass die Dauer der einzelnen Zellzyklusphasen unterschiedlich lang ist, obwohl die quantitative Länge aus einem solchen Histogramm nicht bestimmt werden kann. Da aber in einer normalen asynchron wachsenden Zellpopulation die meisten Zellen in der G_1-Phase sind, lässt sich daraus schließen, dass diese Phase im Verhältnis zu den anderen Zellzyklusphasen die längste sein muss (vergl. ◘ Abb. 5.1).

Ein DNA-Histogramm kann aber auch anders aussehen als in ◘ Abb. 5.4 gezeigt. Das ist beispielsweise dann der Fall, wenn die untersuchte Zellpopulation nicht vital ist. Zellen, die den programmierten Zelltod eingeleitet (Apoptose, vergl. ► Abschn. 6.2) haben, fragmentieren

◘ **Tab. 5.2** Verschiedene DNA-Farbstoffe und ihre Eigenschaften

Nichtvitalfarbstoff	Vitalfarbstoff	DNA-Bindung	Ex./Em. (nm)
Propidiumjodid		basenpaarungsspezifisch	493/636
Ethidiumbromid		basenpaarungsspezifisch	300/590
TO-PRO-3		basenpaarungsspezifisch	642/661
Cytox Green		min. Basenselektivität	504/523
		basenpaarungsspezifisch	
7-AAD		GC	546/647
	Höchst 33258	AT	352/461
	Höchst 33342	AT	350/461
	DAPI	AT	350/470
	DRAQ5	AT	647/681

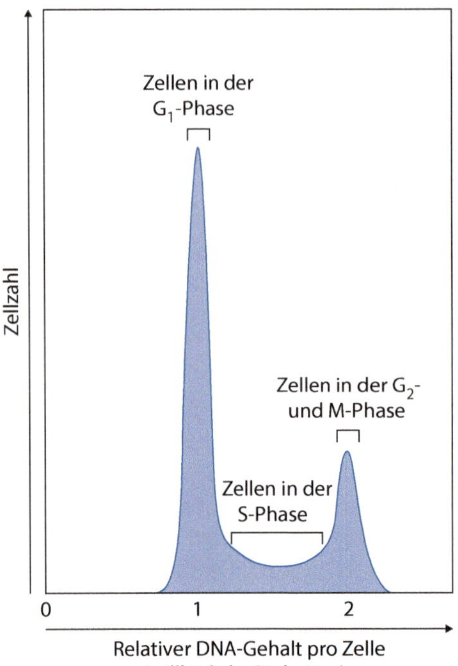

Abb. 5.4 DNA-Histogramm nach Verwendung eines DNA-Farbstoffs zur Darstellung der Verteilung von Zellen auf die Zellzyklusphasen. Der DNA-Gehalt ändert sich im Verlauf des Zellzyklus. In der G_0/G_1-Phase haben Zellen einen einfachen diploiden (2n) DNA-Gehalt. Im Verlauf der S-Phase steigt der DNA-Gehalt durch Replikation zunehmend an, bis er in der G_2/M-Phase verdoppelt vorliegt (4n). Nach der M-Phase liegt wieder der diploide DNA-Gehalt vor, da die DNA nach der Zellteilung auf zwei Tochterzellen verteilt wurde

ihren Zellinhalt und verpacken die Fragmente in membranumschlossene Vesikel, die sogenannten *apoptotic bodies*. Das Ergebnis ist eine Zellpopulation mit reduziertem DNA-Gehalt. Werden solche Zellen z. B. mit 70 % Ethanol fixiert, permeabilisiert und dann mit einem DNA-Farbstoff wie 7-AAD [8] oder Propidiumjodid gefärbt, (vergleiche Tab. 5.2), zeigt das Histogramm nicht mehr die übliche Verteilung der Zellen auf die Zellzyklusphasen, sondern ein verändertes DNA-Profil (Abb. 5.5). Dieses ist durch das Auftreten eines sogenannten Sub-G_1-Peaks gekennzeichnet, der zusätzlich zu den Peaks der G_0/G_1,- S- und G_2/M-Phase auftritt [9–12].

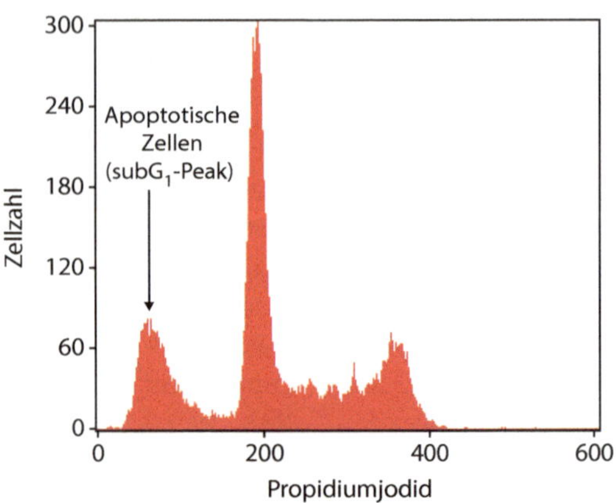

Abb. 5.5 DNA-Histogramm von HL60 Zellen, die mit dem Glucocorticoid Dexamethason behandelt und dann mit Propidiumjodid gefärbt wurden. Apoptotische HL60-Zellen fragmentieren ihren Zellinhalt einschließlich der DNA und verpacken die Fragmente in membranumschlossene Vesikel (*apoptotic bodies*). Dadurch ändert sich der DNA-Gehalt im Kern apoptotischer Zellen, was sich durch das zusätzliche Auftreten eines Sub-G_1-Peaks im DNA-Profil widerspiegelt. (Nach einer Vorlage von: www.cyto.purdue.edu)

Lässt man auf eine gesunde Zellpopulation im Experiment eine toxische Testsubstanz einwirken, so kann deren zellschädigende Wirkung über die Zeit beobachtet und eine Zeitkinetik aufgenommen werden. Dazu müssen die Zellen nur nach bestimmten Zeitabständen untersucht werden, um zu überprüfen, ob und in welchem Ausmaß sich der Sub-G_1-Peak verändert. Ein Beispiel hierfür ist in Abb. 5.6. wiedergegeben.

Vorsicht ist allerdings bei der alleinigen Messung der Apoptose mittels Sub-G_1-Peak geboten, denn viele Zelltypen liefern hier keinen eindeutigen Peak, sondern einen Schmier, der sich bis zum Schwellenwert der minimalen Sensitivitätsgrenze des Instruments ausbreitet. Es gibt zudem noch einen weiteren Pferdefuß. Nimmt die apoptotische Region im Histogramm weniger als 5–10 % des G_1-Peaks ein, ist zu erwarten, dass es sich nicht nur um apoptotische Zellen handelt, sondern auch um nekrotische Zellen und Debris, sogenannte *blebs* (Ausbuchtungen der Plasmamembran, verursacht durch lokale Entkopplung des Cytoskeletts von der Plasmamembran) oder andere Zelltrümmer.

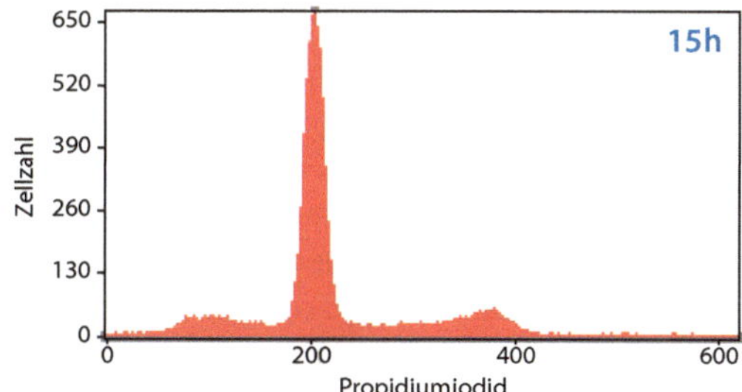

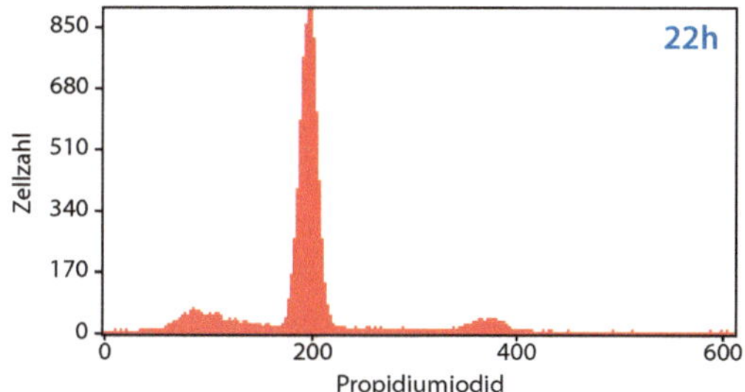

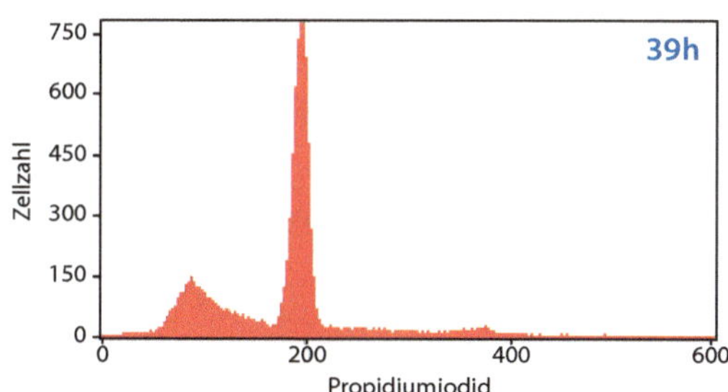

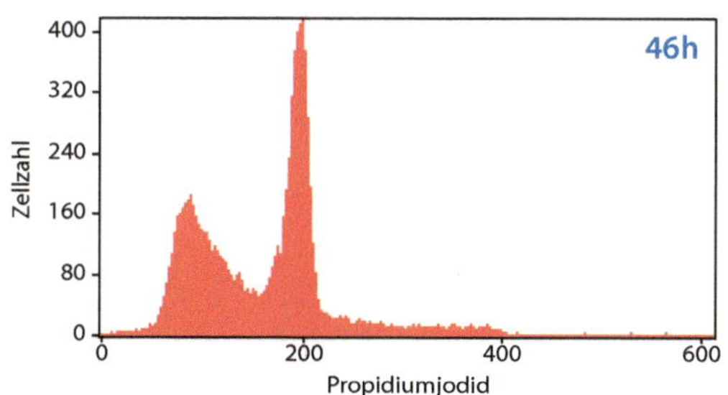

Abb. 5.6 Zeitkinetik nach Einwirkung eines apoptotischen Stimulus und anschließender Färbung mit Propidiumjodid. Mit zunehmender Einwirkzeit steigt die Anzahl der Zellen, die einen Sub-G_1-Peak zeigen, deutlich an. Die Höhe des Peaks ist ein Maß für den Anteil apoptotischer Zellen in der Gesamtpopulation. (Nach einer Vorlage von: www.cyto.purdue.edu)

Eine logarithmische Analyse des Sub-G_1-Peaks hat nur dann Gültigkeit, wenn man Debris und *blebs* sicher ausschließen kann, was nicht immer einfach ist und oft ein wenig willkürlich beurteilt wird. Im ► Abschn. 6.2 wird das Thema „Apoptose" viel eingehender behandelt, und es werden auch Verfahren vorgestellt, mit denen man Apoptose und auch Nekrose nachweisen kann.

Zum Schluss ein kurzes Protokoll für die Färbung von DNA mit 7-AAD (7-Amino-Actinomycin D), einem Nichtvitalfarbstoff zur Diskriminierung toter Zellen [8, 13], welcher als Alternative zur Propidiumjodid-Färbung verwendet werden kann.

Protokoll für die DNA-Färbung mit 7-AAD

1. 1×10^6 Zellen/Test werden für 30 min bei 4 °C mit 70 % Ethanol fixiert und in FACS-Röhrchen überführt.
2. **Vorsicht: Wenn der Alkohol zu schnell zugegeben wird, kann das dazu führen, dass die Zellen verklumpen und sich Aggregate bilden.**
3. Zentrifugation bei 300 × g für 5 min bei RT, Überstand verwerfen.
4. Zellpellet mit PBS waschen und wie unter 2. zentrifugieren, eventuell den Waschschritt wiederholen. Die fixierten und gewaschenen Zellen können optional bei −20 °C bis zu einer Woche gelagert werden.
5. Pellet in 100 µl PBS resuspendieren und die Zellen mit 5 µl unverdünnter 7-AAD-*ready-to-use*-Lösung (BD Biosciences; entspricht 0,25 µg/Test) für 10 bis 15 min bei RT im Dunkeln inkubieren.
6. Zugabe von 300 µl PBS zur Zellsuspension.
7. Messung am Durchflusscytometer im PerCP/Cy5-Kanal.

5.2 Differenzierung

In diesem Abschnitt geht es nicht um die Signalwege, die an der Steuerung zellulärer Differenzierungsprozesse beteiligt sind, sondern um jene

Oberflächenantigene, die mit dem Reifungszustand hämatopoetischer Zellen assoziiert sind (Differenzierungsmarker). Bekannt sind diese auch unter dem Begriff *Cluster of Differentiation* (CD). Es handelt sich bei den CD-Molekülen meistens um membranständige Glykoproteine, die teilweise zellspezifisch auf der Zelloberfläche exprimiert werden. Man weiß, dass diese Differenzierungsmarker ganz unterschiedliche Funktionen haben können. Einige von ihnen haben Rezeptor- oder Signalfunktion, wohingegen bei anderen eine Enzymaktivität nachgewiesen werden konnte. Zudem spielen einige Clustermoleküle eine zentrale Rolle bei der interzellulären Kommunikation (Zell-Zell-Erkennung). Eine besonders in der Immunologie häufig vorkommende Fragstellung ist die immunphänotypische Zuordnung von Zellen. Das lässt sich am einfachsten am Beispiel der Differenzierung hämatopoetischer Zellen veranschaulichen. Aus den Blut-Stammzellen entwickeln sich Vorläuferzellen, die mit zunehmendem Differenzierungsgrad verschiedene CD-Moleküle auf ihrer Oberfläche exprimieren. Durch die antiköpervermittelte Detektion dieser Marker ist es möglich, bestimmte Zellen aus einem heterogenen Zellgemisch wie etwa dem Blut zu identifizieren. Mittlerweile sind weit über 300 verschiedene Differenzierungsantigene beschrieben worden.

Eine aktuelle Liste findet der interessierte Leser im *Human and Mouse CD marker Handbook* von BD Biosciences [14] oder unter bdbiosciences.com/go/humancdmarkers bzw. bdbiosciences.com /go/mousecdmarkers. Anzumerken ist noch, dass diese Liste zwar (noch) aktuell, aber dennoch unvollständig ist, da immer noch neue CD-Antigene identifiziert werden. Einige der wichtigsten humanen CD-Marker für die Immunphänotypisierung von Blutzellen sind in ◘ Tab. 5.3 zusammengefasst.

◘ **Tab. 5.3** Auflistung einiger ausgewählter CD Antigene

Marker	Synonym	Zelltyp	Funktion
CD1		Dendritische Zellen, B-Zellen u. a.	Antigenpräsentation
CD2	SRBC, T11	T-Zellen u. a.	Adhäsion, T-Zell-Aktivierung
CD3	T3E, TCRE	T-Zellen	Signaltransduktion, T-Zell-Rezeptor (TCR)
CD4		T-Helferzellen	Bindung von MHC-II-Molekülen
CD5	T1, Leu1	T- und B-Zellen	Bindung von CD72
CD6	T12, Tp120	T- und B-Zellen	T-Zell-Aktivierung
CD7	GP40, Leu9, Tp40, TP41	Blut-Stammzellen, Subpopulationen von T-Zellen	Signaltransduktion
CD8	Leu2, MAL, p32	Cytotoxische T-Zellen (CTL, *cytotoxic T lymphocyte*)	Bindung von MHC-I-Molekülen
CD9	MIC3, MRP-1, p24, Tspan-29	Blut-Stammzellen	Aktivierung von Thrombocyten
CD10	CALLA, gp100, NEP	B- und T-Vorläuferzellen	unbekannt
CD11		Phagocyten	Vermittlung der Phagocytose

■ **Tab. 5.3** (Fortsetzung)

Marker	Synonym	Zelltyp	Funktion
CD14		Monocyten	Bindung von Lipopolysacchariden
CD16		Phagocyten	Bindung von F_c-Domänen
CD20		B-Zellen	B-Zell-Aktivierung
CD21		B-Zellen	B-Zell-Aktivierung
CD25		Aktivierte Immunzellen, regulatorische Zellen	Interleukin-2-Rezeptor
CD28		T-Zellen	Bindung von B7 auf B-Zellen, T-Zell-Koaktivierung
CD30		Viele Zellen	Apoptose
CD34		Blut-Stammzellen	Nicht bekannt
CD40		B-Zellen, Makrophagen	Aktivierung
CD42		Thrombocyten, Megakaryocyten	Adhäsion, bindet von-Willebrandt-Faktor, Thrombin
CD44		Leukocyten, Erythrocyten	Adhäsion der Leukocyten
CD55		Viele Zellen	Hemmung der Komplementaktivierung (*decay-accelerating factor*)
CD59		Viele Zellen	Hemmung des Komplementsystems (*membrane attack complex*)
CD71		Viele Zellen	Transferrin-Rezeptor
CD95		Viele Zellen	Apoptose
CD105		Endothel, Makrophagen	TGF_{β}-Rezeptor
CD117		Hämatopoetische Vorläuferzellen	*Stem-cell-factor*-Rezeptor

Wie man die CD-Marker als Diagnosewerkzeug bei der Differenzierung der Lymphocytenreifung verwenden kann, ist in ■ Abb. 5.6 dargestellt. Alle hämatopoetischen Stammzellen exprimieren das CD34-Molekül auf ihrer Oberfläche. Im Laufe der Reifung entwickeln sich aus den Stammzellen die Vorläuferzellen für verschiedene Zelltypen im Blut. Diese tragen dann ein anderes, nämlich das CD45-Molekül. Je nachdem, in welchen Zelltyp sich die Vorläuferzelle differenziert, kommen zusätzlich für die Granulocyten noch das CD15-, für Monocyten das CD14-, für T-Lymphocyten das CD3- und für B-Lymphocyten das CD19-Molekül hinzu. Thrombocyten hingegen exprimieren CD61 auf der Oberfläche. Bei den T-Lymphocyten ist die Differenzierung damit aber noch nicht abgeschlossen, denn sie können sich noch in weitere Subpopulationen ausdifferenzieren. Die beiden bekanntesten Subpopulationen sind die T-Helferzellen und die cytotoxischen T-Zellen. Während Helferzellen CD4 exprimieren,

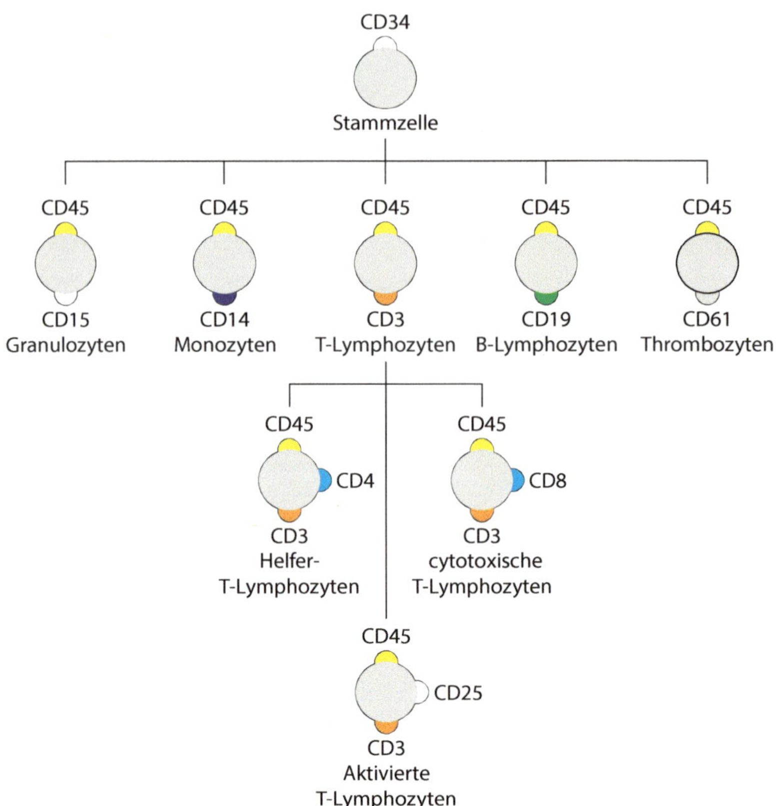

Abb. 5.7 Differenzierungsantigene und Lymphocytenreifung. (© Jürgen Groth, Berlin)

5

tragen die cytotoxische T-Zellen das CD8-Molekül. Normalerweise sind diese Zellen dann vollkommen ausdifferenziert und teilen sich im peripheren Blutstrom nicht mehr. Bietet man Lymphocyten im Experiment aber ein sogenanntes Mitogen, wie z. B. Phytohämagglutinin (PHA), Concanavalin A (Con A) oder Interleukin-2 (IL-2) an, dann beginnen sie sich nach einer Zeit wieder zu teilen. Die unter dem Einfluss des Mitogens wieder zur Teilung angeregten Zellen exprimieren dann den Aktivierungsmarker CD25 auf ihrer Oberfläche. Isoliert man Lymphocyten aus einer Blutprobe, kann man mit Fluorochrom-markierten Antikörpern gegen diese Differenzierungs- und Aktivierungsmarker die verschiedenen Subpopulationen identifizieren und mittels Durchflusscytometrie untersuchen. Welche Oberflächenantigene auf welchen Immunzellen exprimiert werden, zeigt das Schema in Abb. 5.7.

5.3 Seneszenz

Seit Leonard Hayflick Anfang der 1960er-Jahre das „Unsterblichkeits"-Dogma der damaligen zellbiologischen Forschung über den Haufen warf, weiß man, dass Zellen unter Kulturbedingungen nicht unbegrenzt teilungsfähig sind. Hayflick entdeckte, dass kultivierte menschliche und tierische Zellen lediglich über eine begrenzte Fähigkeit zur Reproduktion verfügen. Die entscheidende Arbeit zu diesem Thema veröffentlichte er zusammen mit seinem Kollegen Paul Moorhead 1961. Aus einer Reihe von Experimenten, die Hayflick und Moorhead an embryonalem Gewebe machten, zogen sie den Schluss, dass jede Zelle in einer Population das gleiche Verdopplungspotenzial besitzt. Dieses Potenzial ist limitiert auf 50 ± 10 Verdopplungen. Es beruht darauf, dass der Zeitpunkt, an dem diploide menschliche Zellen ihre Teilungsaktivität *in vitro* einstellen, keine Funktion der Anzahl der Subkultivierungen (Summe der Passagen), sondern vielmehr eine Funktion der potenziellen Zellverdopplungen ist. In der letzten Phase der Entwicklung einer Zellkultur (Phase III) nimmt die Zellteilungsrate ab, bis die Zellen am Ende dieser Phase die Teilung völlig einstellen. Das beruht darauf, dass die Kultur zu diesem Zeitpunkt die bereits erwähnten 50 ± 10 Populationsverdopplungen durchlaufen hat und das Zellteilungspotenzial erschöpft ist. An diesem Punkt sterben die meisten Zellen ab. Einige wenige Zellen können diese Krise überleben, wobei dies meist mit numerischen und/oder strukturellen Veränderungen der Chromosomen verbunden ist. Dieses charakteristische Verhalten von *in vitro* kultivierten Zellen wurde nach seinem Namensgeber Hayflick-Limit genannt. Synonym werden auch Namen wie Phase-III-Phänomen oder replikative Seneszenz verwendet. Die Existenz des Hayflick-Limits wirft die Frage auf, warum Zellen nur eine begrenzte Zahl von Zellteilungen durchlaufen können. Der Grund für das eingeschränkte Zellteilungspotenzial sind zelluläre Seneszenzprozesse. Damit sind Alterungsvorgänge gemeint, an deren Ende die Degeneration der Zelle steht. Hayflick und Moorhead machten ihre Beobachtungen an Fibroblasten, einem Zelltyp im Bindegewebe, jedoch wurde zelluläre Seneszenz auch in anderen Zelltypen wie Keratinocyten, Endothelzellen, Lymphocyten, Lungenzellen, Chondrocyten usw. beobachtet. Zudem konnte Seneszenz nicht nur in adulten Geweben jeglichen Alters, sondern auch in embryonalen Geweben sowie in verschiedenen Spezies nachgewiesen werden.

Ein Erklärungsansatz für die zelluläre Seneszenz liegt in einer Theorie, die die Verkürzung der Chromosomenenden (Telomere) zum Inhalt hat. Diese Theorie stellt einen Zusammenhang zwischen dem Altern von Zellen und dem Verlust bestimmter DNA-Sequenzen, den Telomeren, her. Diese Sequenzen sind evolutionär konserviert und haben beim Menschen und anderen Spezies, wie z. B. der Maus, die Abfolge $(TTAGGG)_n$. Sie tragen keine genetische Information, sondern dienen als natürlicher Schutz der Chromosomenenden vor Degradierung. Dieser Schutz ist aber nicht von unbegrenzter Dauer, denn die Telomere werden aufgrund eines Problems bei der Replikation der Chromosomenenden bei jeder zellulären Replikationsrunde verkürzt. Ist bei einem Chromosom eine kritische Telomerlänge erreicht, ist die Information auf dem jeweiligen Chromosom gefährdet, und es kommt zu einem Stoppsignal an die Gene, die die Mitose steuern. Das betroffene Chromosom fragmentiert und verursacht das Altern der Zelle. Infolge dessen tritt der Zelltod ein.

Die amerikanischen Nobelpreisträger Barbara McClintock und Hermann Joseph Muller waren die Ersten, die erkannten, welche fundamentale Bedeutung die Telomere für die Stabilität der Chromosomenenden haben. Der Begriff Telomer (griech. *telos* = Ende, *meros* = Stück oder Teil) wurde von Muller geprägt. Gegen die Verkürzung der Telomere gibt es eine molekulare Waffe, die Telomerase. Dieses Enzym wirkt der fortschreitenden Telomerverkürzung entgegen, indem es die verloren gegangenen Sequenzen wieder an die Chromosomenenden anheftet. Das Telomerase-Gen ist zwar prinzipiell in jeder Zelle vorhanden, jedoch wird die Telomerase in somatischen Zellen nicht exprimiert. Es gibt aber Zellen, in denen die Telomerase ständig aktiv ist: in den Stammzellen der Keimbahn (Ei- und Samenzellen) und in Krebszellen. Dort sorgt die permanente Aktivität des Enzyms dafür, dass diese Zellen der replikativen Seneszenz entkommen. Aus dem Grund sind diese Zellen auch potenziell unsterblich, was der Telomerase den Namen „Unsterblichkeitsenzym“ eingetragen hat (Auszug aus ▶ Abschn. 2.1 vom *Experimentator Zellkultur* [1]).

5.3.1 Wie kann man zelluläre Seneszenz experimentell nachweisen?

Dazu haben Itahana et al. ein ausführliches Protokoll beschrieben, das sich „*Senescence-associated-β-Galactosidase-Assay*“ (SA-β-gal) nennt [15]. Ein gemeinsames Merkmal von

5

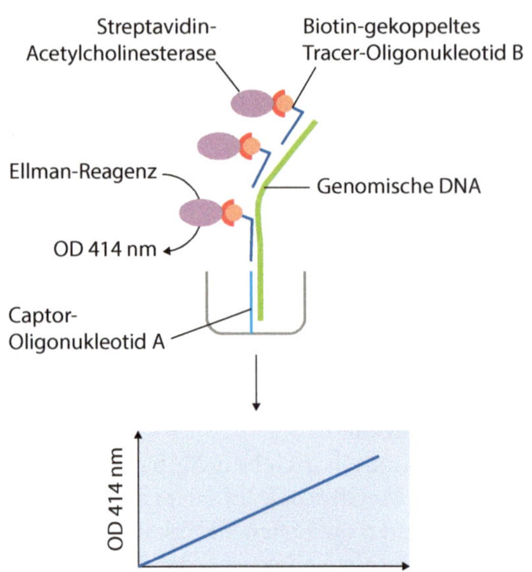

Abb. 5.8 Schematische Darstellung der Telomerlängenbestimmung mit der Hybridisierungsmethode. (© Freulet-Marriere et al. [16])

alternden wie auch ruhenden Zellen ist der Verlust der Fähigkeit zur DNA-Synthese. Der SA-β-gal-Assay basiert auf der histologischen Färbung des Biomarkers β-Galaktosidase, dessen Präsenz unabhängig von der DNA-Synthese ist und daher die Unterscheidung von alternden und ruhenden Zellen erlaubt. Inzwischen hat sich dieser Assay zu einer komfortablen Methode gemausert, die eine Einzelzellanalyse alternder Zellen sogar aus einer heterogenen Zellpopulation erlaubt. Der Nachweis funktioniert mit Zellkulturen und Gewebeschnitten genauso wie mit Biopsiematerial. Für alle unterschiedlichen Ausgangsmaterialien werden Fixierungs- und Färbeverfahren beschrieben und sogar die Herkunft der verwendeten Chemikalien angegeben, was ein Plus für die Reproduzierbarkeit darstellt.

Eine alternative Methode besteht darin, die Telomerlänge direkt aus einem Zelllysat zu bestimmen, und zwar ohne vorher eine DNA-Reinigung durchführen zu müssen [16]. Bei diesem Protokoll wird die durchschnittliche Anzahl der Telomereinheiten $(TTAGGG)_n$ in biologischen Proben durch einen Hybridisierungs-Assay bestimmt. Voraussetzung hierfür ist die Bestimmung des DNA-Gehaltes in den zu untersuchenden Proben und die Erstellung einer DNA-Standardkurve. Die denaturierte und fragmentierte DNA der Proben wird auf eine Mikrotiterplatte aufgetragen, die mit Oligonucleotiden einer Länge von sechs Telomereinheiten $(TTAGGG)_6$ (*captor oligonucleotide A* genannt) beschichtet ist. Während der anschließenden Inkubation hybridisieren die Telomerfragmente in der Probe mit den Captor A-Molekülen. Danach hybridisiert wiederum ein zugegebener Indikator B (Tracer B) bestehend aus (TTAGGG)-Biotin mit den Telomerfragmenten. Der eigentliche Nachweis wird schließlich indirekt über die Zugabe eines Konjugates aus Streptavidin-Acetylcholin-Esterase geführt, welches an das Biotin bindet. Das nach einer kalorimetrischen Reaktion detektierbare Signal ist direkt proportional zur Anzahl der mit dem Tracer hybridisierten DNA-Fragmente in den Proben, was der Anzahl der darin befindlichen Telomereinheiten entspricht. Das Prinzip der Methode ist in Abb. 5.8 noch einmal veranschaulicht.

Literatur

1. Schmitz S (2011) Der Experimentator Zellkultur. Spektrum Akademischer Verlag, Heidelberg, Deutschland
2. Howard A, Pelc SR (1951) Synthesis of nucleoprotein in bean root cells. Nature 167:599–600
3. Cappella P, Gasparri F, Pulici M, Moll J (2008) Cell proliferation method: click chemistry based on BrdU coupling for multiplex antibody staining. In: Paul Robinson J et al (Hrsg) Current protocols in cytometry, Chapter 7, Unit 7.34. John Wiley & Sons, Hoboken, New Jersey, Vereinigte Staaten
4. Cappella P, Gasparri F, Pulici M, Moll J (2008) A novel method based on click chemistry, which overcomes limitations of cell cycle analysis by classical determination of BrdU incorporation, allowing multiplex antibody staining. Cytometry A 73:626–636
5. Chehrehasa F, Meedeniya AC, Dwyer P, Abrahamsen G, Mackay-Sim A (2009) EdU, a new thymidine analogue for labelling proliferating cells in the nervous system. J Neurosci Methods 177:122–130
6. Cappella P, Giansanti V, Pulici M, Gasparri F (2013) From „Click" to „Fenton" chemistry for 5-bromo-2'-deoxyuridine determination. Cytometry A The journal of the International Society for Analytical Cytology 83(11) 989–1000
7. Invitrogen (2010) EdU (5-ethynyl-2'-deoxyuridine). Invitrogen

8. Zembruski NC, Stache V, Haefeli WE, Weiss J (2012) 7-Aminoactinomycin D for apoptosis staining in flow cytometry. Anal Biochem 429:79–81
9. Darzynkiewicz Z, Bruno S, Del Bino G, Gorczyca W, Hotz MA, Lassota P, Traganos F (1992) Features of apoptotic cells measured by flow cytometry. Cytometry 13:795–808
10. Ormerod MG (1998) The study of apoptotic cells by flow cytometry. Leukemia 12:1013–1025
11. Ormerod MG (2002) Investigating the relationship between the cell cycle and apoptosis using flow cytometry. J Immunol Methods 265:73–80
12. Kajstura M, Halicka HD, Pryjma J, Darzynkiewicz Z (2007) Discontinuous fragmentation of nuclear DNA during apoptosis revealed by discrete „sub-G1" peaks on DNA content histograms. Cytometry A 71:125–131
13. Schmid I, Krall WJ, Uittenbogaart CH, Braun J, Giorgi JV (1992) Dead cell discrimination with 7-amino-actinomycin D in combination with dual color immunofluorescence in single laser flow cytometry. Cytometry 13:204–208
14. BD Biosciences (2013) Human and mouse CD marker handbook. BD Biosciences, Franklin Lakes, Vereinigte Staaten
15. Itahana K, Campisi J, Dimri GP (2007) Methods to detect biomarkers of cellular senescence: the senescence-associated beta-galactosidase assay. Methods Mol Biol 371:21–31
16. Freulet-Marriere MA, Potocki-Veronese G, Deverre JR, Sabatier L (2004) Rapid method for mean telomere length measurement directly from cell lysates. Biochem Biophys Res Commun 314:950–956

Zellvitalität, Apoptose und Nekrose, Autophagie

S. Schmitz, C. Desel, *Der Experimentator Zellbiologie*, Experimentator,
https://doi.org/10.1007/978-3-662-56111-9_6

> » Der Mensch hat dreierlei Wege klug zu handeln: Erstens durch Nachdenken, das ist der edelste. Zweitens durch Nachahmung, das ist der leichteste. Drittens durch Erfahrung, das ist der bitterste.
> Konfuzius (vermutl. 551–479 v. Chr.)

In diesem Kapitel werden einige wesentliche Fragen behandelt, mit denen sich jeder Zellbiologie-Experimentator bereits vor Beginn seiner Experimente beschäftigen sollte. An dieser Stelle soll dem Leser zumindest für einige dieser Fragen eine Strategie zur Beantwortung angeboten werden.

6.1 Zellvitalität

Wie fit sind meine Zellen? Diese Frage sollte sich jeder Experimentator stellen, am besten bevor er über die Versuchsplanung nachdenkt. Nur mit vitalen Zellen kann ein Experiment gelingen und die zugrunde liegende Fragestellung erfolgreich beantwortet werden. Doch wie überprüft man das? Der einfachste Weg ist die Bestimmung der Wachstumsrate, was allerdings einige Zeit in Anspruch nimmt, da die Wachstumskurve in der Regel über mehrere Tage verfolgt und dokumentiert werden muss. Sinn macht das nur dann, wenn man das Wachstumsverhalten seiner Zellen bereits kennt, um Abweichungen davon überhaupt feststellen zu können. Wer schneller Kenntnis über die Vitalität seiner Zellen erhalten möchte, bedient sich anderer Methoden. Natürlich kann man den in ► Kap. 5 bereits vorgestellten EdU-Click-iT-Assay verwenden, der allerdings ein Durchflusscytometer erfordert. Alternativ möchte ich hier ein Verfahren vorstellen, das auf dem Nachweis von ATP beruht, welches als Maß für die metabolische Aktivität der zu untersuchenden Zellen herangezogen wird. Diesen Parameter zu wählen, ist deshalb sinnvoll, weil nur metabolisch aktive Zellen gesund und als Ausgangsmaterial für weitere Experimente geeignet sind. Berücksichtigt werden muss dennoch, dass auch gesunde Zellen ein unterschiedliches Maß an Stoffwechselaktivität aufweisen, was in dem Fall normal ist. So sind beispielsweise Lymphocyten metabolisch nicht sehr aktiv, andere Zellarten dafür aber schon.

Da es inzwischen eine Unzahl von Kits gibt, mit denen man arbeiten kann, wird an dieser Stelle stellvertretend der CellTiter-Glo® Luminescent Cell Viability Assay von Promega ausgewählt. Die Messung erfolgt im Luminometer (ELISA-Messgerät), wodurch der Assay auf verschiedenen Formaten von Mikrotiterplatten durchgeführt werden kann. Alternativ kann das Signal auch mithilfe einer CCD-Kamera aufgenommen werden. Der Kit ist auch geeignet, um die Cytotoxizität von Testsubstanzen zu analysieren, die sich negativ auf die Zellvitalität auswirken. So gesehen schlägt man mit einem solchen Kit gleich zwei Fliegen mit einer Klappe. Ein weiterer Vorteil ist, dass man nur ein Reagenz (CellTiter-Glo® Reagent) zu den Zellen geben muss, die dadurch lysieren. Die extrem einfache Handhabung, die ohne Waschschritte, die Entfernung des Mediums oder aber viele Pipettierschritte auskommt, macht den Assay nicht nur sehr komfortabel, sondern praktisch „idiotensicher". Je weniger Schritte ein Assay beinhaltet, desto weniger kann dabei schiefgehen. Unschlagbar ist darüber hinaus, dass es dieses Kit inzwischen auch für 3D-Zellkulturen gibt.

Das Prinzip, das dem Assay zugrunde liegt, ist die Messung des ATP-Gehalts in einer ATP-abhängigen Luciferase-Reaktion. Der Umsatz von Luciferin, das von dem Leuchtkäfer *Photinus pyralis* stammt, erfolgt durch eine rekombinante Luciferase (Ultra-Glo™ Luciferase), wodurch Oxyluciferin und Licht entsteht (siehe ◘ Abb. 6.1). Das Lichtsignal ist hierbei proportional zur Anzahl lebender Zellen. Der Assay ist sehr sensitiv und bietet einen breiten linearen Messbereich von 10.000–50.000 Zellen. Er eignet sich auch für Studien an Primärzellen, was besonders dann interessant ist, wenn dem Experimentator nicht viel Ausgangsmaterial zur Verfügung steht.

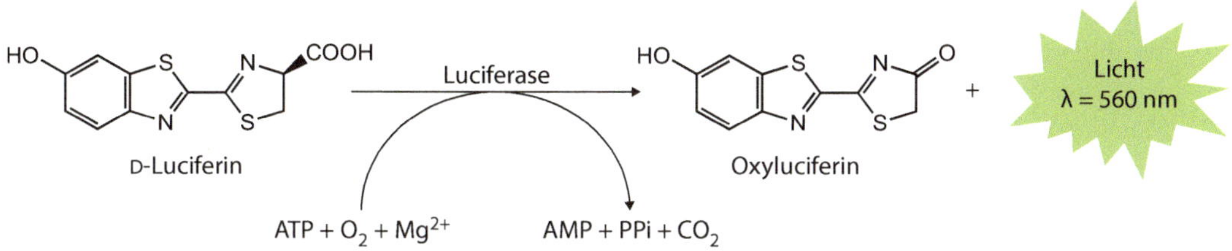

Abb. 6.1 Die Luciferase-Reaktion. Luciferin wird durch das Enzym Luciferase in Gegenwart von ATP und Magnesium sowie unter Verbrauch von molekularem Sauerstoff umgesetzt. Dabei entsteht u. a. Oxyluciferin und Licht. (© Promega, mit freundlicher Genehmigung)

Was man für den CellTiter-Glo® Luminescent Cell Viability Assay braucht

- für Lumineszenzanalysen geeignete (opaque) Multiwell-Mikrotiterplatten für die Zellkultur,
- Mehrkanalpipette,
- Schüttler mit Aufsatz für Mikrotiterplatten,
- Luminometer oder CCD-Kamera,
- Optional ATP (für Standardkurve).

Vorbereitende Arbeiten

Der CellTiter-Glo-Puffer muss aufgetaut werden und soll vor Gebrauch bei Raumtemperatur equilibrieren. Auch das lyophillisierte CellTiter-Glo-Substrat muss equilibrieren. Ein geeignetes Puffervolumen (z. B. 10 ml, je nach Umfang des Kits) wird in die amberfarbene Flasche, die das Substrat enthält, gegeben, was dann das fertige CellTiter-Glo-Reagenz ergibt. Nach dem vorsichtigen Mischen erhält man nach etwa 1 Minute eine homogene Lösung.

Protokoll für den CellTiter-Glo® Luminescent Cell Viability Assay (Promega)

1. Ausplattieren der zu untersuchenden Zellen in einer Mikrotiterplatte (100 µl für 96-*well*-Format oder 25 µl für 384-*well*-Format),
2. Kontroll-*wells* (in gleicher Anzahl wie die eigentlichen Proben) mit Medium ohne Zellen für die Hintergrund-Lumineszenz vorbereiten,
3. Zellen unbehandelt inkubieren oder aber eine Testsubstanz (ev. Verdünnungsreihe) für eine bestimmte Zeit zufügen,
4. Mikrotiterplatte für etwa 30 min bei Raumtemperatur equilibrieren,
5. gleiches Volumen CellTiter-Glo-Reagenz pro *well* wie bei 1. einsetzen,
6. 2 min auf einem Schüttler lysieren,
7. Lumineszenzmessung über die Zeit. Die Geräteeinstellungen hängen vom Hersteller ab, für die Integrationszeiten wird eine Richtgröße von 0,25 bis 1 Sekunde pro *well* angegeben.

Optional: Protokoll für die Erstellung einer ATP-Standardkurve

Hierfür wird idealerweise die gleiche Mikrotiterplatte verwendet, auf der die Proben getestet werden. Der Hersteller empfiehlt das ATP-di-Natriumsalz von Sigma zu verwenden und die Standardkurve unmittelbar vor der Zugabe des CellTiter-Glo-Reagenzes aufzunehmen, weil endogene ATPasen im Serum von Zellkulturmedien den ATP-Spiegel herabsetzen können.

1. Stocklösung mit 1 µM ATP in Kulturmedium ansetzen (100 µl der 1 µM Stocklösung enthalten 10^{-10} Mol ATP).
2. Aus der Stocklösung eine Verdünnungsreihe in Zehnschritten ansetzen: 10 nM ATP, 100 µl enthalten 10^{-10} bis 10^{-12} Mol ATP.
3. Eine Mikrotiterplatte mit verschiedenen Konzentrationen des ATP-Standards in 100 µl Kulturmedium bestücken.
4. Zugabe des gleichen Volumens CellTiter-Glo-Reagenz pro *well* zu den *wells* mit dem ATP-Standard.
5. Mikrotiterplatten auf einem Orbital-Schüttler für 2 min mischen.

6. Platten für 10 min bei Raumtemperatur inkubieren, damit das Lumineszenzsignal stabilisiert.
7. Messung am Luminometer durchführen.

Alternative Methoden zur Bestimmung der Zellvitalität gibt es natürlich auch, jedoch ist die Bandbreite so groß, dass hier nur in aller Kürze auf den mittlerweile sehr beliebten WST-8-Assay eingegangen wird. Dieser Assay ist deshalb so beliebt, weil er mit einer einzigen Lösung auskommt, nicht radioaktiv ist und zudem eine empfindliche kalorimetrische Methode darstellt, um den Anteil vitaler Zellen in einer Population zu bestimmen. Hierbei kommt das wasserlösliche Tetrazoliumsalz **WST-8** (2-(2-methoxy-4-nitrophenyl)-3-(4-nitrophenyl)-5-(2,4-disulfophenyl)-2H-tetrazolium, mono-Natriumsalz) zum Einsatz, welches durch zelluläre Dehydrogenasen in Gegenwart eines Elektronenträgers reduziert wird und einen wasserlöslichen gelben Formazanfarbstoff produziert. Die Menge des durch die Dehydrogenase-Aktivität gebildeten Farbstoffs ist direkt proportional zur Anzahl der vitalen Zellen. Die Sensititvität des Assays ist höher als bei den Tetrazoliumsalzen MTT, XTT, MTS oder WST-1, die in anderen Assays verwendet werden.

Tipp

Gerade bei Proliferations- bzw. Vitalitätsanalysen wird der Assay sehr häufig auf 96-*well*-Mikrotiterplatten durchgeführt. Dadurch kann man mehrere Kontrollen und Replikate der Proben gleichzeitig testen, was sehr komfortabel ist und eine gewisse statistische Sicherheit bietet, da man pro Probe ja schon drei oder mehr Datenpunkte hat. Allerdings treten in Abhängigkeit von der Dauer des durchzuführenden Assays Randeffekte auf, die auf einer erhöhten Austrocknung der randständigen *wells* auf der Mikrotiterplatte beruhen. Wie man deren Einfluss auf die metabolische Aktivität der Zellen vermeiden kann, darüber hat sich die Firma Eppendorf Gedanken gemacht. Im Rahmen ihrer Technischen Berichte wurde eine „Application Note" herausgegeben, die solche Problemstellungen aufgreift und auch aufzeigt, wie man Abhilfe schaffen kann [1].

6.2 Apoptose und Nekrose

Mord oder Selbstmord – das ist eine häufig gestellte Frage. Wenn man sich mit dem Lebenszyklus der Zellen beschäftigt, wird klar, dass Zellen auch aus dem Zellzyklus ausscheiden und absterben. Der Zelltod ist ein physiologischer Vorgang, der aus zellbiologischer Sicht unerlässlich ist. Man wusste zwar schon seit Jahrzehnten, dass es den Zelltod gibt, jedoch wurde der Begriff „Apoptose" erstmals 1972 von Andrew Wyllie und John Kerr benutzt, um die morphologischen Veränderungen sterbender Zellen zu beschreiben.

Mitte der 1980er-Jahre rückte der Fadenwurm *Caenorhabditis elegans* ins Interesse der Apoptoseforscher. Während der Entwicklung des Nematoden stirbt eine genau definierte Anzahl somatischer Zellen ab, was erste Hinweise auf einen geregelten Ablauf und die genetische Kontrolle der Apoptose lieferte.

Man unterscheidet hauptsächlich zwei Zelltodesarten, die im Folgenden näher erklärt werden sollen: Apoptose und Nekrose. Der programmierte Zelltod wird Apoptose genannt (griech. *apo* bedeutet „ab" oder „los", *ptosis* steht für „Senkung" oder „Niedergang"). Er ist ein für den vielzelligen Organismus überlebenswichtiger Prozess. Es handelt sich dabei um einen Vorgang, an dem Zellen aktiv an ihrem eigenen Untergang beteiligt sind. Apoptose ist ein genetisch gesteuertes „Programm" von Ereignissen, das sich durch bestimmte biochemische und morphologische Merkmale von der Nekrose unterscheidet. Zellen, die durch Apoptose aus dem Organismus entfernt werden, haben Schäden akkumuliert oder sind sogar bereits entartet. Durch Apoptose werden auch überflüssig gewordene Zellen aus dem Organismus entfernt, wie weiter unten am Beispiel der Embryogenese erläutert wird. Derart veränderte

Zellen erkennen durch Kontrollmechanismen, dass sie irreversibel geschädigt sind, und starten ein genetisch gesteuertes „Selbstmordprogramm", die Apoptose. Durch das Ausbleiben einer Entzündungsreaktion wird gewährleistet, dass bei einem kontrolliert ablaufenden Suizid einzelner Zellen keine gesunden Nachbarzellen geschädigt werden. Die Entzündung wird dadurch vermieden, dass das gesamte intrazelluläre Material in Membranvesikel verpackt wird. Diese sogenannten „apoptotischen Körperchen" (engl. = *apoptotic bodies*) werden *in vivo* durch benachbarte Fresszellen (z. B. Makrophagen) phagocytiert und abgebaut, bevor es zur Zelllyse kommt.

Bei der Nekrose hingegen kann keine Rede von einem freiwilligen Ableben der Zellen sein. Es handelt sich um einen passiven Vorgang, der dann abläuft, wenn Zellen durch exogene Noxen so stark geschädigt werden, dass ein kontrolliertes Absterben nicht mehr möglich ist. Meist sind äußere Einflüsse wie eine Verletzung des Gewebes die Ursache für die Entstehung einer Nekrose. Die Zellen gehen aufgrund von Hitzeeinwirkung (Hyperthermie), Vergiftung, Strahlen, mechanischen Verletzungen usw. zugrunde. Ein ganz einfaches Beispiel, dass bestimmt jeder Leser im Laufe seines Lebens schon kennengelernt hat, ist das Abschälen der Haut nach einem Sonnenbrand. Diese Reaktion beruht auf dem Absterben der durch die UV-Strahlung geschädigten oberen Hautzellen. In der Regel führt die Nekrose zu einer Entzündungsreaktion, die im Fall des Sonnenbrands an der Hautrötung und der Wärmeentwicklung im betroffenen Areal erkennbar ist. Das beruht zum einen auf der gesteigerten Durchblutung durch die Erweiterung von Gefäßen und zum anderen auf der Freisetzung von Entzündungsmediatoren durch bestimmte Immunzellen (Monocyten/Makrophagen, dendritische Zellen, Mastzellen usw.). Die Entzündungsreaktion ist zwar ein wichtiges, aber nicht das einzige Unterscheidungskriterium zwischen Apoptose und Nekrose. Einige markante Unterschiede sind in ▫ Tab. 6.1

▫ Tab. 6.1 Unterschiede zwischen Apoptose und Nekrose

Unterscheidungsmerkmale	Apoptose	Nekrose
Mechanismus/Steuerung	– programmiert, unter genetischer Kontrolle	– nicht programmiert, ohne genetische Kontrolle
Energiebedarf	– ATP-abhängig	– energieunabhängig
Entzündungsreaktion	– nein	– durch Freisetzung von Enzymen und Metaboliten induzierte Entzündungsreaktion
morphologische Merkmale:		
Zellvolumen	– verringert sich, Zellschrumpfung	– vergrößert sich
Zellorganellen (Mitochondrien)	– bleiben intakt	– Schwellung der Mitochondrien
Chromatinkondensation	– ja	– Auflockerung des Chromatins
DNA-Fragmentierung	– durch den enzymatischen Verdau der DNA entstehen Fragmente definierter Länge	– DNA-Fragmentierung an zufälliger Stelle (Karyolysis), daher entstehen DNA-Fragmente unterschiedlicher Länge
biochemische Merkmale:		
Vesikelbildung	– Abschnürung von apoptotischen Körperchen (*apoptotic bodies*), die intakte Zellorganellen enthalten	– keine Vesikelbildung, völlige Zelllyse
Phagocytose	– Phagocytose durch Nachbarzellen z. B. Leberzellen	– Phagocytose der Zellreste durch Fresszellen (Granulocyten, Makrophagen)
Membranschädigung	– nein, intakte Membran	– ja, Lyse der Plasmamembran

zusammengefasst. Apoptose ist ein wichtiger regulatorischer Prozess, der bereits in der Embryonalentwicklung eine wichtige Rolle spielt. So werden z. B. während der Entwicklung der menschlichen Gliedmaßen zunächst Gewebsknospen zwischen den Fingern und den Zehen (Interdigitalhäute) gebildet, die im Laufe der Entwicklung jedoch wieder absterben. Diese Vorgänge werden durch Apoptose gesteuert, und Hände und Füße erhalten dadurch ihre endgültige Form. Ein anderes Beispiel ist die Modellierung des Nervensystems. Embryonal werden Nervenzellen zunächst im Überschuss produziert. Diejenigen Zellen, die keinen Kontakt zu ihren Nachbarzellen herstellen konnten, gehen jedoch durch Apoptose wieder zugrunde. Dieses Schicksal ereilt etwa 40–85 % der Nervenzellen, denen durch den mangelnden nachbarschaftlichen Kontakt auch Wachstumsfaktoren wie der Nervenwachstumsfaktor (engl. = *nerve growth factor*, NGF) fehlen.

Im Rahmen der Aufrechterhaltung der Gewebehomöostase müssen Zellneubildung und Eliminierung im Gleichgewicht stehen, damit die Integrität des Organismus erhalten bleibt. Gerät dieses Gleichgewicht, aus welchen Gründen auch immer, außer Kontrolle, kommt es zu krankhaften Veränderungen, wie z. B. zu Autoimmunerkrankungen oder Krebs.

Die Apoptose im adulten Organismus ist ebenfalls essenziell und stellt einen Mechanismus dar, um sich selbst zu organisieren und zu erhalten. Sie dient:

- der Kontrolle der Zellzahl und der Gewebsgröße (Gewebehomöostase);
- der Regeneration von Geweben (z. B. Haut, Magen- und Darmepithel, Riechepithel);
- dem Abbau von Immunzellen, die nach verrichteter Arbeit überflüssig geworden sind und aus dem Organismus entfernt werden;
- der Eliminierung entarteter Zellen zum Schutz des Organismus vor Krebs;
- der Selektion von geschädigten Keimzellen: 95 % der Keimzellen werden vor Erreichen ihrer Reife eliminiert, um eine Weitergabe genetisch nicht einwandfreien Materials auf die Nachkommen zu verhindern;
- bei stillenden Müttern der Rückbildung der Brust nach dem Abstillen.

Anhand dieser Aufstellung wird deutlich, dass ein geordneter Ablauf der Apoptose von großer Bedeutung ist. Eine Fehlregulation kann in zweierlei Hinsicht fatale Konsequenzen für den Organismus haben: Ein übersteigertes Maß an Apoptose führt zu großen unerwünschten Zellverlusten im Gewebe, was die Entwicklung von degenerativen Erkrankungen nach sich ziehen kann. Die Inhibition der Apoptose dagegen kann zur Dysregulation der Zellproliferation führen und damit zur Entstehung von Krebs beitragen. Wie das zusammenhängt, wird am Ende des Kapitels thematisiert.

6.2.1 Phasenverlauf der Apoptose

Der Startschuss für die Apoptose kann durch verschiedene Faktoren ausgelöst werden, die über unterschiedliche Signaltransduktionswege in der Zelle zur Apoptose führen. Bisher sind zwei Wege bekannt, über die diverse apoptotische Signale zur Auslösung der Apoptose führen. Man unterscheidet hier den extrinsischen Signalweg über sogenannte „Todesrezeptoren", wie TNF-R (Tumornekrosefaktor-Rezeptor) oder Fas (CD95 oder Apo-1), und den intrinsischen Signalweg, der über das Mitochondrium verläuft. Der intrinsische Signalweg kann über todesrezeptor-vermittelte und todesrezeptor-unabhängige Signalwege erfolgen.

Der Ablauf der apoptotischen Ereignisse ist in Phasen gegliedert. Die Initiatorphase, in der diverse Stimuli auf die Zelle treffen können, wird auch als *private pathway* bezeichnet. Sie ist innerhalb der unterschiedlichen Zellen die variabelste Phase. Ihr folgt die evolutionär konservierte Effektorphase, in der die Signale in regulative Muster umgesetzt werden. Über den weiteren Verlauf und das Schicksal der Zelle entscheidet letztlich die intrazelluläre Balance von pro- und antiapoptotischen Molekülen. Am Ende der Kaskade steht die Exekutions- oder Degradationsphase, in der die proteolytische Spaltung von Proteinen erfolgt. Dies hat den Verlust zellulärer Strukturen und Funktionen zur Folge und führt schließlich zum Zelltod. An dieser Stelle des Geschehens werden die biochemischen und morphologischen Charakteristika der Apoptose deutlich.

6.2.2 Schlüsselmoleküle der Apoptose

Um die Signalwege der Apoptose verstehen zu können, muss man sich zunächst mit den beteiligten regulatorischen Schlüsselmolekülen beschäftigen. Davon gibt es zwar eine ganze Menge, jedoch sollen hier primär die Caspasen und die Mitglieder der Bcl-2-Proteinfamilie etwas näher besprochen werden.

- Caspasen

In beiden Signaltransduktionswegen der Apoptose spielen Enzyme, die Caspasen, eine entscheidende Rolle. Es handelt sich dabei um eine Proteinfamilie intrazellulärer Proteasen, die selbst cysteinreich sind und ihre jeweiligen Substratproteine selektiv an Aspartatresten spalten. Diese Proteasen gehören zur Familie der Interleukin-1β-Converting-Enzyme (ICE), die später in Caspasen umbenannt wurden. Beim Menschen sind bisher 14 verschiedene Caspasen identifiziert worden, von denen sieben an der Apoptose beteiligt sind. Caspasen werden als inaktive Vorstufen (Proenzyme) synthetisiert und müssen in apoptotischen Zellen erst durch Eigenproteolyse oder andere Proteine gespalten werden. Diese prozessierte Form weist eine große Untereinheit von ca. 20 kDa und eine kleine Untereinheit von etwa 10 kDa auf. Caspasen können selbst bei der Regulation bzw. Initiation der Apoptose eine Rolle spielen (Initiatorcaspasen). Einmal aktiviert, erfolgt die Signalweiterleitung dadurch, dass sie die Spaltung und Aktivierung einer weiteren, stromabwärts gelegenen Verstärkercaspase katalysieren. Deren Aktivierung erfolgt über eine Oligomerisierung. Das Schlusslicht in der apoptotischen Reaktionskaskade sind die Exekutionscaspasen. Sie werden durch eine Initiatorcaspase gespalten und dabei aktiviert. Die zelltodbringenden Exekutionsproteasen spalten zahlreiche Substrate, zu denen sowohl cytoplasmatische Faktoren (Proteinkinasen, Cytoskelettelemente) als auch nucleäre Proteine (z. B. die Poly-ADP-Ribosyl-Polymerase PARP, Lamin, Bid, XIAP, DNAse-Inhibitoren, DNA-Reparaturproteine u.v. a.) gehören. Die dadurch induzierten Veränderungen münden in die Kennzeichen apoptotischer Zellen.

Die Caspasen lassen sich aufgrund ihrer Position in den Apoptosesignalwegen in vorgeschaltete Initiatorcaspasen und ausführende Effektorcaspasen einteilen. Diese Gliederung spiegelt sich auch in unterschiedlichen Strukturmerkmalen, den Prodomänen, wider. Diese befinden sich am N-Terminus von inaktiven Caspasen, die auch Procaspasen genannt werden. Die Initiatorprocaspasen, wie z. B. die Procaspasen-8 und -9, besitzen lange Prodomänen. An diese können aktivierende Proteine, wie beispielsweise FADD (engl. = *Fas associated death domain*) bzw. Apaf-1 (engl. = *apoptic protease activation factor*-1), binden. Zur Gruppe der Initiatorcaspasen gehören außer den schon genannten auch die Caspasen-2 und -10. Im Gegensatz zu den Initiatorcaspasen findet man bei den Effektorprocaspasen kurze Prodomänen. Zu ihnen werden die Caspasen-3, -6 und -7 gezählt. Die Aktivierung der Procaspase zur aktivierten Caspase erfolgt durch die proteolytische Abspaltung dieser Prodomänen. Aktivierte Caspasen können ihre eigene Procaspase (Autokatalyse) und auch andere Procaspasen aktivieren, indem sie deren Prodomänen abspalten. Dadurch werden proteolytische Kaskaden in Gang gesetzt, die das apoptotische Anfangssignal verstärken.

- Bcl-2-Proteinfamilie

Die Caspasen sind nicht die einzigen Schlüsselmoleküle, die das apoptotische Geschehen steuern. Es gibt eine ganze Reihe von weiteren Faktoren, die Einfluss auf das Schicksal der Zellen nehmen. Zu ihnen gehören die Mitglieder der Bcl-2-Proteinfamilie (engl. = *B cell lymphoma*), von denen bisher 20 verschiedene beim Menschen beschrieben wurden. Es handelt sich um kleine regulatorische Proteine, die vermutlich alle an der Regulation der Apoptose beteiligt sind. Innerhalb dieser Proteinfamilie existieren pro- und antiapoptotische Proteine, wobei das relative Verhältnis der jeweiligen Antagonisten für die Empfindlichkeit oder Resistenz von Zellen gegenüber diversen apoptotischen Stimuli verantwortlich ist. Einige Bcl-2-Mitglieder fungieren als Apoptoseinhibitoren (z. B. Bcl-2, Bcl-xL, Bfl-1, Mcl- 1, Boo und Bcl-W), während beispielsweise Bax, Bid, Bak, Bok,

Bik, Hrk, Bad und einige andere die Apoptose fördern. Auch eine hohe p53-Aktivität stimuliert die Expression proapoptotischer Faktoren. So wird z. B. die Transkription des Bax-Proteins, *in vivo* ein Tumorsuppressor, indirekt durch p53 reguliert.

Die Mitglieder der Bcl-2-Proteinfamilie regulieren die Freisetzung von Cytochrom c aus dem Mitochondrium im intrinsischen Weg. Viele der Bcl-2-Proteine sind konstitutiv in der Mitochondrienmembran lokalisiert, um die Freisetzung apoptogener Faktoren (bekanntestes Beispiel ist das Cytochrom c) zu regulieren. Dabei erleichtern proapoptotische Bcl-2-Proteine wie Bax und Bad die Freisetzung dieser Faktoren, sodass die Apoptose induziert wird, während die antiapoptotischen Mitglieder die Freisetzung von Cytochrom c unterdrücken und die Apoptose inhibieren.

- Weitere Apoptoseinhibitoren

Die antiapoptotischen Mitglieder der Bcl-2-Proteinfamilie sind nicht die einzigen Apoptoseinhibitoren. So zählt die Proteinfamilie der IAPs (engl. = *inhibitors of apoptosis*) ebenfalls zu den wichtigsten bisher charakterisierten Apoptosehemmern in menschlichen Zellen. Eine vorübergehende Überexpression von XIAP, cIAP-1, cIAP-2 oder Survivin vermindert die Sensitivität von Zelllinien gegenüber einer Vielzahl von Apoptosestimuli wie z. B. Cytostatika oder Strahlung.

6.2.3 Signalwege der Apoptose

Es existieren zahlreiche Wege für die Aktivierung der Caspasen, allerdings sind bisher nur zwei im Detail aufgeklärt. Diese beiden sollen hier kurz vorgestellt werden.

- Extrinsischer Apoptosesignalweg

Am extrinsischen Signalweg sind der Todesrezeptor und sein Ligand, die Initiatorcaspasen-8 und/oder -10 und die Exekutionscaspasen beteiligt. Todesrezeptoren zeichnen sich durch den Besitz einer cytoplasmatisch gelegenen Todesdomäne (engl. = *death domain*) aus, die die Apoptose induzieren kann. Die beteiligten Rezeptoren sind Mitglieder der TNF-Rezeptor-Superfamilie (engl. = *tumor necrosis factor*), zu denen z. B. der TNF-Rezeptor und der Fas-Rezeptor als bekannteste Vertreter gehören. Die natürlichen Liganden von TNF-Rezeptoren sind entweder TNF selbst oder andere Cytokine. Der Fas-Rezeptor (synonym CD95, Apo-1) dagegen bindet nur Fas als spezifischen Liganden. Daneben gibt es noch das TRAIL-Rezeptorsystem (engl. = *tumor necrosis factor related apoptosis inducing ligand*), von dem man weiß, dass es Apoptose in vielen transformierten Zellen, vor allem aber in Tumorzellen, induziert. Todesrezeptoren weisen keine enzymatische Aktivität auf, weshalb sie intrazellulär von sogenannten Adaptorproteinen rekrutiert werden. FADD bindet an den Fas-Rezeptor, TRADD (engl. = *tumor necrosis factor alpha receptor 1 associated death domain*) an den TNF-R1-Rezeptor. Nachfolgend kommt es intrazellulär zur Bildung des DISC-Komplexes (engl. = *death inducing signaling complex*). Dies hat die Aktivierung der Initiatorprocaspase-8 zur Folge. Die aktive Caspase-8 aktiviert wiederum die Exekutionscaspase (z. B. Caspase-3), die dann letztendlich zur Apoptose der Zelle führt (◘ Abb. 6.2). Die Procaspase-8 kann sich jedoch auch autokatalytisch durch eine hohe lokale Konzentration ihrer inaktiven Form aktivieren. Dadurch kommt es zu einer kaskadenartigen Verstärkung der Reaktion. Außer der Caspase-8 können auch die Procaspase-10 oder cFLIP (engl. = *cellular FLICE inhibitory protein*, ein Proteasominhibitor) an das Adaptorprotein FADD binden. Procaspase-10 bzw. Caspase-10 führt zur Induktion der Apoptose, cFLIP unterbindet die Apoptoseinduktion.

- Intrinsischer Apoptosesignalweg

Der intrinsische Signalweg kann sowohl rezeptorunabhängig als auch unter Beteiligung des Todesrezeptors in Gang gesetzt werden. Interne Signale wie Mutationen oder oxidativer Stress bzw. alternativ die Bindung eines Liganden (z. B. TNF-α) an den Todesrezeptor-vermittelte bringen das Rad der Apoptose ins Rollen. Der todesrezeptor-vermittelte Signalweg läuft zunächst parallel

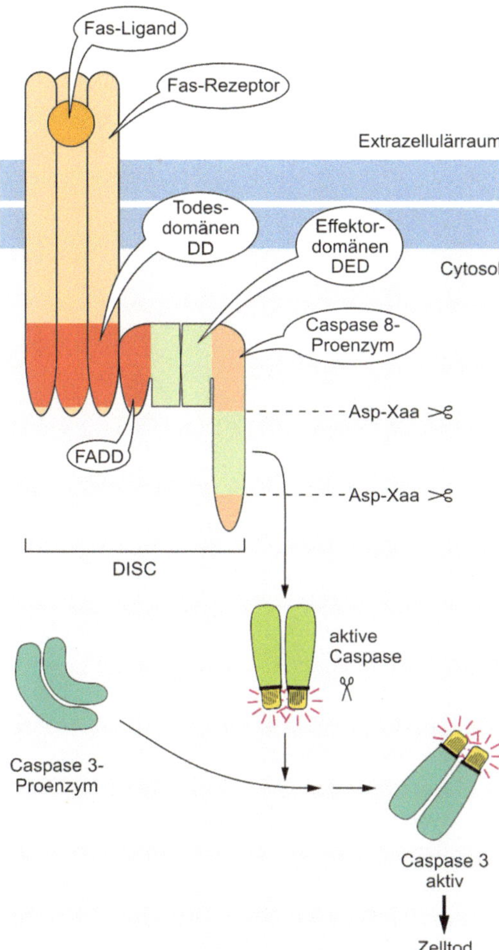

Abb. 6.2 Fas-vermittelte Apoptose. Der Ligand Fas-L induziert die Oligomerisierung von Fas-Rezeptoren, die über ihre cytosolischen DD-Domänen Adapterproteine vom Typ der FADD (Fas-assoziierte DD-Proteine) rekrutieren. FADD besitzt DED-Domänen (engl. = *death effector domain*), die die Caspasen-Kaskade über Procaspase-8 und Procaspase-3 in Gang setzen. Alternativ können auch der TNF-Rezeptor R1 und TRADD (engl. = TNF-R1-*associated protein with death domains*) die Kaskade auslösen (DISC engl. = *death-induced signaling complex*). (Mit freundlicher Genehmigung von Herrn Prof. Dr. Werner Müller-Esterl)

zum extrinsischen Signalweg bis zur Aktivierung der Caspase-8 oder -10. Die Caspasen aktivieren dann das Bcl-2-Protein Bid, dessen aktivierte Form wiederum auf das Mitochondrium und dessen Permeabilität wirkt. Die Permeabilisierung (Durchlöcherung) der äußeren Mitochondrienmembran führt z. B. zur Freisetzung von Cytochrom c ins Cytoplasma. Cytochrom c bildet mit dem Protein Apaf-1, ATP und der Procaspase-9 einen Komplex, das sogenannte Apoptosom. Dies führt zur Aktivierung der Initiatorprocaspase-9, infolge dessen es zur Aktivierung der Effektorcaspase-Kaskade kommt.

Die Veränderungen an den Mitochondrien werden durch Mitglieder der Bcl-2-Proteinfamilie reguliert. Verschiedene Stimuli induzieren die Apoptose auch direkt, ohne die Beteiligung der Rezeptoren, über den intrinsischen Signalweg. Ein Beispiel sind Chemotherapeutika, die über p53 auf das Mitochondrium wirken, oder DNA-Schäden (Abb. 6.3).

Das Thema „Apoptose" ist mindestens genauso interessant wie komplex und zudem ein rasant expandierendes Forschungsgebiet. Das erkennt man allein daran, dass pro Jahr mehrere Tausend Publikationen zu diesem Thema veröffentlicht werden. Für ihre Entdeckungen bezüglich der genetischen Regulation der Organentwicklung und des programmierten Zelltods erhielten die beiden Briten Sydney Brenner und John Sulston sowie der Amerikaner Robert Horvitz im Jahre 2002 gemeinsam den Nobelpreis für Medizin.

In jüngster Zeit rücken zunehmend andere, caspaseunabhängige Formen des programmierten Zelltods in den Vordergrund des Interesses [2–4]. In verschiedenen Zellsystemen wurde beobachtet, dass es evolutionär konservierte Signalwege für den Zelltod gibt, in denen die „modernen" Caspasen gar nicht benötigt werden. Solche Mechanismen wurden *in vivo* bei der Negativselektion von Lymphocyten in der Maus, beim Abbau der embryonalen Interdigitalhäute, beim Zelltod von Chondrocyten sowie bei der TNF-vermittelten Leberschädigung beobachtet. Nicht zuletzt wurde von mehreren Autoren der caspaseunabhängige Zelltod im Nervensystem beschrieben. Alle bisher beobachteten Formen des caspaseunabhängigen Zelltods können aufgrund ihrer morphologischen Charakteristika nicht mehr der klassischen Apoptose zugeordnet werden. Daher unterscheidet man drei Arten des Zelltods:

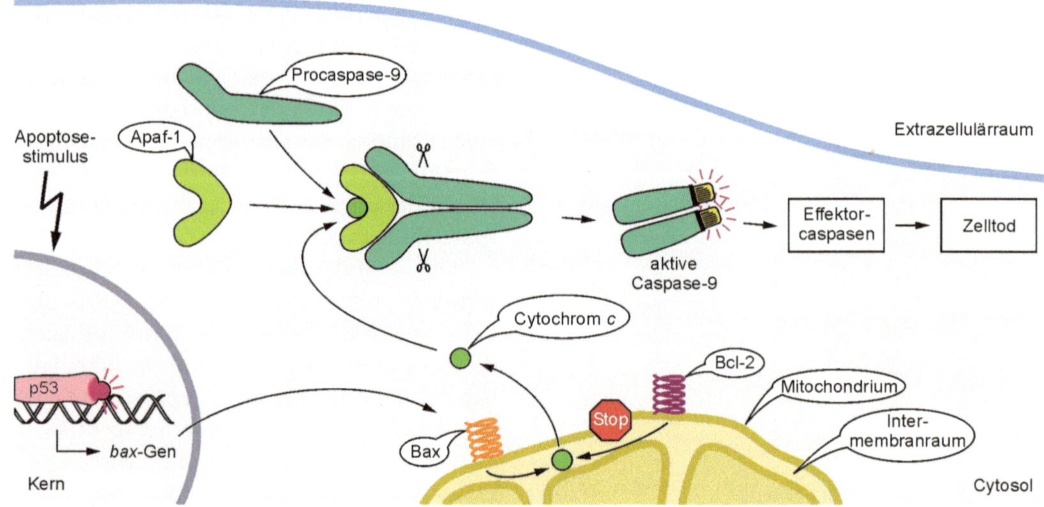

Abb. 6.3 DNA-Schädigung, Hitzeschock, Hypoxie oder Einwirkung von Glucocorticoiden schalten über den p53-Signalweg die Expression des *bax*-Gens an. Ein homodimerer Bax-Kanal reguliert offenbar die Freisetzung von Cytochrom c an der äußeren Mitochondrienmembran; Bcl-2 hemmt diesen Effekt. In Kombination mit Cytochrom c aktiviert Apaf-1 die Effektorcaspase-9 (Apaf-1 = Apoptose-Proteasen aktivierender Faktor; Bcl-2 = *B-cell lymphoma*; Bax = Bcl-2-assoziiertes Protein x). (Mit freundlicher Genehmigung von Herrn Prof. Dr. Werner Müller-Esterl)

1. Klassische Apoptose: Die Chromatinkondensation führt zu kompakten geometrischen Formen, die kugelförmig bzw. sichelförmig sind. Typische Merkmale sind der Transfer von Phosphatidylserin an die Außenseite der Plasmamembran, welches das *eat-me*-Signal für Makrophagen darstellt, die Schrumpfung des Cytoplasmas und die aktive, als „Zeiose" oder *blebbing* bezeichnete Abschnürung von Membranvesikeln, die primär auf die Beteiligung der Caspase-3 zurückgeführt wird.
2. Apoptoseartiger programmierter Zelltod: Das sind Formen des caspaseunabhängigen Zelltods, mit einer weniger stark ausgeprägten Chromatinkondensation. Die Zelle zeigt dennoch apoptotische Merkmale wie etwa die Externalisierung von Phosphatidylserin oder eine Schrumpfung des Cytoplasmas.
3. Nekroseartiger programmierter Zelltod: Es wird keine oder allenthalben eine „fleckige" Chromatinkondensation ohne geometrische Strukturen beobachtet. Apoptoseartige Merkmale wie die Externalisierung von Phagocytosemarkern (Phosphatidylserin) erscheinen in variablem Umfang.

   Hierbei muss erwähnt werden, dass einige Formen des nekroseartigen programmierten Zelltods auch als „abgebrochene Apoptose" bezeichnet werden. Das beruht darauf, dass die klassische Apoptose zwar initiiert, jedoch auf der Ebene der Caspaseaktivierung blockiert wird. Anschließend führen caspaseunabhängige Signalwege zum Zelltod.

In den letzten zehn Jahren sind zahlreiche Veröffentlichungen erschienen, die sich mit den unterschiedlichen Arten der Apoptose und den beteiligten Schlüsselmolekülen, den Caspasen, beschäftigen [4]. Auch die Schnittstelle zwischen Apoptose und Autophagie ist dabei immer mehr ins Zentrum des wissenschaftlichen Interesses gerückt [5, 6], daher wird das Thema „Autophagie" weiter unten in diesem Kapitel noch detaillierter behandelt. Doch zunächst zurück zur Apoptose – mit welchen Methoden kann man Apoptose experimentell untersuchen? Welche Strategie am sinnvollsten ist, hängt entscheidend davon ab, welches Ausgangsmaterial dem Experimentator zur Verfügung steht. Eine Entscheidungshilfe könnte dabei Abb. 6.4 sein.

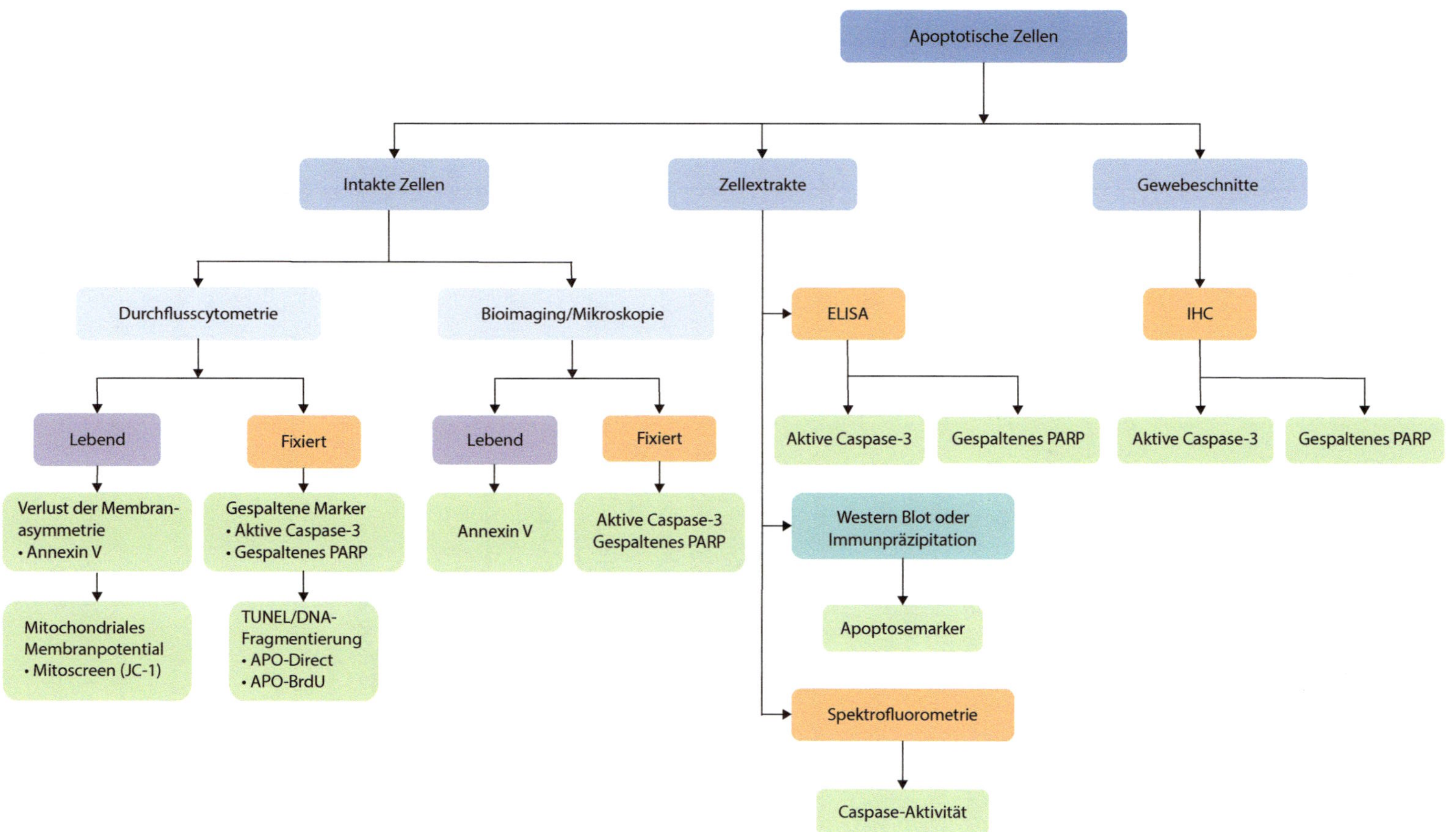

Abb. 6.4 Entscheidungswege zur Analyse von Apoptose in Zellen, Zellextrakten und Gewebeschnitten. (© BD Biosciences, verwendet mit freundlicher Genehmigung)

Ein inzwischen zum Klassiker gewordener Assay zur Bestimmung apoptotischer und/oder nekrotischer Zellen in einer zu testenden Zellpopulation ist der **FITC-Annexin-V-Apoptose-Assay**. Das Nachweisprinzip beruht darauf, dass sich im Verlauf des apoptotischen Geschehens Modifikationen an der Zellmembran abspielen, die mit der Translokation des Moleküls Phophatidylserin (PS) von der Innenseite der Membran auf die Außenseite einhergehen [7, 8]. Durch die Expression von PS auf der Außenseite wird es für ein anderes Molekül, nämlich Annexin V, zugänglich und kann dann detektiert werden. Dabei handelt es sich um ein Phospholipid-bindendes Protein, welches in einer Calcium-abhängigen Affinitätsreaktion an PS bindet. Durch die Detektion von Annexin V, an welches der Fluoreszenzfarbstoff Fluoresceinisothiocyanat (FITC) gekoppelt ist, können Zellen in der Frühphase der Apoptose identifiziert werden. Spät apoptotische und nekrotische Zellen hingegen werden mit Propidiumjodid (PI) angefärbt, da deren Membranen geschädigt und dadurch durchlässig für den Farbstoff geworden sind. Eine unkomplizierte Methode für die Detektion apoptotischer Zellen ist der Nachweis mittels Durchflusscytometrie [9]. An dieser Stelle wird der Einfachheit halber exemplarisch ein Protokoll für Suspensionszellen (z. B. aus peripherem Blut isolierte Lymphocyten) vorgestellt. Auch hier kommt wieder ein Kit zum Einsatz, nämlich der BD Pharmingen™ FITC Annexin V Apoptosis Detection Kit I, den es übrigens auch für adhärente Zellen gibt.

6

▪▪ Was man für den FITC-Annexin-V-Apoptose-Assay braucht

- BD Pharmingen™ FITC Annexin V Apoptosis Detection Kit I
- FACS-Röhrchen
- Zentrifuge
- Durchflusscytometer

▪▪ Vorbereitende Arbeiten

- 10× Bindungspuffer: 1× Bindungspuffer durch 1:10 Verdünnung mit *A. dest.*
- Annexin V und auch die Propidiumjodid-Lösung sind *ready to use*

▪ Protokoll für den BD Pharmingen™ FITC Annexin V Apoptosis Detection Kit I (BD Biosciences)

1. Lymphocyten 2× mit kaltem PBS waschen.
2. Zentrifugation für 5 min bei RT mit 300 × g, Überstand verwerfen.
3. Pellet in 1× Bindungspuffer resuspendieren, Zellzahl auf 1×10^6/ml einstellen.
4. Für jede Probe 100 µl (1×10^5 Zellen) in ein 5-ml-FACS-Röhrchen überführen.
5. Zugabe von 5 µl Annexin V und 5 µl Propidiumjodid zu jeder Probe.
6. Vorsichtig vortexen und für 15 min bei RT im Dunkeln inkubieren.
7. Zugabe von 400 µl 1× Bindungspuffer zu jeder Probe.
8. Folgende Kontrollproben werden für die Kompensation und die spätere Darstellung im Histogramm benötigt:
   1. Ungefärbte Zellen (A/P).
   2. Zellen nur mit FITC-Annexin V (A^+/P) angefärbt.
   3. Zellen nur mit Propidiumjodid (A/P^+) angefärbt.
9. Analyse aller Proben am Durchflusscytometer innerhalb 1 h durchführen.

Tipp

Optional kann man vor Beginn der Färbung eine Behandlung der Zellen mit Accumax für 5 min bei 37 °C durchführen. Accumax ist ein Dissoziationsreagens, welches die Bildung von Zellaggregaten verhindert und dadurch die Genauigkeit von automatisierten und manuellen Zellzählungen erhöht. Zellklumpen verfälschen jedoch nicht nur Zellzählungen, sondern auch die Analysen am Durchflusscytometer. In beiden Fällen ist für eine korrekte Messung eine Einzelzellsuspension zwingende Voraussetzung. Sind Aggregate vorhanden, so erscheinen sie im Durchflusscytometer als Dubletten.
Nach der Färbung und der Kompensation sieht man typischerweise ein Histogramm wie in ▣ Abb. 6.5 dargestellt.

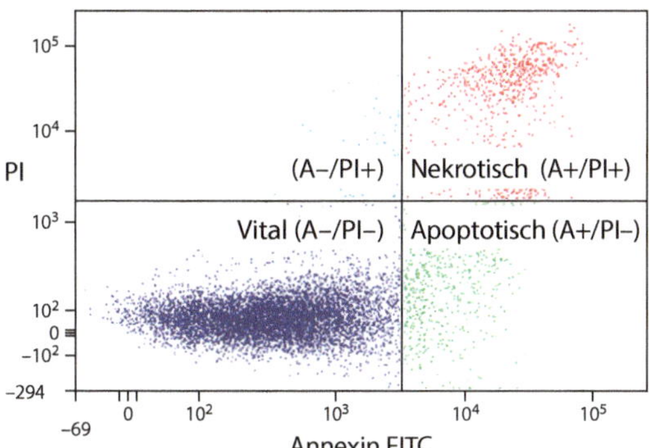

Abb. 6.5 Dot-Plot-Histogramm nach der Färbung apoptotischer und nekrotischer Zellen mit dem FITC-Annexin V Apoptosis Detection Kit I. Vitale Zellen sind weder für FITC-Annexin V noch für PI positiv und befinden sich im linken unteren Quadranten. Apoptotische Zellen sind FITC-Annexin-V-positiv, aber PI-negativ und liegen im rechten unteren Quadranten. Darüber befinden sich spät apoptotische/nekrotische Zellen, die für beide Fluorchrome positiv sind. Im oberen linken Quadranten tauchen einige Zellen auf, die für FITC-Annexin V negativ, hingegen aber PI-positiv sind. Dabei handelt es sich um Zellen, die durch den Isolierungsprozess mechanisch geschädigt wurden. Sie haben durchlässige Membranen, sodass PI eindringen kann, jedoch wird kein FITC-Signal detektiert, weil kein PS auf der Zelloberfläche exprimiert wird.

Weitere Assays zum Nachweis der Apoptose beruhen auf biochemischen Parametern wie der Aktivierung bestimmter Caspasen, der Freisetzung von Cytochrom *c* und AIF (*apoptosis inducing factors*) aus dem Mitochondrium oder dem irreversiblen Kennzeichen der Spätphase der Apoptose, nämlich der Fragmentierung des gesamten Zellinhaltes mit anschließender Verpackung in apoptotische Körperchen (*apoptotic bodies*), die in ihrem Innern Organellen, Kernfragmente und kondensiertes Cytoplasma enthalten. Eine alternative Methode zur Durchflusscytometrie besteht darin, früh auftretende DNA-Strangbrüche zu detektieren, die an den freien Bruchenden Hydroxlygruppen (3'-OH-Gruppen) tragen. Durch das Enzym TdT (*terminal deoxynucleotidyl transferase*) können an den Bruchenden inkorporierte Fluorochrom-markierte Nucleotide nachgewiesen werden, die aufgrund der Fluoreszenz mikroskopisch sichtbar gemacht werden können. Dieses Nachweisverfahren ist unter dem Namen **TUNEL-Assay** (*TdT-mediated dUTP-biotin nick end labeling*) bekannt. Auch für diesen Assay gibt es inzwischen zahlreiche Kits verschiedener Hersteller auf dem Markt. Untersucht man allerdings Zellen mit einer eher geringen Anzahl von Strangbrüchen, ist man gut damit beraten, einen Kit zu wählen, der eine Signalverstärkung (Biotin-Avidin, Digoxigenin) beinhaltet.

Eine methodisch interessante Variante für diesen Assay bietet das „Dead End™ Fluorometric TUNEL System“ von Promega, bei dem in einem Ko-Kultursystem einige Zellen GFP (*green fluorescent protein*) exprimieren [10]. Durch den Einsatz eines dritten kompatiblen Farbstoffs (Cytox Orange) können zusätzlich alle Zellen sichtbar gemacht werden. Dadurch ist es möglich, für jeden Zelltyp in der Ko-Kultur den prozentualen Anteil der apoptotischen Zellen zu bestimmen.

6.3 Autophagie (Autophagocytose)

Sterben oder nicht sterben: Das ist die autophagische Frage. Doch halt – erst mal von Anfang an. Um zu verstehen, was Autophagie bzw. Autophagocytose bedeutet, muss man sich zunächst auch hier wieder die Herkunft des Wortes vor Augen führen. Der Begriff setzt sich zusammen aus dem altgriechischen Wort *autos*, was „selbst“ bedeutet, dem Wort *phagein*, was für „fressen“ steht und schließlich noch *cytos* für „Zelle“. Letzteres dürfte dem Leser ja schon aus ▶ Kap. 1 bekannt sein. Übertragen heißt Autophagie demnach nichts anderes als „sich selbst fressen“. Man beschreibt mit dem Begriff eine Form von zellulärem „Selbstkannibalismus“ durch den Verdau von zelleigenem Material, welches im Lysosom oder der Vakuole abgebaut wird. Ja, Sie haben richtig gelesen, denn Selbstverwertung ist unter bestimmten Umständen von der Natur durchaus vorgesehen. Unter diesem Gesichtspunkt betrachtet ist Autophagie nichts anderes als eine Stressantwort eukaryotischer Zellen auf eine Erschöpfung der verfügbaren Nährstoffe und/oder auf die Akkumulation geschädigter Zellorganellen [11, 12].

Die Tatsache, dass Autophagie in allen Eukaryoten evolutionär konserviert ist, unterstreicht ihre physiologische Bedeutung und erklärt, warum der Prozess in den letzten Jahren mehr und mehr in den wissenschaftlichen Fokus von Biologen und Medizinern gerückt ist. Das zunehmende Bewusstsein über den immensen Stellenwert lenkte schließlich die Aufmerksamkeit des Nobelpreiskomitees auf den japanischen Zellbiologen Yoshinori Ohsumi. Dieser hatte bereits seit Anfang der 1990er-Jahre seine zukunftsweisenden Arbeiten auf dem Gebiet des autophagischen „Biorecyclings" publiziert und wurde dafür im Jahr 2016 mit der Verleihung des Nobelpreises für Physiologie und Medizin ausgezeichnet.

Zellen, die sich selbst verdauen, helfen Hungerphasen zu überbrücken oder Krebs vorzubeugen [12, 13]. Autophagie ist damit ein fundamentaler Prozess zur Gesunderhaltung der Zelle, denn beim Betrieb der komplexen Zellmaschinerie fällt ständig störender Zellabfall an. Autophagie kann daher auch als Reinigungsprozess verstanden werden [14]. Beim zellulären Hausputz werden nicht nur alte Proteinbrocken, sondern sogar ganze defekte Organellen als unerwünschtes Sperrgut ausgesondert, verdaut und die dadurch recycelten Bausteine erneut zur Verfügung gestellt. Das wirkt wie eine Verjüngungskur für die Zellen, ist aber besonders für jene Zellen von größter Bedeutung, die nicht ersetzt werden können. Das wird am Beispiel der Neuronen deutlich, die sonst keine Alternative haben, um ihre Maschinerie zu erneuern und dadurch den störungsfreien Betrieb aufrechtzuerhalten. Inzwischen gilt eine Beteiligung der Autophagie bei neurodegenerativen Erkrankungen als belegt [15], da man abnorme Autophagosomen in den betroffenen Neuronen entdeckt hat. Darüber hinaus wird auch die Rolle der Autophagie in entzündlichen Erkrankungen wie Morbus Crohn und Systemischer Lupus erythematodes (SLE) immer besser untersucht und verstanden [16].

6.3.1 Phasenverlauf der Autophagie

Der Selbstverdauungsprozess verläuft in Phasen. Die Induktionsphase der Autophagie kann durch eine Reihe verschiedener Signale an der äußeren Zellmembran in Gang gesetzt werden. Dazu gehören Mangel an Nährstoffen, Wachstumsfaktoren oder Sauerstoff, aber auch oxidativer Stress und Hitze haben induzierende Wirkung. Der nächste Schritt im autophagischen Geschehen ist die Keimbildung. Dabei werden ein Teil des Cytosols und/oder beschädigte Organellen von einer isolierenden Doppelmembran, der Phagophore, umschlossen. Die Herkunft der Phagophorenmembran ist noch immer ungeklärt, es kommen das Endoplasmatische Reticulum, Golgi-Apparat, Mitochondrien als auch Endosomen als beteiligte Strukturen infrage. Dann folgen die Expansion der Phagophore und die Frachterkennung. Die Phagophore wächst durch Expansion unter Verwendung weiteren Membranmaterials und durch Einschluss kleinerer Cytoplasmamengen mit beschädigten Proteinen und/oder Organellen. Die Doppelmembran verschließt sich schließlich und am Ende dieser Phase hat sich ein autophagisches Doppelmembranvesikel gebildet, das Autophagosom genannt wird. Dieses entledigt sich der Membranproteine, die an seiner Bildung beteiligt waren (Proteinrecycling), und die Fracht wird ins Cytoplasma rückgeführt. Als Nächstes folgt die Fusion, wobei die Außenmembran des Autophagosoms mit der eines Lysosoms verschmilzt und auf diese Weise das Autolysosom bildet. Das enthaltene zelluläre Material (autophagische Körper) wird nun in das Lumen entlassen. Die freigegebene Fracht, einschließlich der inneren Membran, wird nun von lysosomalen Enzymen (Hydrolasen, pH 4,5–5) degradiert. Anschließend erfolgt das Recycling, wobei die chemischen Bausteine der Fracht, insbesondere Aminosäuren, ins Cytoplasma abgegeben und dort recycelt werden [14]. Die daraus entstandenen „Rohstoffe" können von der Zelle erneut verwendet werden. Eine vereinfachte schematische Darstellung dieser Vorgänge gibt ◻ Abb. 6.6 wieder.

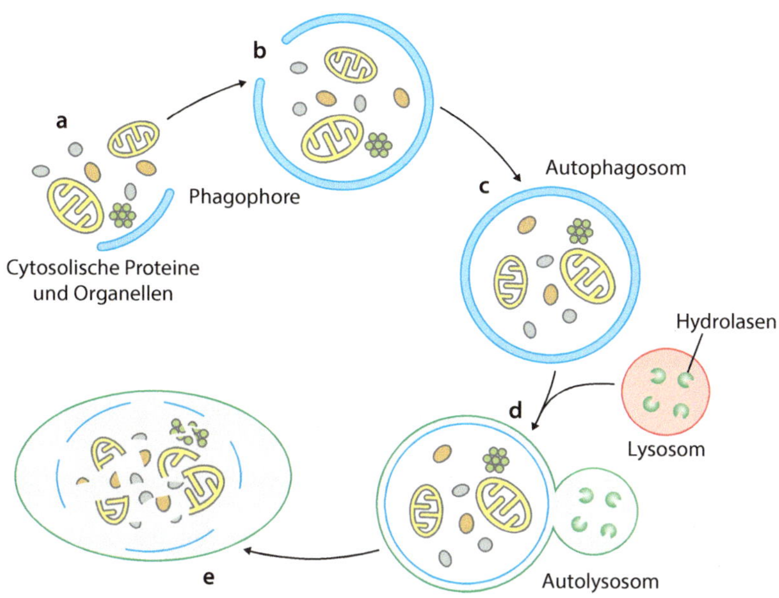

Abb. 6.6 Schematische Darstellung der Autophagie. (**a, b**) Cytosolisches Material wird durch einen expandierenden Membransack, die Phagophore, abgesondert, was zur Bildung eines Doppelmembranvesikels, dem Autophagosom, führt (**c**); die Außenmembran des Autophagosoms verschmilzt danach mit einem Lysosom, wobei die Membraninnenseite des Autophagosoms lysosomalen Hydrolasen ausgesetzt wird (**d**); das die Fracht enthaltende Membrankompartiment wird dann lysiert und der Inhalt degradiert (**e**). (Aus: Z. Yang, D.J. Klionsky [17])

Ganz grundsätzlich lassen sich zwei verschiedene Arten bei der Autophagie unterscheiden, nämlich nicht-selektive und selektive Autophagie. Bei der nicht-selektiven Form wird wahllos Cytosol inklusive aller darin enthaltenen Organellen in das Autophagosom eingeschlossen und der Inhalt in der Vakuole abgebaut. Charakteristisch für die selektive Autophagie hingegen ist, dass spezifische Organellen, Proteinaggregate oder auch defekte oder falsch gefaltete Proteine und Enzyme durch Rezeptoren erkannt, im Autophagosom verpackt und schließlich dem Abbau in der Vakuole zugeführt werden.

Eine andere Unterteilung beruht auf mechanistischen Unterschieden. Deshalb wurden bisher drei verschiedene Formen der Autophagie in der Fachliteratur beschrieben: Makroautophagie (MA), Mikroautophagie und Chaperon-vermittelte Autophagie (engl. *chaperone* = „Anstandsdamen"; Hilfsproteine, die bei der korrekten Faltung neu synthetisierter Proteine „helfen") [17]. Makro- und Mikroautophagie sind durch dynamische Umstrukturierungen der Membran gekennzeichnet, die zum Ziel haben, zelleigenes Material zu umschließen und in die Vakuole zu transportieren. Im Gegensatz dazu erfolgt bei der Chaperon-vermittelten Autophagie die Aufnahme des Materials auf direktem Weg über die Translokation von ungefalteten löslichen Proteinen durch die Vakuolenmembran. Das erfordert die Aktivität cytosolischer und lysosomaler Chaperone, die die Substrate entfalten. Das Chaperonprotein „schnappt" sich das zu degradierende Protein und begleitet es zum Lysosm. Die Mikroautophagie schließlich ist von allen Formen der Autophagie bisher am wenigsten gut untersucht und daher noch nicht gut verstanden. Bisher bekannt ist, dass das cytoplasmatische Material durch Abtrennung oder Einstülpung (Invagination) direkt an der Lysosomenoberfläche in das Lysosom aufgenommen wird. Dieser Vorgang erinnert an die klassische Phagocytose, nur mit dem Unterschied, dass der mikroautophagische Ort des Geschehens die Lysosomenmembran ist.

6.3.2 Regulation der Autophagie

Autophagie wird hauptsächlich über den mTOR-Komplex (*mechanistic Target of Rapamycin* = mechanistisches Ziel des Rapamycins) reguliert. mTOR kommt in allen Säugetieren vor und ist ein für das Zellüberleben, die Proliferation und für das zelluläre Wachstum bedeutendes Enzym, welches durch Anhängen von Phosphatgruppen an andere Proteine und Enzyme deren Aktivität bewirkt. Da mTOR indirekt an das Immunsuppressivum Rapamycin bindet, induziert dessen Hemmung die immunsupprimierende Wirkung des Rapamycins.

MA wird durch den ULK-Komplex initiiert, der aus ULK1, Atg13 und Atg17 besteht und zelluläre Stresssignale vom mTORC1-Komplex empfängt. Im Modellorganismus Bäckerhefe (*Saccharomyces cerevisiae*) wurden bisher über 30 Autophagie(*Atg*)-Gene identifiziert, deren Proteine am Prozess der Autophagie beteiligt sind. Davon ist der Großteil für die Makroautophagie essenziell. Wird der mTOR1-Komplex gehemmt, kommt es zur Bildung von Autophagosomen. Die Klasse-III-Phosphatylinositol-3-Kinase (PI3K) VPS34 spielt dabei eine entscheidende Rolle. Sie interagiert mit anderen Komponenten (AMBRA1, Bif-1 und Bcl-2), wodurch ihre Bindeeigenschaft moduliert wird. Danach bildet die Kinase einen Komplex mit Beclin1, wobei diese Bindung aufgrund der Lipidkinase-Aktivität von VPS34 essenziell ist. Der ULK-Komplex kann ebenfalls durch die AMP-aktivierte Proteinkinase (AMPK) aktiviert werden. AMPK ist ein Enzym, das eine wichtige Rolle bei der Regulation von biosynthetischen Vorgängen in Säugerzellen spielt und an der negativen Regulation von MA insofern beteiligt ist, als dass es mTOR an spezifischen Stellen phosphoryliert. Derzeit gehen Wissenschaftler davon aus, dass ULK1 durch die Phosphorylierung von Beclin-1 die Aktivität des Atg14L-enthaltenden VPS34-Komplexes initiiert (Atg14 = *Beclin 1-associated autophagy-related key regulator*), wodurch die Induktion der Autophagie gefördert wird. Für die Bildung des Autophagosoms werden des Weiteren Atg12 und LC3 benötigt, wobei das LC3-System für den Transport und die Reifung der Autophagosomen von Bedeutung ist.

Klasse-I-Phosphatylinositol-3-Kinasen hingegen, die in die Signalgebung von Wachstumsfaktoren und Insulin involviert sind, können MA indirekt über mTORC1 regulieren. Eine grobschematische Darstellung über die Regulation der Bildung von Autophagosomen ist in ◘ Abb. 6.7 wiedergegeben.

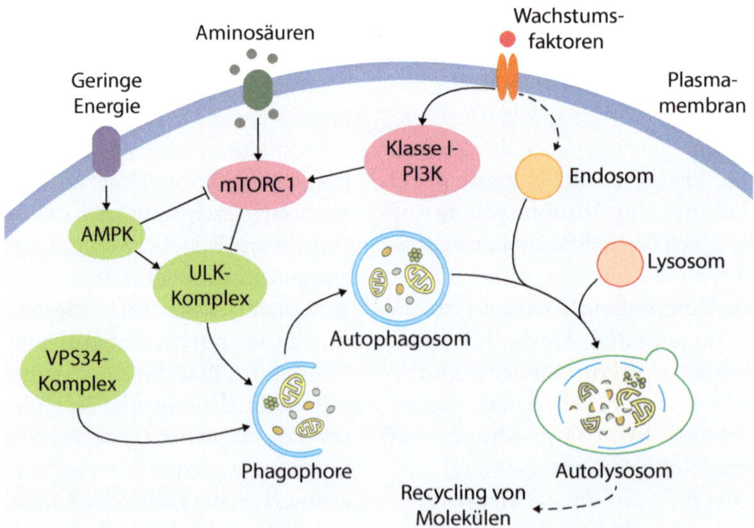

◘ **Abb. 6.7** Bildung von Autophagosomen und zugrunde liegende Signale. mTORC1 inhibiert die Bildung von Autophagosomen, aktives AMPK, ULK und VPS34 induzieren sie. (*grün*: stimulierend; *pink*: inhibierend). (Nach © Joern Dengjel)

Zum Schluss sollte der Vollständigkeit halber noch erwähnt werden, dass MA alternativ (experimentell) auch in einer mTOR-unabhängigen Weise induziert werden kann, nämlich indem der Spiegel von Myo-Inositol-1,4,5-triphosphat (IP_3) in den Zellen durch Lithium, Carbamazepin oder Natriumvalproat erniedrigt wird.

6.3.3 Zelltod durch Autophagie – Cross-talk zwischen Makroautophagie und Apoptose

Immer mehr Studien beschreiben, dass ein Zusammenspiel zwischen Apoptose und Autophagie existiert [18, 19]. Allerdings ist dieser wechselseitige Einfluss der beiden Wege (Cross-talk), die zum Zelltod führen, noch nicht vollkommen verstanden. Von Bedeutung ist dieser Aspekt vor allem für die Tumorbiologie, da Makroautophagie einerseits durch die Degradierung essenzieller Zellkomponenten den Zelltod induzieren, andererseits das Überleben von Tumorzellen unter ungünstigen metabolischen Bedingungen erleichtern kann. So könnten beispielsweise Krebszellen mit mutiertem Bcl-2 die Chemotherapie überleben, indem sie einen protektiven Autophagiemechanismus benutzen. Die Akkumulation von Autophagosomen ist somit nicht ausschließlich ein Indiz für den autophagieinduzierten Zelltod, sondern kann im Gegenteil auch als Zeichen für einen stressinduzierten Schutzmechanismus zum Zellüberleben interpretiert werden. Auf diese Weise kann das System, welches den zellulären Selbstmord in stark geschädigten Zellen steuert, dynamisch auf Stresssignale reagieren.

Wie die Mechanismen der protektiven oder der zum Zelltod führenden MA auf molekularer Ebene unterschieden werden können, ist bisher nicht vollständig aufgeklärt. Einige Forscher gehen davon aus, dass einerseits das Autophagie-System die Zelle vor einer unnötigen Apoptose (z. B. durch ein verfrühtes Apoptose-Signal aus einem geschädigten Mitochondrium) bewahren kann, andererseits Autophagie auch als alternativer Weg zum Selbstmord dient, nämlich dann, wenn der Untergang geschädigter Zellen zum Überleben des Organismus erforderlich ist, aber die Apoptose versagt. In diesem Fall springt MA als Reserveselbstmordprogramm ein, um den desorganisierten Zerfall der Zelle durch Nekrose zu verhindern. Gestützt wird die Hypothese vom Cross-talk zwischen Autophagie und Apoptose dadurch, dass sie sich bestimmte Arten von Signalproteinen teilen. Das führt zu der Schlussfolgerung, dass beide Prozesse synergistisch arbeiten und möglicherweise sogar als Teile eines übergeordneten Systems betrachtet werden müssen, welches für eine geordnete Beseitigung geschädigter Zellen sorgt.

Da das Thema „Autophagie“ sich in den letzten zehn Jahren rasant entwickelt hat und die Forschung auf dem Gebiet sicherlich auch in Zukunft weiter vorangetrieben wird, halten viele Forscher die Etablierung von Standardkriterien zur Untersuchung der Makroautophagie in höheren Eukaryoten für notwendig [20], besonders da Makroautophagie inzwischen in zahlreichen Modellorganismen (Hefe, Pflanzen, Pilze usw.) untersucht wird. Ein Punkt, den es dabei besonders zu beachten gilt ist, dass es ein Unterschied ist, ob Messungen zur Anzahl der Autophagosomen oder aber Messungen zum Verlauf des Autophagie-Signalweges betrachtet werden. Das liegt daran, dass man unterscheiden muss zwischen der Blockierung der Makroautophagie, die zur Akkumulation von Autophagosomen führt, und einer voll funktionellen Autophagie, bei der die Übergabe des Sperrguts an und die Degradierung innerhalb von Lysosomen (tierische Zellen) oder aber in der Vakuole (Pflanzen und Pilze) stattfindet.

6.3.4 Welche Möglichkeiten gibt es, Autophagie experimentell zu untersuchen?

Auch für diese Fragestellung gibt es schon Kits auf dem Markt, wie beispielsweise den Autophagie-Assay-Kit von Sigma. Das Nachweisprinzip beruht darauf, dass ein fluoreszierender Autophagosom-Marker (Anregung bei 333 nm/Emission bei 518 nm) detektiert wird. Der blaue Farbstoff weist laut Herstellerangaben saure Autophagosomen nach, indem er in autophagischen Vakuolen akkumuliert und in multilamellare Körper eingebaut wird, was sowohl über Ioneneinfang als auch über spezifische Interaktionen mit Membranlipiden der Vakuole bewerkstelligt wird. Der Kit ist sowohl für die Detektion per Durchflusscytometrie als auch für Fluoreszenzmikroskopie und ELISA-Reader geeignet und enthält das Färbereagenz, den Färbe- und den Waschpuffer. Kits mit ähnlichem Funktionsprinzip gibt es auch von anderen Firmen wie z. B. den CYTO-ID® Autophagy Detection Kit von Enzo Life Sciences.

Ein anderes Verfahren beruht auf der Bestimmung des Expressionsspiegels von LC3 (*Microtubule-associated protein 1A/1B-light chain 3*), welches als cytosolisches Protein (LC3 I) den Transport des Sperrguts zwischen Autophagosom und Lysosom reguliert. Während des Autophagieprozesses wird LC3 I vom Cytoplasma zum Autophagosom transloziert und in die Autophagosomenmembran eingebaut (membrangebundene Form = LC3 II). Die Menge des LC3 II korreliert gut mit der Anzahl der Autophagosomen und wird benutzt, um die autophagische Aktivität zu überwachen.

Eine kritische Auseinandersetzung mit den „Knackpunkten" verschiedener Nachweisverfahren wie z. B. mittels Elektronenmikroskopie oder der Bestimmung des Expressionsspiegels von LC3 kann der Leser bei Barth et al. nachlesen [21].

Literatur

1. Wagener J, Plennevaux C (2014) Eppendorf 96-Well Cell Culture Plate – A simple method of minimizing the edge effect in cellbased assays. In: Application Note No. 326 I April 2014
2. Chautan M, Chazal G, Cecconi F, Gruss P, Golstein P (1999) Interdigital cell death can occur through a necrotic and caspase-independent pathway. Curr Biol 9:967–970
3. Cregan SP, Fortin A, MacLaurin JG, Callaghan SM, Cecconi F, Yu SW, Dawson TM, Dawson VL, Park DS, Kroemer G, Slack RS (2002) Apoptosis-inducing factor is involved in the regulation of caspase-independent neuronal cell death. J Cell Biol 158:507–517
4. Abraham MC, Shaham S (2004) Death without caspases, caspases without death. Trends Cell Biol 14:184–193
5. Boya P, Gonzalez-Polo RA, Casares N, Perfettini JL, Dessen P, Larochette N, Metivier D, Meley D, Souquere S, Yoshimori T, Pierron G, Codogno P, Kroemer G (2005) Inhibition of macroautophagy triggers apoptosis. Mol Cell Biol 25:1025–1040
6. Gonzalez-Polo RA, Boya P, Pauleau AL, Jalil A, Larochette N, Souquere S, Eskelinen EL, Pierron G, Saftig P, Kroemer G (2005) The apoptosis/autophagy paradox: autophagic vacuolization before apoptotic death. J Cell Sci 118:3091–3102
7. Vermes I, Haanen C, Steffens-Nakken H, Reutelingsperger C (1995) A novel assay for apoptosis. Flow cytometric detection of phosphatidylserine expression on early apoptotic cells using fluorescein labelled Annexin V. J Immunol Methods 184:39–51
8. Martinez MM, Reif RD, Pappas D (2010) Detection of apoptosis: A review of conventional and novel techniques. Anal Methods 2:996–1004
9. Vermes I, Haanen C, Reutelingsperger C (2000) Flow cytometry of apoptotic cell death. J Immunol Methods 243:167–190
10. Jewell J, Mastro AM (2002) Using Terminal Deoxynucleotidyl Transferase (TDT) enzyme to detect TUNEL-positive, GFP-expressing apoptotic cells. Cell Notes 3(2002):13–14
11. Levine B, Klionsky DJ (2004) Development by self-digestion: molecular mechanisms and biological functions of autophagy. Dev Cell 6:463–477
12. Choi AM, Ryter SW, Levine B (2013) Autophagy in human health and disease. N Engl J Med 368:651–662
13. Klionsky DJ (2007) Autophagy: from phenomenology to molecular understanding in less than a decade. Nat Rev **Mol Cell** Biol 8:931–937
14. Deretic V, Klionsky DJ (2008) How cells clean house. Sci Am 298:74–81
15. He LQ, Lu JH, Yue ZY (2013) Autophagy in ageing and ageing-associated diseases. Acta Pharmacol Sin 34:605–611
16. Jones SA, Mills KH, Harris J (2013) Autophagy and inflammatory diseases. Immunol Cell Biol 91:250–258
17. Yang Z, Klionsky DJ (2007) Permeases recycle amino acids resulting from autophagy. Autophagy 3:149–150
18. Gump JM, Thorburn A (2011) Autophagy and apoptosis: what is the connection? Trends Cell Biol 21:387–392
19. Gordy C, He YW (2012) The crosstalk between autophagy and apoptosis: where does this lead?. Protein Cell 3:17–27
20. Klionsky DJ, Abeliovich H, Agostinis P (2008) Guidelines for the use and interpretation of assays for monitoring autophagy in higher eukaryotes. Autophagy 4:151–175
21. Barth S, Glick D, Macleod KF (2010) Autophagy: assays and artifacts. J Pathol 221:117–124

DNA-Schäden: Erkennung, Reparatur und Nachweisverfahren

S. Schmitz, C. Desel, *Der Experimentator Zellbiologie*, Experimentator,
https://doi.org/10.1007/978-3-662-56111-9_7

7

» Einer neuen Wahrheit ist nichts schädlicher als ein alter Irrtum.
Johann Wolfgang von Goethe (1749–1832)

Dieses Kapitel ist thematisch eher eng gefasst, da es sich nur mit der DNA-Struktur, der Signalübertragung der Schadenserkennung, der DNA-Reparatur und den Nachweisverfahren für unterschiedliche DNA-Schäden befasst. Der Schwerpunkt ist bewusst so gewählt, weil die Integrität des DNA-Moleküls von fundamentaler Bedeutung für das Zellüberleben ist. Idealerweise soll nur intakte DNA bei der Zellteilung an die Tochterzellen weitergegeben werden, allerdings wirken ständig schädigende chemische und physikalische Noxen auf die Erbsubstanz ein, was die Zelle dazu zwingt, sich fortwährend mit den entstandenen Schäden auseinanderzusetzen. Die Kenntnis über die Struktur des DNA-Moleküls ist von grundlegender Bedeutung für das Verständnis der zellulären Schadensantwort und der Reparaturmechanismen. Zum „Warmwerden" an dieser Stelle nur eine kurze Rekapitulation der strukturellen Gegebenheiten der DNA und ein kleiner historischer Rückblick auf die Geschichte wichtiger Entdeckungen, gedacht als kurzer Einstieg in das Thema.

Lang, lang ist's her, dass James Watson und Francis Crick die Strickleiterstruktur der DNA (*deoxyribonucleic acid*) entschlüsselt haben und dafür zusammen mit Maurice Wilkins 1962 den Nobelpreis erhielten. Zwar war eine Mitarbeiterin von Wilkins, nämlich Rosalind Franklin, Mitentdeckerin des Jahrtausend-Moleküls, jedoch spielte sie damals im männlich dominierten Wissenschaftsjahrmarkt der Eitelkeiten eine eher unglückliche Rolle und starb definitiv zu früh, um für ihren Beitrag an der Aufklärung der DNA-Struktur geehrt zu werden.

Der lange Weg naturwissenschaftlicher Entdeckungen, nicht nur der Doppelhelix, sondern auch weiterer Entdeckungen im Bereich Genetik und Gentechnik, die sich daraus entwickelten haben [1], ist in ◘ Tab. 7.1 zusammengefasst. Das Ganze liest sich fast wie ein „*Who is who*" der Nobelpreisträger.

◘ Tab. 7.1 Chronologie wichtiger naturwissenschaftlicher Entdeckungen. (Modifiziert nach „Der lange Weg der DNA" [1])

Entdecker	Jahr	Entdeckung
Gregor Mendel	1865	Der Augustinermönch entdeckt die Gesetze der Vererbung.
Friedrich Miescher	1869	Der Pathologe isoliert erstmals die sogenannte Nucleinsäure aus den Zellkernen von Pflanzen und Tieren. Zu dem Zeitpunkt ist ihm nicht klar, dass er die Erbsubstanz in Händen hält.
Carl E. Correns, Armin Tschermak, Hugo de Vries	1900	Der Deutsche Correns, der Österreicher Tschermak und der Niederländer de Vries entdecken unabhängig voneinander die Mendel'schen Vererbungsregeln wieder.
Thomas Hunt Morgan	1910	Morgan untersucht Fruchtfliegen und liefert für den 1903 von dem Dänen Johansen geprägten Begriff des „Gens" eine experimentelle Basis. Das erste von ihm entdeckte Gen bestimmt die Augenfarbe der Fliege. Er erhält dafür 1933 den Medizin-Nobelpreis.
George Beadle, Edward Tatum	1940	Sie stellen die „Ein-Gen-Ein-Enzym"-Hypothese auf und erhalten 1958 den Nobelpreis.
William Astbury	1943	Dem britischen Biochemiker gelingt die erste Röntgenaufnahme der DNA.
Oswald Avery, Colin MacLeod, Maclyn McCarty	1944	Sie zeigen, dass sich genetische Merkmale durch gereinigte DNA von einem Organismus auf einen anderen übertragen lassen.
Erwin Chargaff	1949	Er kann nachweisen, dass in jedem DNA-Strang die Bausteine Adenin und Thymin sowie Cytosin und Guanin jeweils im Verhältnis 1:1 auftreten (Chargaff-Regel).

Tab. 7.1 (Fortsetzung)

Entdecker	Jahr	Entdeckung
Rosalind Franklin	1951	Ihr gelingen die ersten Röntgenaufnahmen von kristallisierter DNA. Ihre brillante Arbeit liefert die Basis für das Modell von Watson und Crick.
James Watson, Francis Crick	1953	Der amerikanische Biologe Watson und der englische Physiker Crick entschlüsseln die Struktur der DNA. Am 25. April erscheint der nur eine Seite lange Artikel zum Aufbau der Doppelhelix in der Fachzeitschrift *Nature*.
Severo Ochoa, Arthur Kornberg	1959	Diese beiden erhalten den Medizin-Nobelpreis für die Entdeckung der Mechanismen zur RNA- und DNA-Synthese.
Francis Crick, Sydney Brenner, François Jacob, Jacques Monod	1960	Die Wissenschaftler Crick und Brenner in England und Jacob und Monod in Frankreich schlagen ein Modell vor, wie RNA als Vermittler für die Proteinsynthese fungiert. Die Begriffe „Operon" und „Operator" werden eingeführt. Jacob und Monod erhalten 1965 den Nobelpreis.
James Watson, Francis Crick, Maurice Wilkins	1962	Medizin-Nobelpreis für die Entdeckung der DNA Doppelhelix.
Marshall Nirenberg, Gobind Khorana, Robert W. Holley	1965	Sie identifizieren den genetischen Code: Die Abfolge von jeweils drei Bausteinen auf der DNA bestimmt eine Aminosäure im Protein. Sie bekommen dafür 1968 den Medizin-Nobelpreis.
Werner Arber, Daniel Nathans, Hamilton O. Smith	1970	Der Schweizer Mikrobiologe Arber entdeckt die Restriktionsendonucleasen. Er erhält 1978 zusammen mit Nathans und Smith den Nobelpreis.
Paul Berg, Walter Gilbert, Frederick Sanger	1972	Dem amerikanischen Biochemiker Berg gelingt die Herstellung rekombinanter DNA. Er erhält 1980 zusammen mit Gilbert und Sanger den Nobelpreis für Chemie.
Annie Chang, Stanley Cohen	1973	Der erste gentechnisch veränderte Organismus – das Darmbakterium *Escherichia coli* – wird hergestellt. Chang und Cohen zeigen, dass künstliche DNA-Stränge von den Bakterien vermehrt werden.
Alan Maxam, Walter Gilbert, Frederick Sanger	1977	Sie entwickeln zwei neue Techniken, mit denen größere DNA-Moleküle problemlos sequenziert werden können.
Walter Gilbert	1978	Gilbert gelingt es, ein aus Ratten isoliertes Insulingen in Bakterien der Art *Escherichia coli* einzubauen, 1980 gelang das gleiche Verfahren mit dem menschlichen Insulingen.
	1982	Das erste gentechnisch hergestellte Insulin kommt in den USA auf den Markt.
Kary B. Mullis, Michael Smith	1983	Mullis entwickelt die Polymerasekettenreaktion (PCR). Ein Verfahren, mit dem sich DNA beliebig vermehren lässt. Mit dieser Methode lassen sich im Labor sogar winzige DNA-Mengen nachweisen. Er erhält 1993 zusammen mit Smith den Nobelpreis für Chemie.
	1990	Offizieller Start des staatlich geförderten Human-Genom-Projektes (HGP) zur Entschlüsselung des menschlichen Erbguts.
Craig Venter, Francis Collins	2000	Venter und Collins feiern zusammen mit US-Präsident Clinton die Entzifferung des menschlichen Erbguts. Die beiden konkurrierenden Forscher haben drei Milliarden DNA-Bausteine analysiert.

7.1 Die Struktur der DNA

Nach dem Watson-Crick-Modell ist die DNA aus zwei gegenläufigen Einzelsträngen aufgebaut. Jeder Einzelstrang hat ein 5′- und ein 3′-Ende, wobei am 5′-Ende ein Phosphatrest und am 3′-Ende eine OH-Gruppe sitzt. Die Strickleiterstruktur kommt dadurch zustande, dass die zwei DNA-Einzelstränge der Leiter um eine gedachte Achse schraubenförmig gewunden sind (Doppelhelixstruktur). Die beiden Holme (Einzelstränge) der Strickleiter bestehen aus sich abwechselnden Zucker- (Desoxyribose-) und Phosphatresten (Zucker-Phosphat-Rückgrat, engl. *backbone*), die innerhalb jedes Einzelstrangs über Phosphodiesterbindungen miteinander verknüpft sind.

Die Sprossen der Strickleiter bestehen aus je zwei organischen Basen, die jeweils über eine N-glykosidische Bindung mit einem Desoxyribosemolekül und miteinander durch Wasserstoffbrücken (Basenpaarung) verbunden sind. Auf diese Weise bleiben die beiden Holme auch im schraubenförmigen Zustand der Strickleiter miteinander verknüpft und liegen im gleichen Abstand nebeneinander. In der DNA gibt es insgesamt vier verschiedene organische Basen, wobei Adenin (A) und Guanin (G) zur Gruppe der Purine, die Basen Cytosin (C) und Thymin (T) zur Gruppe der Pyrimidine gehören. Die Spezifität der Basenpaarung beruht darauf, dass Adenin und Thymin sowie Cytosin und Guanin jeweils eine komplementäre Bindung eingehen, wobei zwischen A und T jeweils zwei Wasserstoffbrücken ausgebildet werden, C und G hingegen über drei Wasserstoffbrücken miteinander verknüpft sind. Das Prinzip der Basenpaarung geht auf experimentelle Beobachtungen des Biochemikers Erwin Chargaff zurück. Er fand heraus, dass es innerhalb der DNA immer genauso viele Adenosine wie Thymidine, bzw. genauso viele Cytidine wie Guanosine gibt (Chargaff-Regel). Watson und Crick schlussfolgerten daraus, dass stets ein zweiringiges Purinsystem mit einem einringigen Pyrimidin in Wechselwirkung tritt, sodass der Abstand zwischen den N-glykosidischen Bindungen und damit auch zwischen den Phosphatgruppen konstant ist.

Neben der kanonischen Watson-Crick-Basenpaarung gibt es noch weitere Paarungen, wie z. B. die „nicht-kanonische" Hoogsteen-Basenpaarung, die eine Erweiterung der Watson-Crick-Basenpaarung darstellt. Der Name geht auf seinen Entdecker Karst Hoogsteen zurück, der diese Form der Basenpaarung Ende der 1950er-Jahre beschrieben hat. Über Hoogsteen-Wasserstoffbrücken können sich Basen (meist Guanin und Thymin) an der Außenseite der DNA-Doppelhelix anlagern, was dann zur Ausbildung eines dritten DNA-Stranges und dadurch zur Form einer Tripelhelix führt. Diese zusätzlichen Wasserstoffbrücken werden Hoogsteen-Basenpaare genannt, um sie von den Watson-Crick-Basenpaaren zu unterscheiden. Eine Besonderheit hierbei ist, dass typischerweise immer nur zwei Wasserstoffbrücken, die man auch Hoogsteen-Bindungen nennt, ausgebildet werden.

Schon gewusst?

Auch über die DNA gibt es bemerkenswerte Fakten, die es sich lohnt, einmal genauer anzuschauen. Wenn man die DNA aus allen Zellen des menschlichen Körpers der Länge nach hintereinander aufreihen würde, dann ergäbe sich eine Strecke, die 1000-mal so lang ist wie die Entfernung der Erde von der Sonne. Das lässt sich wie folgt erklären: Das menschliche Genom setzt sich aus etwa 3 Milliarden ($\sim 3 \times 10^9$) Bausteinen zusammen. Da die einzelnen Bausteine, die Nucleotide, einen Abstand von 0,34 Nanometern ($3{,}4 \times 10^{-10}$ Metern) zueinander haben, ergibt sich daraus eine Gesamtlänge von etwa einem Meter. Abzüglich der 25 Billionen Erythrocyten, die ja sekundär kernlos sind, würde die gesamte DNA eines Menschen sage und schreibe eine Länge von $1{,}5 \times 10^{14}$ Metern, oder anders ausgedrückt 150 Milliarden Kilometer erreichen.

Das ergibt etwa:

- knapp 4 Millionen Mal um den Äquator (40.000 Kilometer)
- fast 400.000-mal von der Erde zum Mond (380.000 Kilometer)
- 1000-mal von der Erde zur Sonne (150 Millionen Kilometer)
- 25-mal von der Sonne zum Pluto (6 Milliarden Kilometer)

Um den Durchmesser unserer Milchstraße zu überbrücken (10^{21} Meter), bräuchte man lediglich die DNA einer Großstadt wie London mit rund 7 Millionen Einwohnern. Erstaunlicherweise befinden sich trotz seiner Länge nur verhältnismäßig wenig Gene auf dem DNA-Molekül. Aktuellen Angaben zufolge besteht das menschliche Genom aus weniger als 30.000 Genen.

Diese Zahlen und Angaben habe ich natürlich nicht selbst zusammengetragen oder gar berechnet. Die Originalinformationen zum oben stehenden Abschnitt kann der interessierte Leser im Netz unter http://www.spektrum.de/quiz/laenge-der-dna-und-deren-bausteine/692182 nachlesen.

7.1.1 Vom DNA-Faden zum Chromosom

Angesichts der oben genannten Größenordnungen drängt sich eine entscheidende Frage auf: Wie passt ein 1 Meter langer DNA-Faden in einen Zellkern hinein, der bei einer eukaryotischen Zelle gerade mal einen Durchmesser zwischen 5 und 16 µm hat? Die Lösung des Rätsels besteht darin, dass die DNA durch verschiedene Verpackungsstufen von einem fadenartigen Molekül in ein wahrhaft handliches Transportformat überführt wird. Es gibt mehrere Verpackungshierarchien, die jeweils mit einer typischen Formveränderung des Moleküls einhergehen. Die Ausgangsstruktur ist die lineare Form der Doppelhelix, welche einen Durchmesser von etwa 2 nm aufweist. Die niedrigste Organisationsstufe stellt das perlenkettenförmige Nucleofilament dar. Die „Perlen" dieser Kette, die Nucleosomen, besitzen einen Durchmesser von 11 nm, woraus sich rechnerisch ein Verpackungsverhältnis von 5,5 ergibt. Um dies zu erreichen, spielen bestimmte Proteine, die Histone, eine im wahrsten Sinne des Wortes zentrale Rolle, denn deren Aufgabe besteht darin, bei der Verpackung der DNA zu helfen. Die Histone H2A und H2B bilden, genauso wie die Histone H3 und H4, zunächst jeweils ein Heterodimer. Danach bilden zwei H3/H4-Dimere zusammen ein Tetramer, bevor sie schließlich mit zwei H2A/H2B-Dimeren gemeinsam ein Octamer formen. Um diesen globulären Histonkern herum bindet schließlich die DNA und bildet damit ein Nucleosom.

Die nächste Organisationsstufe stellt die Chromatinfaser dar, zu der das Nucleofilament mit einem Durchmesser von 30 nm schraubenförmig aufgewunden ist. Die 30-nm-Chromatinfaser hat bereits ein Verpackungsverhältnis von 15. Das ist aber noch längst nicht alles, denn alle weiteren Organisationsstufen stellen Verpackungshierarchien höherer Ordnung dar. Im Interphasekern können Chromatinschleifen in Abhängigkeit vom Kondensationsgrad Durchmesser von 300–700 nm erreichen und weisen damit eine bis zu 350-fache Verpackungsdichte auf. Die höchste Verpackungshierarchie allerdings wird nur in der Mitose des Zellzyklus erreicht. Mitotische Metaphase-Chromosomen sind maximal kondensiert (Ø 1400 nm) und bis zu 700-fach verdichtet [2]. Diese Zusammenhänge sind in ▪ Abb. 7.1 noch einmal schematisch dargestellt.

7.2 DNA-Schadensarten

Schäden am DNA-Molekül können sowohl durch endogene (z. B. durch Replikation und Rekombination sowie reaktive Sauerstoffspezies) als auch exogene Faktoren (chemische Mutagene wie z. B. alkylierende Agenzien, UV-Licht, ionisierende Strahlung etc.) induziert werden. In Abhängigkeit von der Art des aufgetretenen Schadens kann die Schadensantwort der Zelle sehr unterschiedlich ausfallen. Einige Forscher sind der Meinung, dass Einzelstrangbrüche oder Doppelstrangbrüche, bei denen am Bruchende keine zusätzlichen Basenverluste oder Schäden am Zucker-Phosphat-Rückgrat vorliegen, scheinbar für die Zelle kein Problem darstellen und in der Regel rasch und fehlerfrei wieder entfernt werden. Allerdings scheiden sich hier die Geister, denn andere Wissenschaftler geben zu bedenken, dass grundsätzlich bei jedem Doppelstrangbruch das Risiko der Verknüpfung falscher Bruchenden besteht, auch wenn keine zusätzlichen Basenverluste auftreten. Kritisch kann es für geschädigte Zellen

7

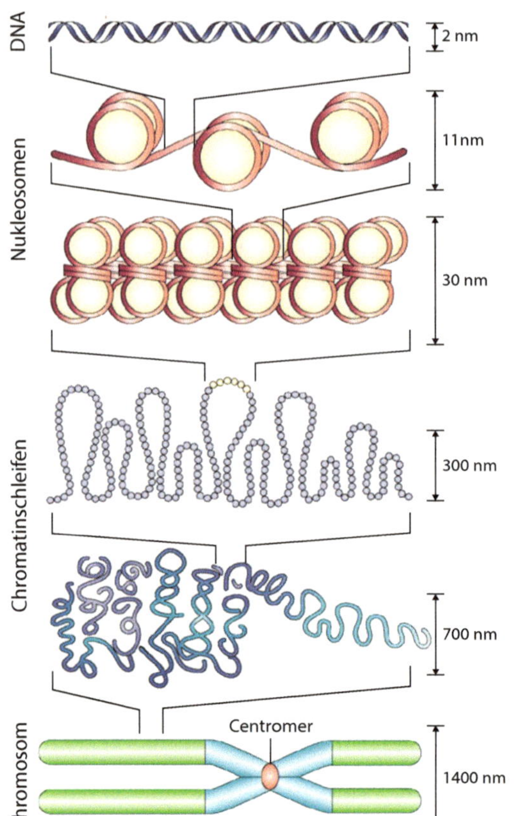

Abb. 7.1 Verpackungshierarchie des Chromatins. Die Verpackung der DNA vollzieht sich in mehreren Hierarchiestufen (Details siehe Text). (Modifiziert nach Schlissel [2]. Mit freundlicher Genehmigung von Nature Reviews/Immunology)

immer dann werden, wenn die Reparatur unter störenden Einflüssen stattfinden muss, wie etwa während einer gleichzeitig ablaufenden DNA-Replikation. Darüber hinaus ist es naheliegend, dass Schäden, die räumlich und/oder zeitlich gehäuft auftreten (Schadenscluster), sowie strukturell komplizierte Schäden, wie etwa sperrige Basenveränderungen (*bulky lesions*), sogar eine große Herausforderung darstellen können.

Da DNA-Schäden aber ständig entstehen, sind unsere DNA-Reparaturenzyme permanent damit beschäftigt z. B. beschädigte Nucleotide auszutauschen, um die Integrität der DNA und des ganzen Genoms zu gewährleisten. Werden DNA-Schäden nicht vollständig und korrekt repariert, kann das fatale Folgen für die betroffene Zelle haben. Nicht oder falsch reparierte Läsionen (Residualschäden) tragen zur Mutagenese und zur Entstehung von Chromosomenaberrationen bei und können schließlich sogar zum Zelltod führen. Auf welche Art die Zelle Schäden repariert, hängt aber nicht nur von der Schadensart, sondern auch von der Zellzyklusphase ab, in der der DNA-Schaden induziert wurde. In den verschiedenen Zellzyklusphasen sind unterschiedliche Reparaturmechanismen aktiv, allerdings gibt es auch Überschneidungen.

Um einfach einmal Schadensdimensionen zu veranschaulichen, ist es interessant, spontan entstehende DNA-Schäden solchen gegenüberzustellen, die durch den gezielten Einsatz von Noxen induziert werden. Eingangs wurde bereits erwähnt, dass unsere Reparatursysteme schon deshalb ohne Unterlass aktiv sind, weil unsere Zellen ständig einem Trommelfeuer DNA-schädigender Ereignisse ausgesetzt sind. Angesichts der geschätzten Schäden, die täglich spontan in einer Säugerzelle entstehen [3–9], wird deutlich, warum das so ist:

– Einzelstrangbrüche	55.000
– Verlust von Purinbasen	10.000
– Desaminierung	100–600
– Oxidative Basenschäden	2000
– Alkylierte Basen	5000
– Intramolekulare Quervernetzungen	10
– Doppelstrangbrüche	10–50
– Gesamte Schadensereignisse/Zelle/Tag	70.000
– Gesamte Schadensereignisse/Zelle/Stunde	2900

Extrapoliert man diese Zahlen auf die Zellen des gesamten menschlichen Körpers (10^{13}–10^{14}, vergl. ► Abschn. 1.4.5), so erhält man einen Schätzwert von 3×10^{17} schädigende Ereignisse am DNA-Molekül pro Stunde.

Im Vergleich dazu werden z. B. durch eine Behandlung mit einer Strahlendosis von 1 Gray Röntgenstrahlung pro Zelle (rechnerisch) folgende Schäden verursacht:

- 1000–2000 Basenmodifikationen
- 500–1000 Einzelstrangbrüche
- 800–1600 Veränderungen des Zuckergerüsts
- 150 DNA-Protein-Vernetzungen
- 50 Doppelstrangbrüche

Diese Angaben sind modifiziert nach Sauer, 2010 [10].

7.2.1 Strangbrüche

Bei dieser DNA-Schadensart treten zwei Formen auf, nämlich der Einzel- und der Doppelstrangbruch (DSB). **Einzelstrangbrüche** (*single strand breaks*, SSB, *nicks*) sind Brüche in den Holmen der DNA-Strickleiter, die auch an mehreren unterschiedlichen Positionen eines DNA-Stranges gleichzeitig und unabhängig davon auch im Komplementärstrang auftreten können. Sie kommen durch Spaltung der Phosphodiesterbindung zwischen den Nucleotiden zustande, wobei es sich um eine Unterbrechung der kovalenten Bindung des Zucker-Phosphat-Rückgrats handelt. In der Regel bleibt die Doppelhelixstruktur der DNA zunächst erhalten. Spontan können Einzelstrangbrüche durch oxidative Schädigung der DNA entstehen, wie sie beispielsweise durch zelleigene reaktive Sauerstoffspezies (*reactive oxygen species*, ROS) verursacht wird. Das zentrale Agens der oxidativen Schädigung, das Hydroxyl-Radikal (OH•), löst dabei eine Kettenreaktion im DNA-Molekül aus, die zum Bruch des DNA-Rückgrats führt [11]. Einerseits sind Einzelstrangbrüche eine notwendige Voraussetzung für den Beginn von Replikation, Rekombination (*Crossing over*) und für die Exzisionsreparatur und werden bei diesen Prozessen durch spezifische Enzyme, die Endonucleasen, erzeugt. Andererseits können Einzelstrangbrüche auch durch Mutagene wie ionisierende Strahlung induziert werden, stellen aber eine Schadensart dar, die relativ problemlos von der Zelle durch die Reparaturmaschinerie beseitigt werden kann.

Als **Doppelstrangbruch** wird die räumlich benachbarte Durchtrennung beider Einzelstränge der DNA bezeichnet. In der Literatur wird dieser räumliche Abstand mit weniger als 20 Basenpaaren angeben. DSB können, wie oben für SSB beschrieben, durch verschiedene externe Auslöser in die DNA eingeführt werden. Allerdings werden sie auch absichtlich während der V(D)J Rekombination und des Isotypenwechsels in den B-Lymphocyten des Immunsystems erzeugt.

Nicht reparierte oder falsch reparierte DSBs können zu zellulärer Seneszenz, Apoptose, Chromosomenaberrationen wie Translokationen und Deletionen mit einhergehendem Allelverlust (Verlust der Heterozygotie, *loss of heterozygosity*, LOH) führen. Dies ist aus zellulärer Sicht verhängnisvoll, denn diese DNA-Schäden sind verknüpft mit genomischer Instabilität und können schließlich in die Entstehung von Krebs münden. Aus dem Grund ist es von fundamentaler Bedeutung, dass die Zelle über gut funktionierende Reparaturmechanismen verfügt. Schätzungen gehen davon aus, dass von 100 induzierten Doppelstrangbrüchen rein rechnerisch 97 korrekt, 2–3 falsch repariert und sogar 0–1 nicht repariert werden.

Für Forscher, die sich schwerpunktmäßig mit der DNA-Reparatur beschäftigen, ist die Welt des Doppelstrangbruchs eine Wissenschaft für sich. Doppelstrangbruch ist nun mal nicht gleich Doppelstrangbruch, im Gegenteil, hier wird akribisch unterschieden. Der Übersichtlichkeit halber kann man vereinfachend sagen, dass es eine grobe Unterscheidung zwischen direkten und indirekten DSB gibt, wobei am DSB-Ende zusätzlich noch weitere Schäden, wie beispielsweise Basenschäden- oder -verluste auftreten können. Des Weiteren gibt es noch DSB-Cluster, die das Potenzial besitzen, das Chromatin zu destabilisieren.

Mehr Details zu diesem Thema bietet ◻ Abb. 7.2, die aus der Arbeit von Schipler und Iliakis [12] stammt und sich sehr eingehend mit diesen Zusammenhängen beschäftigt.

7

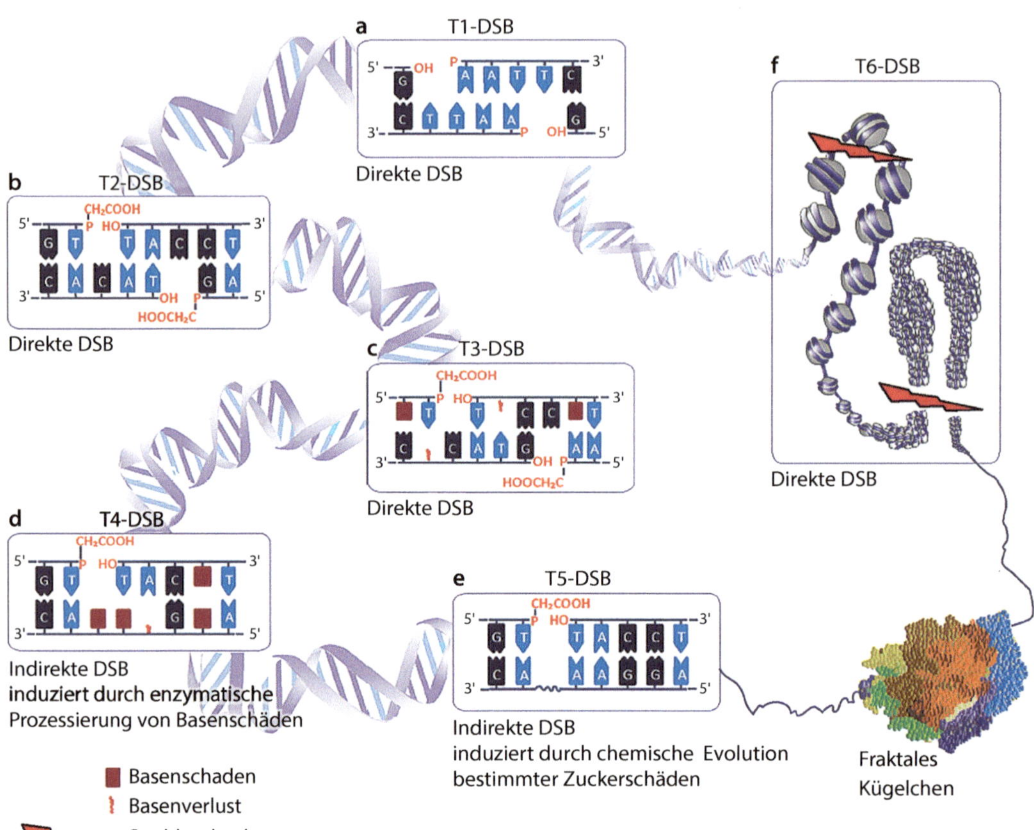

Abb. 7.2 Darstellung der verschiedenen Arten von DSBs. (**a**) T1-DSBs sind direkte DSBs, induziert durch Restriktionsendonucleasen. Das Beispiel zeigt einen *Eco*RI induzierten DSB, der versetzte Enden mit einer 5'-Phosphat- und einer 3'-OH-Gruppe produziert. (**b**) T2-DSBs werden durch ionisierende Strahlen (IR) induziert und beinhalten häufig ein 3'-Phosphoglykolat und ein 5'-OH an den DNA Enden, wie in diesem Beispiel gezeigt. (**c**) IR induziert auch geclusterte Läsionen durch Ionisationscluster, definiert als T3-DSBs. In diesem Fall wird der direkte DSB begleitet von anderen Schadensarten wie Basenschäden oder Basenverlust nahe dem DSB Ende. (**d**) T4-DSBs repräsentieren einen Nicht-DSB-Schadenscluster, der der durch enzymatische Prozessierung der bestehenden Basenschäden zu (indirekten) DSBs umgewandelt werden kann. (**e**) T5-DSBs werden auch indirekt induziert, und zwar bis zu einer Stunde nach ionisierender Strahlung durch temperaturempfindliche chemische Prozessierung der beschädigten Zuckerreste der gegenüberliegenden Einzelstrangbrüche (SSBs). (**f**) T6-DSBs bestehen aus geclusterten DSBs, die das Chromatin destabilisieren können. Zwei mögliche Szenarien sind dargestellt: Im ersten Szenarium (*oben links*) induziert Strahlung zwei DSBs in der Linker-Region zwischen zwei Nucleosomen mit dem Risiko des Nucleosomenverlustes. Das zweite Szenarium (*unten rechts*) zeigt die Verpackung höherer Ordnung von Nucleosomen, die eine Chromatinschleife bilden, die, wie dargestellt, durch einen Strahlendurchgang gebrochen ist. Hier ist der Verlust von größeren Chromatinabschnitten möglich. In der *unteren rechten Ecke* der Abbildung ist die 10-nm-Chromatinfaser zu sehen, die als fraktales Kügelchen verpackt ist. Die Öffnung einer Schleife dieses fraktalen Kügelchens wird angedeutet. (Modifiziert nach Schipler und Iliakis [12])

Eine Komplikation bei der DSB-Reparatur kann dann auftreten, wenn in der Zelle gleichzeitig ablaufende Prozesse sogar gegenläufig zueinander arbeiten. Das ist z. B. dann der Fall, wenn DNA-Schäden in der S-Phase des Zellzyklus induziert werden, da sich dann die Chromatindynamik in der Zelle verändert, um die DNA-Replikation ablaufen zu lassen. In der Zelle werden Mechanismen aktiviert die bewirken, dass vorhandene DNA-Schäden erst repariert werden, damit diese nicht in der M-Phase an die Tochterzellen weitergegeben werden. Das ist ein Dilemma, denn die beiden Vorgänge Replikation und DNA-Reparatur agieren in dieser Situation gegenläufig zueinander, was dazu führen kann, dass derart komplexe Schäden nicht rechtzeitig oder fehlerhaft repariert werden und es dadurch zu einer Schadensfixierung kommt. Die Bedeutung der lokalen Chromatinstruktur für die Erkennung und Prozessierung von DNA-Schäden wurde erst in den letzten Jahren als essenziell erkannt und ist seitdem Gegenstand aktueller Forschung.

7.2.2 Andere DNA-Schäden

Zu dieser Gruppe von DNA-Schäden gehören Basenveränderungen, wie beispielsweise hydrolytische Depurinierung, aber auch die hydrolytische Desaminierung der Basen Cytosin und 5-Methylcytosin, die Bildung von kovalenten DNA-Addukten sowie oxidative Schäden an den Basen und auch am Zucker-Phosphat-Rückgrat der DNA. Als Folge dieser Schäden wird die genetische Information verändert oder kann nicht mehr korrekt abgelesen werden.

■ Basenverlust bzw. -veränderungen durch Depurinierung und Desaminierung

Die Desaminierung und die Depurinierung von Basen sind zwei spontane chemische Reaktionen, die DNA-Schäden in den Zellen verursachen können. Als Folge dieser Reaktionen entsteht durch die Abspaltung einer Aminogruppe (-NH_2) entweder eine andere Base (Desaminierung) oder die Base wird ganz vom Zucker abgespalten (Depurinierung) und hinterlässt eine apurine Stelle.

Der Verlust einer Purinbase in der DNA-Doppelhelix kommt dann zustande, wenn die glykosidische Bindung, welche die Base mit dem Zucker Desoxyribose verbindet, gespalten wird, dabei aber das Zucker-Phosphat-Rückgrat intakt bleibt. Eine solche Depurinierung kann durch spontane Hydrolyse initiiert werden und tritt in Säugetieren mit einer geschätzten Rate von 10^4 Depurinierungen/Tag auf. Auch andere zelluläre Prozesse, wie z. B. die enzymatische Entfernung veränderter Basen durch spezifische Glykosylasen oder aber chemische Modifikationen von Purinbasen (hauptsächlich Alkylierung), die die glykosidische Bindung labilisieren, können zur Depurinierung führen. Bei spontanen Mutationsereignissen spielen Depurinierungen eine wesentliche Rolle. Obwohl solche apurinen Stellen die Verlängerung der DNA-Kette durch die DNA-Polymerasen hemmen, muss es dennoch einen Umgehungsmechanismus geben. Anders ist nicht zu erklären, warum es einen verstärkten Einbau von Nucleotiden gibt, die nicht-komplementär zu den Basen-Templates sind (Fehlbasenpaarung). Die Häufigkeit der Fehlpaarungen ist dabei direkt proportional zum Ausmaß der Depurinierungen.

Bei der Desaminierung handelt es sich um eine chemische Abspaltung der Aminogruppe als Ammonium-Ion, wobei die NH_2-Gruppe durch Wasserstoff (reduktive *Desaminierung*) oder Sauerstoff (oxidative *Desaminierung*) ersetzt werden kann. Die Pyrimidinbase Cytosin kann aufgrund ihrer chemischen Instabilität zu Uracil desaminieren. Das beruht darauf, dass ihre Aminogruppe leicht zum Enol hydrolysiert werden kann und dann durch Tautomerisierung die Ketoform entsteht. Die Desaminierung von Cytosin zu Uracil, welches in der RNA anstelle des Thymins vorkommt, kommt in einer Zelle bis zu 100-mal pro Tag vor [7].

■ DNA-Schäden durch Oxidation

Eine Reihe von Chemikalien wie Superoxide (z. B. $O_2\bullet^-$), Hydroxyl-Radikale (OH•) oder Wasserstoffperoxid (H_2O_2) können Oxidationsschäden an den Basen der DNA verursachen. Diese Produkte entstehen einerseits als normale Nebenprodukte von Oxidationsreaktionen, andererseits aber auch durch die Wirkung ionisierender Strahlung wie Röntgen- und Gammastrahlen. Hydroxyl-Radikale sind die hauptsächlichen Auslöser für Oxidationsschäden, sie entstehen in der Zelle über Umwege aus H_2O_2, einem Nebenprodukt der Atmungskette. Zwar wird der größte Teil des Wasserstoffperoxids durch zelleigene Enzyme wie Katalase und Peroxidase zerstört, jedoch kann ein signifikanter Teil auch in Hydroxyl-Radikale überführt werden. In der DNA findet man häufig die Oxidation von Thymin zu Thyminglykol. Oxidationen kommen mit einer Häufigkeit von etwa 10.000 bis 11.500 Schäden pro Tag in einer menschlichen Zelle vor [8, 9].

DNA-Addukte

Hierbei handelt es sich um einen Begriff, der in der Chemie für ein zusammengesetztes Molekül verwendet wird. Gemeint ist in diesem Zusammenhang eine erbgutschädigende Substanz, welche entweder vom Organismus selbst gebildet (endogen) oder von außen (exogen) zugeführt werden kann. Aufgrund ihrer stark elektrophilen Eigenschaften binden Addukte an die basische DNA oder gehen eine kovalente Bindung ein und modifizieren dadurch chemisch die DNA. Infolgedessen kommt es zur Störung der Genexpression und der Replikation. Auch können durch Addukte die DNA-Reparaturmechanismen ausgeschaltet werden, sodass es zu Mutationen kommen kann, welche wiederum mit der Entstehung von Krebs im Zusammenhang stehen. Annähernd hundert verschiedene Reaktionsprodukte von DNA-Nucleotiden wurden inzwischen von Strahlenforschern identifiziert. Für die Mutationsauslösung scheint allerdings ein ganz bestimmtes Addukt, nämlich das 8-Oxo-Guanin (8-OxoG), die weitaus größte Rolle zu spielen. In diesem Fall kann es während der Replikation zur Umwandlung eines GC-Basenpaars in ein TA-Basenpaar kommen. Dieser Vorgang wird „Transversion" genannt und beruht darauf, dass gegenüber einem 8-Oxo-Guanin im Matrizenstrang sowohl das normale Cytosin-Nucleotid als auch ein Adenin-Nucleotid eingebaut werden kann, wobei Letzteres sogar bevorzugt wird. Auch die DNA-Vernetzung (*crosslink*) wird zu den Addukten gezählt. Diese kann innerhalb des gleichen DNA-Strangs (*interstrand crosslink*), zwischen zwei DNA-Molekülen (*intrastrand crosslink*) oder aber zwischen dem DNA-Molekül und beispielsweise einem DNA-bindenden Protein auftreten (*DNA protein crosslink*).

Zum Schluss soll der Vollständigkeit halber noch erwähnt werden, dass Veränderungen am Zucker-Phosphat-Rückgrat natürlich auch einen DNA-Schaden darstellen.

Die überwiegende Anzahl der bisher besprochenen Läsionen wird durch Basenaustauschreparatur (*base excision repair*, Basenexzisionsreparatur, BER), Nucleotidaustauschreparatur (*nucleotide excision repair*, Nucleotidexzisionsreparatur, NER) und Fehlbasenreparatur (*mismatch repair*, MMR) wieder in Ordnung gebracht. Beispielsweise erfolgt die Reparatur von DNA-Modifikationen, wie den oben besprochenen Addukten, überwiegend durch Nucleotidaustauschreparatur (NER). Eine fehlerhaft durchgeführte Reparatur vernetzter DNA kann jedoch zu Mutationen führen, wodurch die Entstehung von Krebs begünstigt wird. Darüber hinaus hemmen vernetzte Nucleinbasen die Replikation der DNA. An dieser Stelle sind wir schon beim nächsten Thema angekommen, nämlich der DNA-Reparatur.

7.3 DNA-Reparaturmechanismen

Schätzungen zufolge sind etwa 200 menschliche Gene an der Reparatur der DNA beteiligt. Es gibt etwa 10 gut charakterisierte Reparaturwege, die DNA-Schäden unterschiedlichster Art reparieren, wobei die Fehleranfälligkeit zum Teil sehr unterschiedlich ist. Grundsätzlich lassen sich verschiedene Arten von Reparaturmechanismen unterscheiden. Dazu gehören beispielsweise Einzelstrang- wie auch Doppelstrang-Reparaturmechanismen, von denen ausgesuchte Signalwege etwas eingehender besprochen werden.

7.3.1 Einzelstrangbruchreparatur

Mismatch-Reparatur: Das Mismatch-Reparatursystem behebt noch während der Replikation Fehler, die nicht durch die Proofreading-Funktion der Polymerase bei der DNA-Replikation behoben wurden. Basenfehlpaarungen können aber auch noch nach der Replikation behoben werden (postreplikative Reparatur).

Basenexzisionsreparatur: Bei der Reparatur desaminierter oder oxidierter Basen werden grundsätzlich alle fehlerhaften, räumlich kleinen Veränderungen ausgeschnitten. Während die DNA-Glykosylase die beschädigte Base erkennt, wird das Entfernen des Desoxyribosephosphats durch die AP-Endonuclease und die Phosphodiesterase bewerkstelligt. Allerdings bleibt nach dem Entfernen eine AP-Stelle (Apyrimidin- oder Apurinstelle) zurück. Schließlich füllt die Polymerase die Lücke wieder und die Ligase verbindet die Enden.

Nucleotidexzisionsreparatur: Reparatur von DNA-Schäden, welche die räumliche Anordnung der DNA-Doppelhelix verändern (*bulky adducts*), wie z. B. Thymidindimere, die durch UV-Strahlung entstehen. Hier werden beim Ausschneiden neben den geschädigten auch benachbarte Nucleotide (Reparaturbereiche um ca. 50 Nucleotide) entfernt.

Einen Überblick über die beteiligten Komponenten, die bei den bisher besprochenen Mechanismen einschließlich der Schadenserkennung eine Rolle spielen, bietet ◘ Abb. 7.3.

7.3.2 Doppelstrangbruchreparatur

Da aus zellulärer Sicht besonders strukturell komplexe Doppelstrangbrüche bzw. Schadenscluster wegen ihrer destabilisierenden Wirkung auf das Genom die gravierendsten biologischen Folgen haben können, sollen im nächsten Abschnitt die Reparaturwege für die Beseitigung von Doppelstrangbrüchen im Focus stehen. Voraussetzung hierfür ist die Bindung eines Proteinkomplexes an die freiliegenden Chromosomenenden und die anschließende Aktivierung der Proteinkinase ATM (*Ataxia Telangiectasia Mutated*, einer mutierten Form der Kinase) [13]. Auch die Aktivierung von p53 und das Anhalten des Zellzyklus (Zellzyklusarrest) sind bei der DSB-Reparatur obligatorische Schritte.

Die zelluläre Schadensantwort auf DNA-Doppelstrangbrüche kann vereinfacht in folgende Abläufe gegliedert werden.

1. Schadenserkennung,
2. „Verarbeitung" der offenen Bruchenden (Prozessierung),
3. Entscheidung zwischen Reparatur oder Zelltod als Schadensantwort.

Hierbei lässt sich eine enge Verknüpfung von DNA-Schadensmanagement, Zellzyklus-Kontrollpunkten (*checkpoints*) und in manchen Zellen auch der Apoptose-Signalwege feststellen. Das beruht darauf, dass diverse Schlüsselmoleküle an mehreren Prozessen bzw. an den Schnittstellen beteiligt sind.

Es gibt es zwei hauptsächliche Wege für die Reparatur von DSB, nämlich die nicht-homologe Endverknüpfung (*non-homologous end-joining*, NHEJ) und die homologe Rekombination (*homologous recombination*, HR), auch homologe Rekombinationsreparatur (HRR) genannt. Der Hauptunterschied zwischen beiden Reparaturwegen besteht darin, dass HR als Grundlage für die Reparatur homologe DNA-Sequenzen benötigt, während NHEJ die DNA-Reparatur ohne homologe Sequenzen bewerkstelligt. Dieser Unterschied hat entscheidende Konsequenzen für die Geschwindigkeit und Korrektheit der beiden Reparaturmechanismen. Darauf und auf weitere Unterschiede wird weiter unten noch eingegangen. Im folgenden Abschnitt werden zunächst die wesentlichen Merkmale und Komponenten beider Reparaturwege charakterisiert.

Nicht-homologe Endverknüpfung (NHEJ)

NHEJ repräsentiert den hauptsächlichen Reparaturweg in Säugerzellen und funktioniert während des gesamten Zellzyklus. Der generelle Mechanismus lässt sich in vier sequenzielle Schritte einteilen:

1. Erkennung des DNA-Bruchendes und Zusammenbau und Stabilisierung des NHEJ-Komplexes am Doppelstrangbruch,
2. Überbrückung der DNA-Enden und Unterstützung der Bruchendstabilität,
3. Verarbeitung der offenen DNA-Enden (Prozessierung),
4. Verknüpfung (Ligation) der gebrochenen Enden und Auflösung des NHEJ-Komplexes.

Der initiale Schritt ist die Erkennung des DSB und die Bindung eines Heterodimers aus den Proteinen Ku70 und Ku80 (Ku70/80) an die Bruchenden. Die Fähigkeit des Ku-Heterodimers, den DSB rasch zu lokalisieren, beruht

7

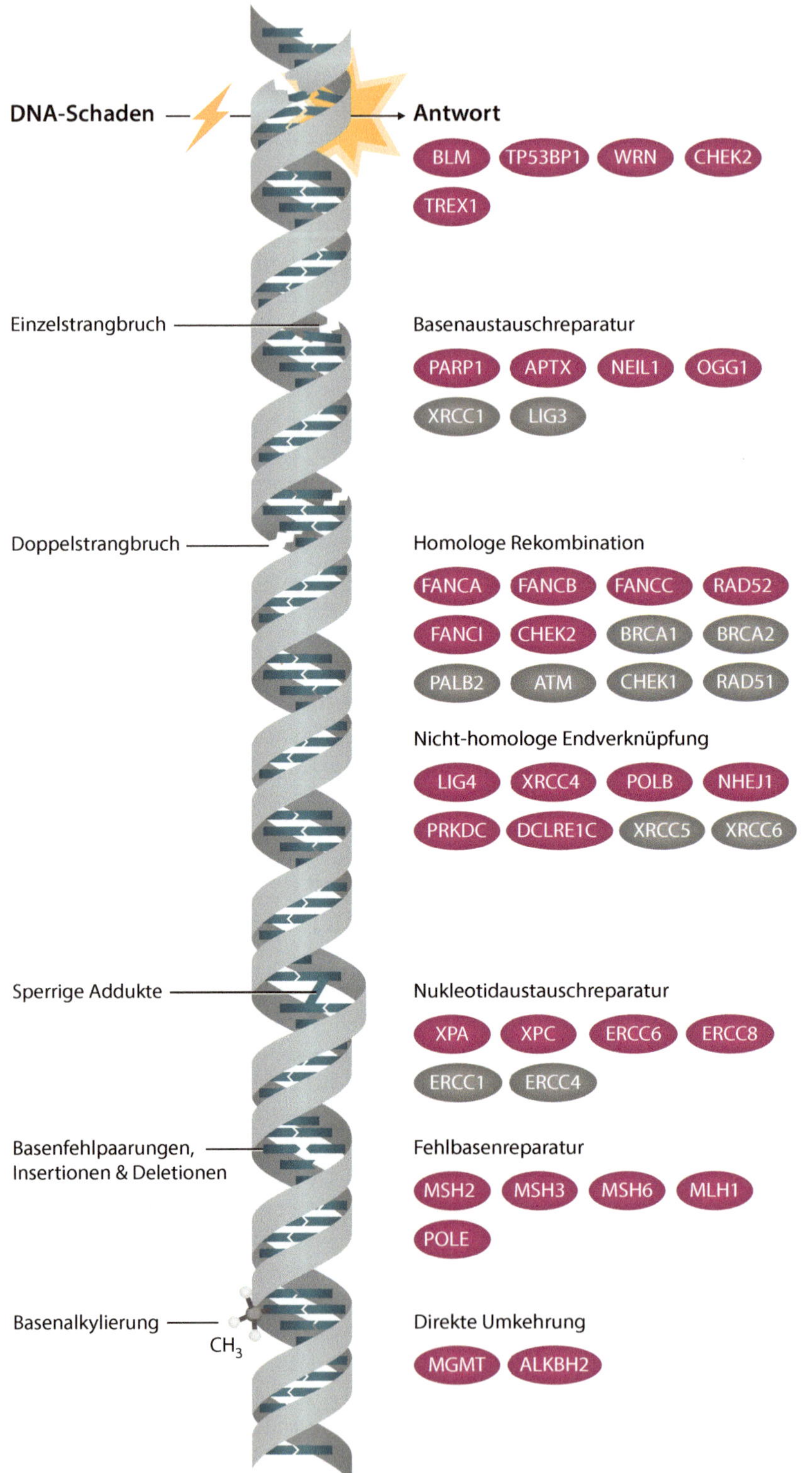

Abb. 7.3 Überblick über die DNA-Reparaturmechanismen und die beteiligten Reparaturproteine. (Mit freundlicher Genehmigung von Horizon Discovery Ltd. https://www.horizondiscovery.com)

wahrscheinlich auf seiner außergewöhnlich hohen Affinität für DNA-Enden (Bindungskonstante $2 \times 10^{-9}\ M^{-1}$), mit denen es interagiert. Auch seine hohe Konzentration in der Zelle (~500.000 Ku-Moleküle/Zelle) ist ein entscheidender Faktor. Aus Kristallstrukturanalysen weiß man, dass Ku an das Zucker-Phosphat-Rückgrat der DNA bindet und nicht an die Basen, was seine sequenzunabhängige Art der Interaktion erklärt. Nach der Bindung von Ku70/80 an das Bruchende dient es als Arbeitsgerüst für die direkte oder indirekte Rekrutierung weiterer NHEJ-Faktoren, wie die DNA-abhängige Proteinkinase (DNA-PK), das *X-ray cross complementing protein 4* (XRCC4), DNA-Ligase IV, XRCC4-*like factor* (XLF) und *Aprataxin-and-PNK-like factor* (APLF) zum DSB. Die am besten untersuchte Interaktion ist die zwischen dem Ku-Heterodimer und der katalytischen Untereinheit der DNA-abhängigen Proteinkinase (DNA-PKcs), welche zum DNA-gebundenen Ku70/80 rekrutiert wird. Zusammen bilden beide Komponenten das DNA-PK-Holoenzym. Anschließend erfolgt die Aktivierung der DNA-PK-Kinaseaktivität. In Gegenwart von Ku und XRCC4-DNA-Ligase IV wird die DNA-Polymerase μ zur DNA rekrutiert. Man vermutet, dass XRCC4 in Verbindung mit Ku die Rekrutierung weiterer Prozessierungsenzyme zu Doppelstrangbrüchen vermittelt. Wie die DNA-Enden erkannt und stabilisiert werden, ist in dem Schema in ◘ Abb. 7.4 dargestellt.

Zusammenfassend kann man sagen, dass die Rolle von XRCC4 in NHEJ komplexer zu sein scheint und sich nicht nur auf die grundlegende Rekrutierung der terminalen Ligase für die Reaktion am DSB beschränkt. Außerdem könnte dieses sequenzielle Modell der schrittweisen Rekrutierung auch unkorrekt sein. Inzwischen mehren sich Hinweise darauf, dass die Reihenfolge der Rekrutierung der Faktoren außerhalb des Ku-Heterodimers sogar flexibel und von der Komplexität des DNA-Schadens abhängig sein könnte. Einfache DSB könnten unter Beteiligung nur des Ku-Heterodimers, XRCC4, Ligase IV und XLF rasch repariert werden, während komplexe Brüche DNA-PKcs und möglicherweise die Aktivität von ATM erfordern. Von

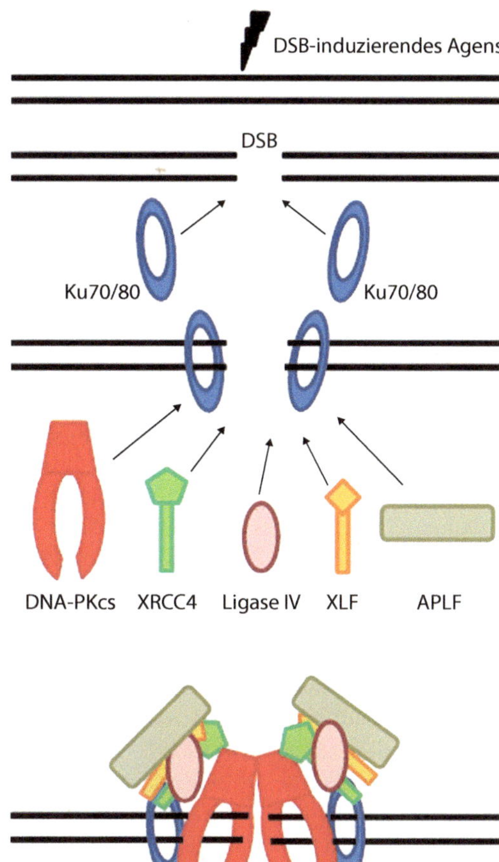

◘ **Abb. 7.4** DNA-Erkennung von DNA Bruchenden und Stabilisierung der Kern-NHEJ-Faktoren. Der DNA-Doppelstrangbruch (DSB) ist induziert. Ku bindet rasch an die Enden des gebrochenen DNA-Moleküls. Ku dient als Gerüst, um die Kern-NHEJ-Maschinerie zum DNA-DSB zu rekrutieren. DNA-PKcs, XRCC4, XLF, DNA-Ligase IV, und APL werden unabhängig zum Ku-DNA-Komplex rekrutiert. Die Kern-NHEJ-Faktoren interagieren miteinander, um einen stabilen Komplex am DSB zu formen. ((**c**) Davis und Chen [15], https://www.ncbi.nlm.nih.gov/pmc/articles/PMC3758668/figure/F1/)

einigen Faktoren nimmt man an, dass sie den NHEJ-Komplex am DSB stabilisieren. Dazu gehören Ku, DNA-PKcs, die Kinaseaktivität der DNA-PKcs und XRCC4. Der nächste Schritt ist die Überbrückung und die Stabilisierung der Bruchenden. Dieser Vorgang dient dem Schutz vor unspezifischer Prozessierung offener DNA-Enden, was zu Chromosomenaberrationen und damit zu genomischer Instabilität führen kann. Das Ku-Heterodimer bindet an die Bruchenden und schützt sie dabei zellzyklusunabhängig, da dies in allen Zellzyklusphasen beobachtet wurde. Hat Ku erst einmal die DNA-PKcs zu den DSB-Enden rekrutiert, wird eine bestimmte Struktur am Bruchende gebildet, welche wahrscheinlich eine aktive Rolle in der Bildung eines synaptischen Komplexes spielt, welches die beiden Enden des gebrochenen DNA-Moleküls zusammenhält. Dabei könnte Ku80 dazu beitragen, dass die DNA-PKcs an den DSB-Enden zurückgehalten und der DNA-PK-Komplex im synaptischen Komplex an der Stelle des DSB gehalten wird. Zudem wurde beobachtet, dass der XRCC4-XLF-Komplex ein haltegurt-ähnliches Filament bildet, welches die Bruchenden unter Beteiligung von Ku-DNA-PKcs überbrückt.

Das anschließend einsetzende Prozessieren dient dazu, verknüpfbare (ligierbare) Enden zu erzeugen. Je nachdem, wie komplex der entstandene Bruch ist, kann eine ganze Reihe verschiedener Enzyme benötigt werden, um die offenen DNA-Enden zu verarbeiten. Das schließt Enzyme ein, die die DNA-Enden schneiden, die Lücken auffüllen, störende Endgruppen (z. B. 5′-Hydroxyl- oder 3′-Phosphatgruppen) entfernen und die Enden in einen verknüpfbaren Zustand bringen. Die lange Liste umfasst Artemis, PNKP, APLF, die Polymerasen μ und λ, Werner (WRN), Apratanxin und Ku. Hierbei sind Artemis, WRN und APLF für das Schneiden der DNA-Enden zuständig, während das Auffüllen der Lücken von den Polymerasen μ und λ übernommen wird. Die Polymerase μ führt eine matrizenabhängige Synthese durch, indem sie in Gegenwart von Ku und XRCC4-DNA-Ligase IV über einen unterbrochenen Matrizenstrang (*template*-Strang) hinweg polymerisiert [14].

Der abschließende Schritt besteht in der Verknüpfung der Bruchenden und der Auflösung des NHEJ-Komplexes. Das Verknüpfen ist Aufgabe der DNA-Ligase IV, die dabei von XRCC4 stabilisiert wird und dadurch deren Aktivität stimuliert. DNA-Ligase IV kann jedoch auch nichtkompatible DNA-Enden miteinander verknüpfen und über Lücken hinweg ligieren. Diese Mismatch-Aktivität wird von XLF unterstützt. Bisher ist wenig über den Mechanismus bekannt, der die Dissoziation des NHEJ-Komplexes reguliert. Man vermutet, dass nach dem Abschluss der Reparaturarbeiten an den Bruchenden die E3-Ubiquitin-Ligase RNF8 die Abspaltung von Ku von den DNA-Enden vermittelt. Die Autophosphorylierung der DNA-PKcs induziert eine Konformationsänderung, welche wahrscheinlich die DNA-PKcs von den DNA-Enden freisetzt.

Die einzelnen Schritte der Doppelstrangbruchreparatur mittels NHEJ und noch einen Hinweis auf alternative NHEJ-Wege lassen sich sehr schön in der Übersichtsarbeit von Davis und Chen [15] nachlesen.

Homologe Rekombination (HR)

Der andere Reparaturweg, den Zellen wählen können, ist die homologe Rekombination. Sie findet vor allem in der späten S- bzw. G_2-Phase statt, da nur in diesen Zellzyklusphasen die originale Sequenzinformation der homologen Schwesterchromatide vorliegt, die durch den DSB verloren gegangen ist [16]. Damit ist dieser zeitlich begrenzte Mechanismus im Vergleich zum NHEJ exakter, allerdings auch zeitintensiver [17]. Für Eukaryoten bzw. Säugetierzellen sind vier relevante HR-Modelle beschrieben, nämlich das *double-strand-break-repair* (DSBR)-Modell, das *synthesis-dependent-strand-annealing* (SDSA)-Modell, das *break-induced-replication* (BIR)-Modell und schließlich das *single-strand-annealing* (SSA)-Modell.

Unabhängig vom betrachteten Reparaturmodell kann man festhalten, dass die HR mit der Aktivierung der Proteinkinase ATM beginnt. Die Aktivierung wird durch einen Komplex aus den Proteinen Mre11, RAD50 und NBS1 (MRN-Komplex) vermittelt, wodurch die inaktive Form von ATM an den Doppelstrangbruch rekrutiert wird. Gleichzeitig kommt es zu einer Entwindung der DNA-Helix im Bereich des DSB und zur Phosphorylierung des Histons H2AX, welches in der phosphorylierten Form γH2AX genannt wird. Dieser Phosphorylierungsschritt ist ein frühes Ereignis in der DSB-Reparatur und wird häufig als Nachweis für DSB eingesetzt, doch dazu an anderer Stelle mehr.

Als Nächstes erfolgt die Prozessierung der Bruchstelle durch die Bildung eines 3′-Überhangs aus langen DNA-Einzelsträngen (*DNA resection*), durch die 5′–3′-Exonucleaseaktivität des MRN-Komplexes und der Nuclease CtIP. Die einzelsträngigen Überhänge müssen stabilisiert werden, was durch die Bindung des RPA-Komplexes (*replication protein A*) an die Einzelstränge bewerkstelligt wird. Alle Reparaturwege der HR, mit Ausnahme des *single-strand annealing* (SSA), benutzen diese ssDNA, um homologe Sequenzen in der Schwesterchromatide, welche als Matrize fungiert, zu finden. Ab da unterscheiden sich auch die HR-Signalwege der Reparatur voneinander. Um es an dieser Stelle nicht ausufern zu lassen, soll hier nur ein Modell, nämlich das DSBR-Modell, etwas genauer beschrieben werden.

Den schrittweisen Ablauf der HR kann man sich grob schematisch etwa so vorstellen:

1. Parallele Anordnung von zwei homologen DNA-Abschnitten, die mindestens über einen Bereich von 100 Basenpaaren (bp) identische oder fast identische Sequenzhomologien aufweisen müssen.
2. Erzeugung von einzelsträngigen DNA-Abschnitten und deren Stabilisierung durch DNA Bindeproteine.
3. Bildung kurzer Abschnitte von Basenpaarungen zwischen den rekombinierenden DNA-Molekülen (Stranginvasion): Der einzelsträngige DNA-Abschnitt des einen Strangs paart mit dem homologen Einzelstrangabschnitt des anderen DNA-Strangs und bildet somit ein Duplex-DNA-Molekül. Auf diese Weise werden neue doppelsträngige DNA-Abschnitte gebildet (Heteroduplex-DNA), die jedoch häufig noch Basenfehlpaarungen enthalten, die später noch korrigiert werden.
4. Nach der Stranginvasion liegen die überkreuzenden DNA-Moleküle in verknüpfter Form vor. Dieses strukturelle Konstrukt ist nach seinem Erstbeschreiber Robin Holliday als Holliday-Kreuzung oder auch *holliday-junction* bekannt. Dieses Konstrukt kann an den beiden über Kreuz gepaarten (rekombinierten) Duplex-DNA-Strängen entlangwandern. Dies wird durch wiederholtes Trennen der Strangabschnitte, gefolgt von anschließender Bildung von Basenpaarungen bewerkstelligt. Bei dieser Bewegung der *holliday-junction* werden Basenpaare in den Elternmolekülen aufgebrochen und meist identische Basenpaare zwischen den neu gebildeten Strangabschnitten gebildet. Dieser Prozess wird in der Fachliteratur *branch migration* genannt.
5. Die Auflösung der *holliday-junction* liefert als Ergebnis wieder zwei getrennte DNA-Doppelstränge, wodurch der Austausch zwischen den beiden homologen DNA-Molekülen angeschlossen wird.

Nach den beiden hauptsächlichen Mechanismen für die DSB-Reparatur NHEJ und HR sollen nun noch weitere DSB-Reparaturmechanismen kurz skizziert werden.

Das sogenannte *single-strand annealing* (**SSA**) ist ein sehr effizienter, aber leider auch fehleranfälliger Mechanismus (*error-prone repair*) für die Reparatur von DSB. Er beruht auf der Anwesenheit von tandemartig angeordneten Sequenzwiederholungen, die die DSB-Bruchenden flankieren und benötigt werden, um den Bruch zu reparieren. In Hefen werden dazu im 1. Schritt durch eine Vielzahl von Nucleasen und Helikasen Einzelstränge erzeugt. In höheren Eukaryoten hingegen katalysieren speziesspezifische homologe Proteine das Schneiden der Bruchenden (Endresektion). Der nächste Schritt besteht in der Anlagerung der komplementären Wiederholungssequenzen, die den Bruch auf einer Länge von bis zu 20–30 kb flankieren. Dabei geht eine Wiederholungssequenz und die dazwischen liegende DNA verloren (Deletion). Daher ist dieser Reparaturweg sehr mutagen.

Mikrohomologie-vermittelte Endverknüpfung (*Microhomology-mediated end-joining*, **MMEJ**): MMEJ unterscheidet sich vom klassischen Endjoining-Weg durch die Verwendung von 5–25 Basenpaar langen Mikrohomologien zum Alignment von Bruchenden. Zunächst werden durch die Nuclease Mre11 einzelsträngige Enden generiert (vgl. HR). Diese Enden paaren mit Einzelsträngen anderer Bruchenden über die erwähnten Mikrohomologien. Anschließend werden Überhänge entfernt und Lücken geschlossen. Durch die Verwendung größerer Abschnitte von Mikrohomologie und durch die Entfernung von Überhängen an der Reparaturstelle können größere Deletionen entstehen. Deshalb ist auch dieser Reparaturweg fehleranfällig.

Synthesis dependent strand-annealing (**SDSA**): Dieser Weg ist eine Variante der klassischen homologen Rekombination, wobei nur ein Strang in eine homologe Template-DNA einwandert. Nach dessen Verlängerung wandert der Strang unter Wiederherstellung der doppelsträngigen Struktur zurück in das Ausgangsmolekül. Eventuell vorhandene einzelsträngige Bereiche werden durch Polymeraseaktivität geschlossen. Es wird keine Holliday-Struktur gebildet, weshalb auch kein Crossover entstehen kann.

7.4 NHEJ oder HR – which way to repair?

Wie entscheidet eine geschädigte Zelle, welchen Reparaturweg sie wählt? Diese Entscheidung ist von mehreren Faktoren abhängig [18]. Einer dieser Einflussgrößen ist die Konzentration funktionstüchtiger Enzyme, die sich am DSB befinden. Diese Enzymkonzentration ändert sich, je nachdem, in welcher Zellzyklusphase sich die Zelle zum Zeitpunkt der Schadensinduktion befindet. Sie kann aber auch durch genetisch bedingte Proteindysfunktionen beeinflusst werden. Ob ein DSB durch NHEJ oder die HR repariert wird, hängt zum Beispiel davon ab, ob die Untereinheit Ku der DNA-PK am DSB binden kann. Ist dies gegeben, dann startet der sogenannte DNA-PK-abhängige Reparaturweg (*DNA-PK-dependent NHEJ, D-NHEJ*). Ist jedoch in der DNA-Resektion die DNA-Bruchstelle durch den MRN-Komplex und die Nuclease CtIP mit ssDNA versehen worden, kann Ku nicht binden. In diesem Fall beginnt die homologe Rekombination anstatt des D-NHEJ [19, 20].

In jüngster Zeit mehren sich Hinweise, dass 53BP1 (*p53-binding protein 1*), ein wichtiger Regulator in der DSB-Schadensantwort, der die Endverknüpfung der Bruchenden fördert, als Zünglein an der Waage fungiert. Er soll die Wahl des Reparaturweges, zumindest zu frühen Zeitpunkten nach der DSB-Induktion, beeinflussen. Dies geschieht dadurch, dass er die Reparatur durch NHEJ bevorzugt und diejenige durch HR unterdrückt, indem er Faktoren wie RIF1 (*replication timing regulatory factor 1*), REV7, PTIP (*PAX-interacting protein*) und Artemis an den DSB rekrutiert, um das exzessive Prozessieren des DSB-Endes zu verhindern. Zusätzlich zu seiner inhibitorischen Rolle konnte kürzlich gezeigt werden, dass 53BP1 ebenfalls einen fehlerfreien Weg der HR unterstützt. Bei dieser Variante wird eine begrenzte Prozessierung des Bruchendes zugelassen, um überhängende 3'-Bruchenden zu erzeugen, die dann von der Rekombinase RAD51 erkannt werden. Dieser Weg kann allerdings zur Reparatur durch Genkonversion (latein. *conversio* = Umkehrung) führen. Damit ist die Umwandlung eines Allels in ein anderes während der Rekombination zwischen zwei DNA-Molekülen gemeint, auf denen die beiden Allele des betreffenden Gens liegen. Dieser Prozess kann dazu führen, dass als Ergebnis des Rekombinationsereignisses die beiden Allele ungleich (nicht 2:2, sondern z. B. 3:1 oder 1:3) verteilt vorliegen. Ist 53BP1 dagegen abwesend, führt dies zur Rekrutierung von RAD52, wodurch die Reparatur durch SSA gefördert wird. Nach der Resektion wird das Brustkrebsgen BRCA1 (*breast cancer susceptibility gene 1*) zum Reparaturfokus IRIF (*ionising radiation-induced foci*) rekrutiert und dann wird 53BP1 in der Fokusperipherie relokiert. Diese Relokalisation erfordert die BRCA1-C-terminalen Domänen von 53BP1 [21].

Ein weiterer wichtiger Faktor bei der Wahl des Reparaturweges ist, ob der DSB im Eu- oder Heterochromatin entstanden ist. Man weiß, dass Brüche im Euchromatin aufgrund der aufgelockerten Chromatinstruktur rasch und zuverlässig durch NHEJ repariert werden [22]. Gegenwärtig wird in Forscherkreisen heiß diskutiert, dass die Komplexität des DSB ebenfalls

Tab. 7.2 Funktionelle Klassen der DNA-Doppelstrangbruch-Response Proteine in der Hefe (*Sacharomyces cerevisiae*) und im Menschen (*Homo sapiens*). (Modifiziert nach Lisby und Rothstein [24])

DSB-Response-Proteine	Hefe	Mensch
DNA-Schadenserkennung	Mre11/RAD50/Xrs2/ Rfa1/Rfa2/Rfa3	Mre11/RAD50/Nbs11/Rpa1/Rpa2/ Rpa3
Zellzykluskontrollproteine	Rad24/Rfc2-5 Ddc1/Mec3/Rad17 Mec1/Ddc2 Tel1	Rad17/Rfc2-5 Rad9/Hus1/Rad1 ATR/ATRIP ATM
Adaptoren/ Transduktoren	Mrc1 Rad9	Claspin BRCA1, MDC1, 53BP1
Effektorkinasen	Rad53 Chk1	Chk2 Chk1
Homologe Rekombination (HR)	Rad52 Rad51, Rad55/Rad57 Rad54 Rad59 Rdh54	Rad52 Rad51, Rad51B, Rad51C Rad51D, Xrcc2 und Xrcc3 Rad54 Rad52B Rad54B
Proteine der Nicht-homologen Endverknüpfung (NHEJ)	Yku70/Yku80 Dnl4/Lif1 ? ?	Ku70/Ku80 Lig4/Xrcc4 DNA-PKcs Artemis

ein Entscheidungskriterium sein könnte. Experimentelle Befunde zeigen, dass Homologie-abhängige Reparatur bevorzugt aktiviert wird, wenn Brüche komplexe, vielfältig geschädigte Bruchenden während der späten S- und in der G_2-Phase des Zellzyklus aufweisen [23].

Tab. 7.2 bietet eine Übersicht über die an den verschiedenen Reparaturwegen beteiligten Komponenten beim Menschen und im Modellorganismus Hefe [24].

7.5 Methoden zur Analyse von DNA-Schäden

Es gibt viele Methoden zur Detektion von DNA-Schäden, dennoch haben sich in der Praxis nur die Verfahren dauerhaft etabliert, die empfindlich, reproduzierbar und nach Möglichkeit auch automatisierbar sind. Der letzte Punkt ist gerade bei Hochdurchsatzanalysen von immenser Bedeutung. Ein Nachteil vieler konventioneller Methoden ist nämlich, dass sie zeit- und personalintensiv sind, der Auswerter viel Erfahrung mitbringen muss und häufig der Assay nur funktioniert, wenn die Zellen trotz des DNA-Schadens noch teilungsfähig sind. Im folgenden Abschnitt werden einige ausgewählte Verfahren kurz vorgestellt. Die letzte Methode, der Foci-Assay, wird hingegen ausführlicher behandelt, da er sich schon seit vielen Jahren großer Beliebtheit erfreut und inzwischen weit verbreitet ist.

7.5.1 Comet-Assay

Der Comet-Assay ist eine schnelle, sensitive und vergleichsweise einfache Methode, die besonders häufig von Toxikologen und Strahlenbiologen sowie im Bereich der Umweltanalytik angewendet wird. Das Potenzial chemischer Substanzen (Pestizide, Metalle, polycyclische Aromaten usw.) und Strahlung, in prokaryotischen und eukaryotischen Zellen Mutationen und DNA-Schäden auszulösen, hat dazu geführt, dass man diese Noxen auf ihr gentoxisches Potenzial testen musste, bevor sie in einem Produkt verwendet oder in die Umwelt abgegeben werden können. Für diesen Zweck eignet sich der hier vorgestellte Comet-Assay sehr gut. Das Prinzip der Methode beruht auf der elektrophoretischen Analyse individueller Zellen (*single cell gel electrophoresis*, SCGE), um den DNA-Schaden auf Einzelzellniveau untersuchen zu können [25]. Dabei wird die Fähigkeit negativ geladener DNA-Fragmente in einem elektrischen Feld durch ein Agarosegel zu wandern ausgenutzt. Die Länge der Wegstrecke, die dabei zurückgelegt wird, ist ein direktes Maß für das Ausmaß des DNA-Schadens in den untersuchten Zellen. Nach der Zelllyse und der anschließenden Elektrophorese werden die Zellkerne mit einem DNA-Farbstoff wie z. B. Acridinorange oder Propidiumjodid gefärbt. Dadurch ergibt sich das Bild eines Kometen, was der Methode ihren Namen gegeben hat. Der Zellkern stellt den Kometenkopf dar, der die noch intakte DNA enthält, während der Schweif aus DNA-Fragmenten besteht, die im elektrischen Feld aus dem Kern herausgewandert sind. Große Fragmente befinden sich direkt hinter dem Kern, während kleinere Fragmente eine längere Wegstrecke zurücklegen und sich entsprechend ihrer Größe auf den Kometenschweif verteilen, wie in ◘ Abb. 7.5 dargestellt.

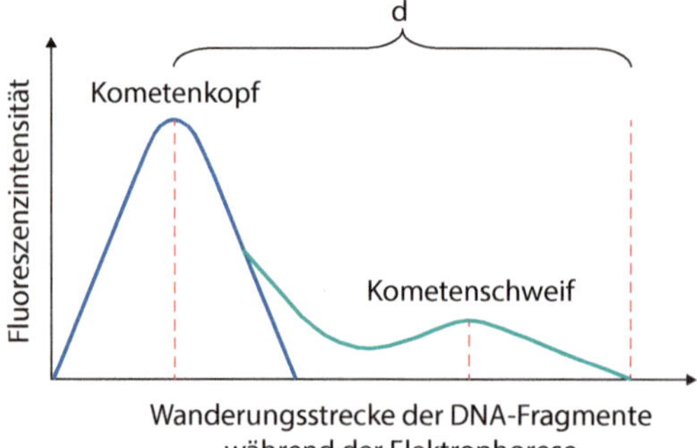

◘ **Abb. 7.5** Darstellung der Parameter zur Bestimmung des Olive-*tail-moments* (OTM)

Für die Auswertung stehen Programme zur Verfügung, die eine vollautomatische Erkennung der Kerne im Agarosebett und die Quantifizierung der Fluoreszenzsignale von Kometenkopf und Schweif erlauben. Diese Programme (z. B. von MetaSystems) erkennen automatisch den Kometenschweif und alle weiteren Parameter für die Schadensbestimmung. Dazu gehört das sogenannte *tail moment*, auch Olive-*tail-moment* (OTM) genannt (OTM = Wanderstrecke × DNA-Anteil im Kometenschweif), was auf die Erstbeschreibung von Peggy Olive [26] zurückgeht. Darüber hinaus wird der prozentuale Anteil der DNA im Kopf und im Schweif des Kometen gemessen, genauso wie deren Abmessungen. Nach der Anpassung der Suchkriterien durch den Anwender werden die Kometen erkannt, automatisch fotografiert und in einer Bildgalerie dargestellt. Wie intakte und geschädigte Zellen nach der Elektrophorese aussehen, ist in ◘ Abb. 7.6a und b dargestellt.

Vom Comet-Assay existieren zwei verschiedene Protokolle, nämlich die neutrale und die alkalische Variante. Die neutrale wurde von Ostling und Johannson im Jahr 1984 [27] erstmals beschrieben, die alkalische Version des Assays wurde im Jahr 1988 von N. P. Singh [25] veröffentlicht. Was ist der Unterschied? Beim alkalischen Assay liegt der pH-Wert höher als 13, sodass alkalilabile Stellen, Einzel- und Doppelstrangbrüche nachgewiesen werden können. Das beruht darauf, dass die Doppelhelix bei pH-Werten knapp unter 9 allmählich beginnt, sich in Einzelstränge zu trennen. Vollständig dissoziiert ist die Helix dann bei pH-Werten jenseits von 10, sodass die DNA-Fragmente des Kometenschweifs sowohl auf Einzel- wie auch auf Doppelstrangbrüche zurückzuführen sind. Dem gegenüber werden beim neutralen Comet-Assay nur Doppelstrangbrüche nachgewiesen. Bei pH-Werten unterhalb von 9 dissoziiert die Helix nicht in ihre Einzelstränge, wodurch die Fragmente allein durch Doppelstrangbrüche verursacht werden. Liegt ein Einzelstrangbruch vor, so hält der gegenüberliegende noch intakte Einzelstrang die Helix

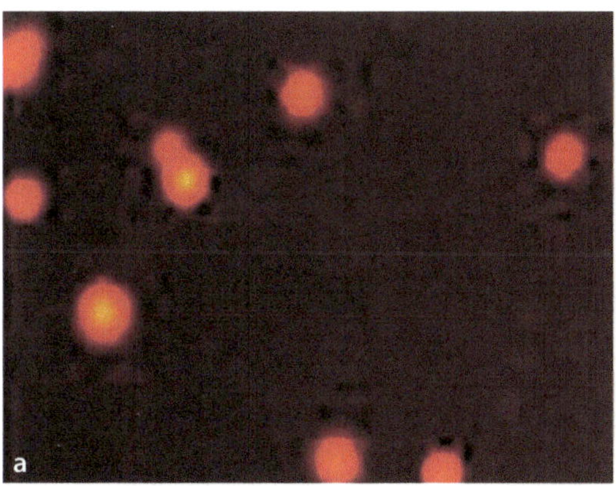

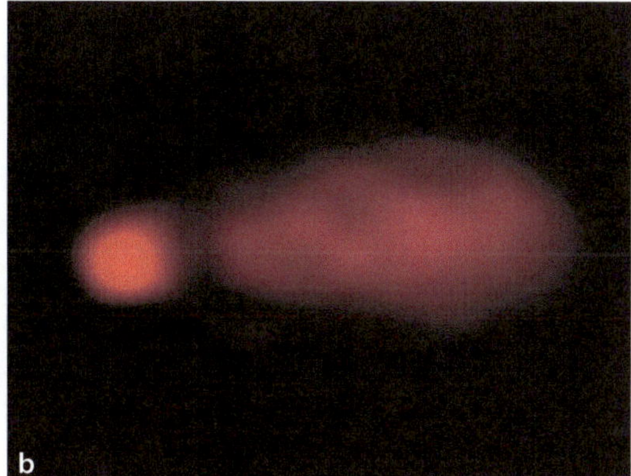

Abb. 7.6 Intakte Kontrollzellen (**a**) und geschädigte Zellen mit ausgeprägtem Kometenschweif (**b**) nach der Elektrophorese mit dem Comet-Assay

zusammen was verhindert, dass Einzelstrangbrüche zur Bildung der DNA-Fragmente beitragen können.

7.5.2 Mikronucleus-Test (Micronucleus Assay)

Eine weitere Methode, um DNA-Schäden bestimmen zu können, ist der Mikronucleus-Test. Wem jetzt spontan der Kleinkern (Mikrokern) in den Sinn kommt, der neben dem Makronucleus in Einzellern vorkommt, liegt leider genial daneben. Hier ist etwas ganz anderes gemeint, nämlich ein cytogenetischer Test zum Nachweis von Schäden an Chromosomen (z. B. Chromosomenbrüche) und am Spindelapparat in sich teilenden Säugetierzellen. Der Test ist ursprünglich entwickelt worden, um das gentoxische bzw. mutagene Potenzial chemischer Substanzen (z. B. Karzinogene) und Strahlung untersuchen zu können, daher wird er häufig im Bereich der biologischen Dosimetrie, der klinischen Cytogenetik und bei der Umweltüberwachung angewendet.

Heute kommt der Test meist in einer modifizierten Form zum Einsatz, bei der ein sogenannter Cytokinese-Block durchgeführt wird. Wie funktioniert das? Man bietet den geschädigten Zellen Cytochalasin-B, einen Inhibitor der Mitosespindel, an. Dadurch wird bei der ersten Zellteilung nach der Schadensinduktion die Cytokinese inhibiert, während der Zellkern hingegen die Kernteilung (Karyokinese) vollzieht. Das Resultat dieser Behandlung sind sogenannte binucleäre Zellen, von denen man weiß, dass sie einen Teilungszyklus durchlaufen haben. Fragmentierte DNA wird in die Mikrokerne eingeschlossen und ist somit von einer eigenen Kernmembranhülle umgeben. Nach entsprechenden Färbemethoden treten die Mikronuclei optisch als kleine, runde Partikel im Cytoplasma in Erscheinung. Der cytogenetische Schaden kann anschließend bei den zweikernigen Zellen quantifiziert werden.

Was steckt drin im Mikrokern?

Es gibt nur eine Art von Mikrokern, jedoch viele verschiedene Arten von Aberrationen, die zu seiner Bildung beitragen können. Es können Chromosomenfragmente, aber auch ganze Chromosomen in solchen Mikrokernen enthalten sein. Letztere wurden häufig bei spontan auftretenden Mikrokernen beobachtet, während die meisten durch Noxen induzierten Mikrokerne das Resultat asymmetrischer struktureller Chromosomenaberrationen sind. Daher können sich azentrische Fragmente als auch multizentrische Chromosomen (z. B. dizentrische) darin befinden. Wer sich mit dieser Methode eingehender beschäftigen möchte, dem sei eine sehr aufschlussreiche Arbeit empfohlen, die sich mit den

Fallstricken und Problemen dieser Methode auseinandersetzt und im Jahr 2000 von John Savage veröffentlicht [28] wurde.

7.5.3 Foci-Assays (γ-H2AX, 53BP1 und RAD51)

Foci-Assays erfreuen sich stetig wachsender Beliebtheit in der DNA-Reparatur-Forschergemeinde. Das beruht darauf, dass sie meist einfach durchzuführen und durch die Möglichkeit einer automatisierten Auswertung mittlerweile recht komfortabel geworden sind.

7

Das eigentliche Prinzip der Methode beruht auf dem Nachweis von DNA-Doppelstrangbrüchen mittels einer indirekten Immunfluoreszenzfärbung. Hierbei liegt die Annahme zugrunde, dass das Fluoreszenzsignal eines ausgewählten, fokal akkumulierten Reparaturproteins genau einem Doppelstrangbruch entspricht. Diese Reparaturfoci werden zunächst von einem unmarkierten primären Antikörper erkannt, der gegen das jeweilige Reparaturprotein, beispielsweise γ-H2AX, 53BP1 oder RAD51, gerichtet ist. Der Primärantikörper wiederum wird von einem mehrfach Fluorochrom-markiert Sekundärantikörper erkannt, wodurch eine Signalverstärkung ermöglicht wird. Durch eine Gegenfärbung mit einem DNA-Farbstoff wie z. B. DAPI (4′,6-Diamidin-2-phenylindol) werden die Zellkerne sichtbar gemacht und dadurch im Zuge einer automatisierten Auswertung detektierbar. Die beliebtesten Reparaturproteine werden im Folgenden kurz charakterisiert.

▪ γ-H2AX

Gleich das erste Protein stellt eine Ausnahme dar, weil es eigentlich kein Reparaturprotein, sondern ein Histon ist. Die Rede ist von H2A, welches im Eukaryotenzellkern vorkommt und zusammen mit den anderen Histonen H2B, H3 und H4 als essenzieller Bestandteil des Chromatins bei der Verpackung der DNA von zentraler Bedeutung ist (vergl. ► Abschn. 7.1.1 und ◘ Abb. 7.1). Bei H2AX handelt sich um eine Variante des Histons H2A. Man weiß, dass in etwa 20 % aller Histon-Oktamere das H2A durch H2AX ersetzt ist.

Nach einem DNA-Schaden, beispielsweise induziert durch eine Bestrahlung, entsteht die modifizierte Form des Histons durch Phosphorylierung am Serinrest 139. Diese Form wird dann γ-H2AX genannt und ist ein früher und sensitiver Indikator für Doppelstrangbrüche, da es in Säugerzellen innerhalb weniger Minuten bereits über Bereiche von mehreren Mb beiderseits der Bruchstelle am DSB akkumuliert. Zellen, denen das H2AX fehlt, so haben Untersuchungen gezeigt, können die Reparatur von strahleninduzierten DNA-Doppelstrangbrüchen nur eingeschränkt durchführen.

▪ 53BP1

Wie schon im ► Abschn. 7.4 erwähnt, ist 53BP1 in die Endverknüpfung der Bruchenden eines DSB involviert, wenn die ATM- oder ATR-vermittelte Schadenssignalkaskade aktiviert wurde. Das Reparaturprotein formt in der Nähe eines DNA-Schadens rasch, innerhalb von etwa 30 min, große Foci. Auch hier ist für die Schadensantwort keine *de-novo*-Synthese notwendig, da bereits in der Zelle vorhandenes 53BP1 zur Bruchstelle rekrutiert wird und dort fokal akkumuliert.

▪ RAD51

RAD51 ist ein aus 339 Aminosäuren bestehendes, in Eukaryoten hoch konserviertes Reparaturprotein, welches ausschließlich im Reparaturweg der homologen Rekombination eine zentrale Rolle spielt. Es handelt sich um ein DNA-bindendes Protein, welches nach einem DSB in die Suche nach Homologien involviert ist und den Prozess des Strangtransfers zwischen der gebrochenen und seiner unbeschädigten homologen DNA-Sequenz katalysiert, um die Neusynthese der beschädigten Region zu ermöglichen. Die Relokalisation zum Chromatin und die Fokusbildung von RAD51 werden durch Doppelstrangbrüche induziert.

Bevor man mit dem Nachweis der Reparaturfoci beginnt, sollte man sich zuvor Gedanken

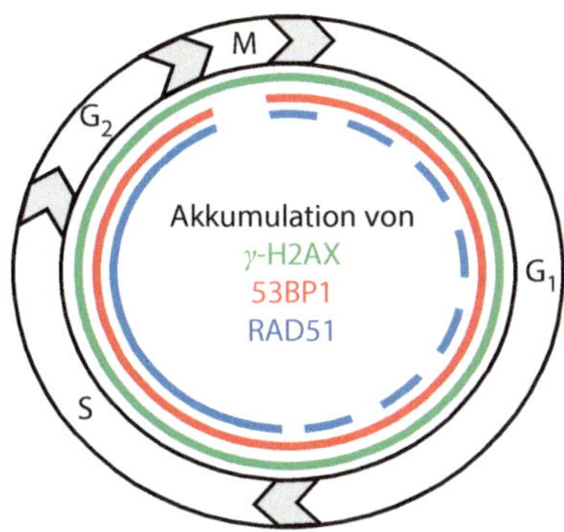

Abb. 7.7 Nachweis der Akkumulation verschiedener fokaler Reparaturproteine in Abhängigkeit vom Zellzyklus. *Durchgängige Linien* repräsentieren eine effiziente Focusbildung, während *gestrichelte Linien* eine schwache, nicht detektierbare Focusbildung darstellen

darüber machen, wann diese im Verlauf des Zellzyklus nachweisbar sind. RAD51 in der G_1-Phase nachweisen zu wollen, hat wenig Aussicht auf Erfolg, auch können weder 53BP1 noch RAD51 in der M-Phase detektiert werden. Einzig γ-H2AX ist in allen Zellzyklusphasen induzierbar. Diese Gegebenheiten sind schematisch in Abb. 7.7 wiedergegeben.

Was man für den Foci-Assay braucht

- Zentrifuge/Cytospin, inklusive Zubehör (z. B. Hettich-Zyto-System)
- 5-ml-Zentrifugenröhrchen, Eppendorf-Reaktionsgefäße (Eppis)
- Variable Mikroliterpipetten
- Vortexer, Schüttler
- Objektträger, für Suspensionszellen besser Polylysin beschichtete Objektträger, Deckgläschen
- Fluoreszenzmikroskop mit Filterausstattung für die gewählten Fluorochrome, für die automatische Auswertung braucht man zusätzlich einen Scanning-Tisch und eine Kamera sowie eine Auswerte-Software, mit der die Kerne detektiert und die Foci automatisch belichtet, fotografiert und in einer Bildergalerie abgespeichert werden (z. B. Metafer Software mit dem Programmmodul MetaCyte von MetaSystems).

Benötigte Lösungen

- Fixierlösung: 4 % *para*-Formaldehyd (PFA) in PBS
- Permeabilisierungslösung: 0,5 % Triton X-100 in PBS
- Waschpuffer: 0,1 % Tween 20 in PBS
- Blockierungslösung: 5–7,5 % Serum derjenigen Spezies, in der der Primärantikörper erzeugt wurde, (z. B. Ziegenserum), alternativ 3–5 % bovines Serumalbumin (BSA) in Waschpuffer
- Antikörperverdünnungslösung: 1 % BSA, 0,1 % Tween 20 in PBS
- Primärantikörper gegen das oder die Reparaturproteine und den bzw. die dazu passenden Fluorochrom-gekoppelten Sekundärantikörper in Antikörperverdünnungslösung
- Farbstoff zur Gegenfärbung, am besten bereits in der benötigten Konzentration im Eindeckmedium (z. B. ProLong Gold Antifade Mountant with DAPI von Thermo Fisher)

Wesentliche Schritte beim Foci-Assay

Der nun vorgestellte Test wird mit fixierten Zellen durchgeführt, wobei die hier benutzten Lösungen zur Fixierung, Permeabilisierung und zum Abblocken nur jeweils eine von vielen Möglichkeiten darstellt. Der Ablauf lässt sich grob in folgende Schritte gliedern:

1. Fixierung der Zellen
2. Permeabilisierung der Kernmembran
3. Abblocken unspezifischer Bindestellen
4. Inkubationen mit Primär- und Sekundärantikörper
5. Eindecken der Präparate und Auswertung am Mikroskop (entweder manuell oder automatisch)

Beispielprotokoll für einen Foci-Assay

Das hier vorgestellte Protokoll funktioniert mit allen oben beschriebenen Reparaturproteinen, auch in einem Kolokalisationsprotokoll (z. B. γ-H2AX gemeinsam mit 53BP1) und ist für adhärente sowie für Suspensionszellen geeignet. Der Einfachheit halber bezieht sich dieses Protokoll auf permanente Zelllinien, die in der

Handhabung unkompliziert sind. Auf Besonderheiten bei Suspensionszellen und/oder sehr empfindlichen Zellen wird weiter unten noch eingegangen.

1. Herstellung einer Einzelzellsuspension z. B. durch Trypsinierung von adhärenten Zelllinien aus der permanenten Zellkultur oder alternativ durch Gewinnung von primären Suspensionszellen, beispielsweise durch Isolierung von Lymphocyten aus peripherem Blut (vergl. ► Abschn. 2.4.1)
2. Überführen der Zellsuspension in ein 15-ml-Zentrifugenröhrchen, 5 min bei 250 × g zentrifugieren, Überstand bis auf 0,5 ml absaugen, Pellet darin resuspendieren.
3. 2× Waschen der Zellen mit 3 ml PBS, danach 5 min bei 250 × g zentrifugieren, Absaugen des Überstandes bis auf ca. 0,5 ml, Pellet darin resuspendieren.
4. Fixierung der Zellen in 1 ml 4 % PFA für 20 min bei Raumtemperatur (RT), danach Zugabe von 1 ml PBS, 5 min bei 250 × g zentrifugieren, Überstand bis auf 0,5 ml absaugen, Pellet darin resuspendieren.
5. 2× Waschen der Zellen mit 3 ml PBS, danach 5 min bei 250 × g zentrifugieren, Absaugen des Überstandes bis auf ca. 0,5 ml, Pellet darin resuspendieren.
6. Permeabilisierung der Kernmembran mit 1 ml Permeabilisierungslösung für 15–20 min, RT.
7. 3× Waschen ab hier mit Waschpuffer, sonst wie unter 4. beschrieben.
8. Abblocken der unspezifischen Bindestellen mit 1 ml der Blockierungslösung für 30 min, RT.
9. 3× Waschen, wie unter 7. beschrieben.
10. Inkubation mit 100 µl des Primärantikörpers (Konzentration muss zuvor ausgetestet werden!) bei 4 °C über Nacht.
11. 3× Waschen, wie unter 7. beschrieben.
12. Inkubation mit 100 µl des Sekundärantikörpers (Konzentration muss zuvor ausgetestet werden!) für 1 h bei RT im Dunkeln.
13. 3× Waschen, wie unter 7. beschrieben.
14. Geeignete Verdünnungen jeder Probe in PBS herstellen (ca. 20.000 Zellen/Objektträger)
15. Zusammenbau des Cytospin-Einsatzes: Spannplatte, Objektträger, Filterkarte und die Cytokammer werden mit einem Spannring verschlossen.
16. 100–400 µl Probe in die Cytokammer geben und bei 100–250 × g 5 min zentrifugieren, danach wird die Filterkarte entfernt und alles nochmal 1 min zentrifugiert, um Restflüssigkeit zu verdrängen.
17. Die Objektträger lässt man an der Luft im Dunkeln trocknen und deckelt sie anschließend mit 5–10 µl des Eindeckmediums und einem Deckgläschen (Ø 20 mm) ein.
18. Lagerung der Präparate bei 4 °C im Dunkeln bis zur Auswertung. Zuvor sollte das Eindeckmedium unbedingt ausgehärtet sein, sonst kann es die Objektive verschmutzen.

Tipp

Bei sehr empfindlichen bzw. gestressten Zellen ist zu berücksichtigen, dass diese die sich nach jedem Inkubationsschritt wiederholende Waschprozedur inklusive Zentrifugation nicht gut vertragen. Die auftretenden Scherkräfte beim Zentrifugieren können den Zellen, abhängig von der Behandlung zur Induktion der DNA-Schadensreparatur, sehr zu schaffen machen. Bei Suspensionszellen und/oder sehr empfindlichen Zellen kann die oben beschriebene Methode verwendet werden, allerdings sind hier ein paar Modifikationen notwendig und sinnvoll. Bei empfindlichen Zellen kann man beispielsweise der Blockierungslösung 0,15 % Glycin zusetzen, welches zellschützende Eigenschaften haben soll. Bei Suspensionszellen tritt häufig ein weiteres Problem auf, da diese meist kein so festes Pellet wie adhärente Zellen bilden. Dadurch ist jeder Absaugschritt mit dem Risiko des Zellverlustes behaftet. Um das zu vermeiden, kann man das

Protokoll umstellen und die Zellen entweder direkt nach der Herstellung der Einzelzellsuspension oder nach dem Fixierungsschritt mittels Cytospin auf die Objektträger aufbringen. Danach kann man sich die zahlreichen Zentrifugationen sparen, allerdings muss der Assay fortan mit den auf dem Objektträger (OT) haftenden Zellen durchgeführt werden. Das macht eine Anpassung der Handhabung notwendig. Wenn man teure Reagenzien wie z. B. Antikörper einsetzen muss, ist es ratsam, sich grundsätzlich Gedanken darüber zu machen, in welchem Gefäß man das handhaben will. Je größer das Gefäß, desto größer das einzusetzende Volumen und damit auch Reagenzvolumen. Das bei diesem Schritt eingesetzte Volumen pro Probe sollte aus Kostengründen immer möglichst klein gehalten werden. Ein zu geringes Lösungsvolumen kann umgekehrt zur Folge haben, dass die Zellen nicht gleichmäßig mit der Lösung benetzt werden. Wie man verfährt und welches Behältnis man für die Inkubations- bzw. Waschschritte benutzt, sollte daher sorgfältig überlegt werden.

Für die Inkubationen mit den Antikörpern kann man die OT einfach in dem zusammengebauten Cytospin-Einsatz belassen und die Antikörperlösung in den Trichter der Cytokammer pipettieren. Die Waschschritte können im Prinzip genauso durchgeführt werden, indem man den Waschpuffer dort hineingibt und nach 5 min Inkubation unter Schütteln absaugt. Hat man viele Präparate zu behandeln, könnte man die OT auch zum Waschen in ein Färbegefäß (nach Coplin oder Hellendahl) geben und die Lösungen nach 5 min auswechseln. Alternativ kann man die OT auch in quadriPERM-Schalen (4 *well* oder 8 *well*) für die Zellkultur weiterbehandeln.

Nach getaner Arbeit kann man das Ergebnis unter dem Mikroskop bewundern. Wie ein solches aussehen kann, ist in ◘ Abb. 7.8 veranschaulicht.

Wenn man ein automatisiertes Auswertesystem benutzt, sollte man parallel dazu auch manuelle Auswertungen vornehmen und die Testbedingungen so einstellen, dass nur möglichst geringe Abweichungen zwischen dem manuellen und dem automatisch erstellten Ergebnis resultieren. Hat man die automatisierte Auswertemethode auf diese Weise validiert, kann man künftig auf diesen Schritt verzichten. Dennoch sollte man sich die Bildergalerien nach jedem Versuch anschauen, um eventuelle Fehler bei der Messung auszuschließen. Das können beispielsweise unscharf abgebildete Kerne sein oder solche, in deren Nähe sich ein stark leuchtendes Artefakt im Bildausschnitt befindet, da dann vermutlich die Belichtungszeit nicht korrekt war. In diesem Fall hat womöglich das System die zu detektierenden Foci nicht ordnungsgemäß belichtet, wodurch deren Quantifizierung verfälscht wird.

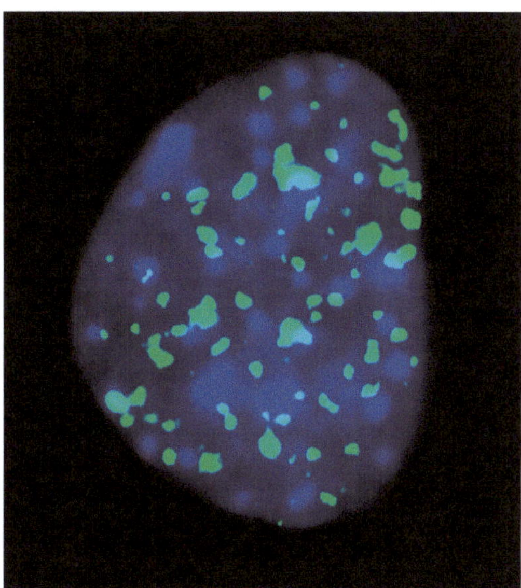

◘ **Abb. 7.8** γ-H2AX Foci in einer Mauszelle. In *Grün* sind die γ-H2AX-Foci zu sehen, die DNA des Zellkerns wurde mit DAPI gefärbt (*blau*). (Quelle: Newheavyions –, CC BY-SA 3.0, https://commons.wikimedia.org/w/index.php?curid=15995463)

Eine Alternative zum hier vorgestellten Nachweis mittels Fluoreszenzmikroskopie ist die Quantifizierung der Fluoreszenzintensität am Durchflusscytometer.

Literatur

1. (2003) Der lange Weg der DNA -50 Jahre Doppelhelix. Pharmazie in unserer Zeit 32:395. https://onlinelibrary.wiley.com/doi/abs/10.1002/pauz.200390112
2. Schlissel MS (2003) Regulating antigen-receptor gene assembly. Nat Rev Immunol 3:890–899
3. Saul RL, Ames BN (1986) Background levels of DNA damage in the population. Basic Life Sci 38:529–535
4. Tice RR, Setlow RB (1985) DNA repair and replication in aging organisms and cells In: Finch EE, Schneider EL (Hrsg) Handbook of the biology of aging. Van Nostrand Reinhold, New York. ISBN 0-442-22529-6 S 173–224
5. Haber JE (1999) DNA recombination: the replication connection. Trends Biochem Sci 24:271–275
6. Vilenchik MM, Knudson AG (2003) Endogenous DNA double-strand breaks: production, fidelity of repair, and induction of cancer. Proc Natl Acad Sci U S A 100:12871–12876
7. Bernstein C, Prasad AR, Nfonsam V, Bernstein H (2013) DNA damage, DNA repair and cancer. In: Chen C (Hrsg) New research directions in DNA repair. IntechOpen Limited, London
8. Helbock HJ, Beckman KB, Shigenaga MK, Walter PB, Woodall AA, Yeo HC, Ames BN (1998) DNA oxidation matters: the HPLC-electrochemical detection assay of 8-oxo-deoxyguanosine and 8-oxo-guanine. Proc Natl Acad Sci U S A 95:288–293
9. Beckman KB, Ames BN (1997) Oxidative decay of DNA. J Biol Chem 272:19633–19636
10. Rolf S (2010) Strahlentherapie und Onkologie, 5. Aufl. Urban & Fischer/Elsevier, München
11. Breen AP, Murphy JA (1995) Reactions of oxyl radicals with DNA. Free Radic Biol Med 18: 1033–1077
12. Schipler A, Iliakis G (2013) DNA double-strand-break complexity levels and their possible contributions to the probability for error-prone processing and repair pathway choice. Nucleic Acids Res 41:7589–7605
13. Vignard J, Mirey G, Salles B (2013) Ionizing-radiation induced DNA double-strand breaks: a direct and indirect lighting up. Radiother Oncol 108:362–369
14. Gu J, Lu H, Tippin B, Shimazaki N, Goodman MF, Lieber MR (2007) XRCC4:DNA ligase IV can ligate incompatible DNA ends and can ligate across gaps. EMBO J 26:1010–1023
15. Davis AJ, Chen DJ (2013) DNA double strand break repair via non-homologous end-joining. Transl Cancer Res 2:130–143
16. Shrivastav M, De Haro LP, Nickoloff JA (2008) Regulation of DNA double-strand break repair pathway choice. Cell Res 18:134–147
17. Jeggo PA, Geuting V, Lobrich M (2011) The role of homologous recombination in radiation-induced double-strand break repair. Radiother Oncol 101:7–12
18. Shibata A, Conrad S, Birraux J, Geuting V, Barton O, Ismail A, Kakarougkas A, Meek K, Taucher-Scholz G, Lobrich M, Jeggo PA (2011) Factors determining DNA double-strand break repair pathway choice in G2 phase. EMBO J 30:1079–1092
19. Huertas P (2010) DNA resection in eukaryotes: deciding how to fix the break. Nat Struct Mol Biol 17:11–16
20. Mimitou EP, Symington LS (2011) DNA end resection–unraveling the tail. DNA Repair 10:344–348
21. Zimmermann M, De Lange T (2014) 53BP1: pro choice in DNA repair. Trends Cell Biol 24:108–117
22. Watts FZ (2016) Repair of DNA double-strand breaks in heterochromatin. Biomolecules 6: 47
23. Mladenov E, Kalev P, Anachkova B (2009) The complexity of double-strand break ends is a factor in the repair pathway choice. Radiat Res 171:397–404
24. Lisby M, Rothstein R (2004) DNA checkpoint and repair centers. Curr Opin Cell Biol 16:328–334
25. Singh NP, McCoy MT, Tice RR, Schneider EL (1988) A simple technique for quantitation of low levels of DNA damage in individual cells. Exp Cell Res 175:184–191
26. Olive PL, Banath JP, Durand RE (1990) Heterogeneity in radiation-induced DNA damage and repair in tumor and normal cells measured using the „comet" assay. Radiat Res 122:86–94
27. Ostling O, Johanson KJ (1984) Microelectrophoretic study of radiation-induced DNA damages in individual mammalian cells. Biochem Biophys Res Commun 123:291–298
28. Savage JRK (2000) Micronuclei: pitfalls and problems. Atlas Genet Cytogenet Oncol Haematol 4:229–233

Signalwege und zellbasierte Assays

S. Schmitz, C. Desel, *Der Experimentator Zellbiologie*, Experimentator,
https://doi.org/10.1007/978-3-662-56111-9_8

> Gäbe es die letzte Minute nicht, so würde niemals etwas fertig.
> Mark Twain (1835–1910)

In diesem Kapitel geht es um die Signalwege, ohne die in der Zelle praktisch nichts läuft. Schaut man sich die zahlreichen Übersichtsbilder zu diesem Thema an, dann erinnert einen die Vielzahl der beteiligten Faktoren und Stellgrößen an einen wahrhaft undurchdringlichen Dschungel. Bei so manchem Experimentator der Zellbiologie sorgt dieser Anblick nicht nur für ehrfürchtiges Stirnrunzeln, sondern schlimmstenfalls sogar für akute Schnappatmung. In der Tat beschäftigen sich ganze Forschungszweige mit dieser Materie und fördern täglich neue Erkenntnisse zutage, die die Flut der Informationen noch vergrößern. Ziel dieses Kapitels ist es deshalb nicht, dem Leser die Signalwege bis ins letzte Detail aufzudröseln, sondern vielmehr zu veranschaulichen, in welchem Gesamtzusammenhang die einzelnen Signalwege stehen. In den vorherigen Kapiteln sind bereits einige ausgesuchte Signalkaskaden (Zellzyklus, Apoptose, Autophagie) ausführlicher behandelt worden. In diesem Kapitel soll das Spektrum des zellulären Signaling um weitere wichtige Signalwege ergänzt und diese übersichtshalber vorgestellt werden. Zu jedem hier behandelten Signalweg findet der interessierte Leser am Ende des Kapitels ausgesuchte spezielle und Übersichtsliteratur, mit deren Hilfe er sein Wissen vertiefen kann. Zunächst stehen die fundamentalsten Signalwege im Fokus, die jeder Zellbiologe kennen sollte. Ganz zum Schluss habe ich noch das kleine Einmaleins der zellbasierten Assays im Angebot, mit dessen Hilfe man den unterschiedlichsten Fragestellungen zu Leibe rücken kann.

8.1 Das Ubiquitin-Proteasom-System

Das Ubiquitin-Proteasom-System (UPS) ist das hauptsächliche zelluläre System, mit dem Proteine degradiert werden. Dieses Regulationssystem dient einerseits der Eliminierung von beschädigten und/oder falsch gefalteten Proteinen, andererseits der Beseitigung kurzlebiger Proteine, deren Aktivität einer strikten Regulation durch die Signalwege unterliegt. Das UPS spielt daher eine zentrale Rolle bei wichtigen zellulären Prozessen wie Zellzyklusregulation, Proliferation, Regulation der Transkription, Apoptose, Immunität, Entwicklung, der Biogenese von Zellorganellen, aber auch der zellulären Antwort auf schädigende Einflüsse und auf Infektionen etc. Die immense Bedeutung dieses Signalweges lässt sich daran erkennen, dass für die „Entdeckung der Ubiquitin-vermittelten Proteindegradierung" die israelischen Wissenschaftler Aaron Ciechanover und Avram Hershko gemeinsam mit ihrem amerikanischen Kollegen Irwin Rose im Jahr 2004 den Nobelpreis für Chemie erhalten haben. Ein weiteres Indiz für seine fundamentale Rolle ist, dass er von der Hefe bis zum Säuger evolutionär konserviert ist [1].

8.1.1 Ubiquitin und ubiquitinartige Proteine

Ubiquitin ist ein kleines hochkonserviertes Protein, mit einer Länge von 76 Aminosäuren, welches durch eine enzymatische Kaskade kovalent an andere zelluläre Proteine gebunden wird. Es besitzt eine globuläre Form, lediglich die endständigen vier Aminosäuren des C-Terminus ragen heraus. Die Ubiquitinierung ist ein ATP-abhängiger Prozess, der Schritt für Schritt durch drei verschiedene Enzymklassen abgewickelt wird. Dazu gehört das Ubiquitin-aktivierende Enzym (E1), welches Ubiquitin am C-Terminus adenyliert und unter ATP-Verbrauch aktiviert. Die kovalente Ubiquitin-E1-Bindung kommt durch die Ausbildung eines Thioesters zwischen einem Cysteinrest im aktiven Zentrum von E1 und dem Glycinrest G76 am C-Terminus des Ubiquitins zustande. Bei dieser Reaktion wird AMP freigesetzt. Als Nächstes erfolgt die Übertragung des aktivierten Ubiquitins auf die nächste Enzymklasse, die E2-konjugierenden Enzyme (E2). Der finale Schritt ist die Übertragung des Ubiquitins auf das Zielprotein, wobei die Ubiquitin-Ligasen (E3) ins Spiel kommen. Mittels der E3-Proteinligasen wird eine Isopeptidbindung zwischen dem C-Terminus des Ubiquitins und der ε-Aminogruppe eines Lysinrestes des jeweiligen Zielproteins ausgebildet. Von diesen Enzymen gibt es eine stattliche Anzahl, nämlich mehrere Hundert in der Säugerzelle. Warum so viele? Das ist biologisch sinnvoll, weil jede Ligase jeweils nur eine Untergruppe von Substratproteinen modifizieren kann und dadurch die Substratspezifität des Systems gewährleistet wird. In welche zellulären Prozesse das UPS eingebunden ist, ist in ◘ Abb. 8.1 dargestellt.

Während die einfache Ubiquitinierung von Substratproteinen eine Rolle bei der Endocytose, bei DNA-Schäden sowie bei Änderungen der subzellulären Proteinlokalisation und der Verteilung und dem Transport von Proteinen (*protein trafficking*) spielt, sind Mehrfach-Ubiquitinierungen für die Kenntlichmachung von Substratproteinen zwecks Degradierung am Proteasom obligatorisch. Das Schicksal mehrfach ubiquitinierter Proteine hängt entscheidend von der Art der Ubiquitin-Bindung ab, wobei bestimmte Lysinreste eine zentrale Rolle spielen. Diese kommen in der Aminosäuresequenz des Ubiquitins an sieben verschiedenen Stellen (Lys6, Lys11, Lys27, Lys29, Lys33, Lys48 und Lys63) vor. Die funktionellen Lysinreste befinden sich an den Positionen 48 und 63 (im Einbuchstaben-Code K48 und K63 genannt). Polyubiquitinketten, die an der Position K48 miteinander verknüpft sind, findet man hauptsächlich bei Proteinen, die definitiv für die Degradierung am Proteasom vorgesehen sind. K63-verknüpfte Mehrfach-Ubiquitinierungen hingegen regulieren die Proteinfunktion, obwohl diese Art der Verknüpfung in manchen Fällen ebenfalls ein Signal für die proteasomale Degradierung darstellt. Das Schicksal

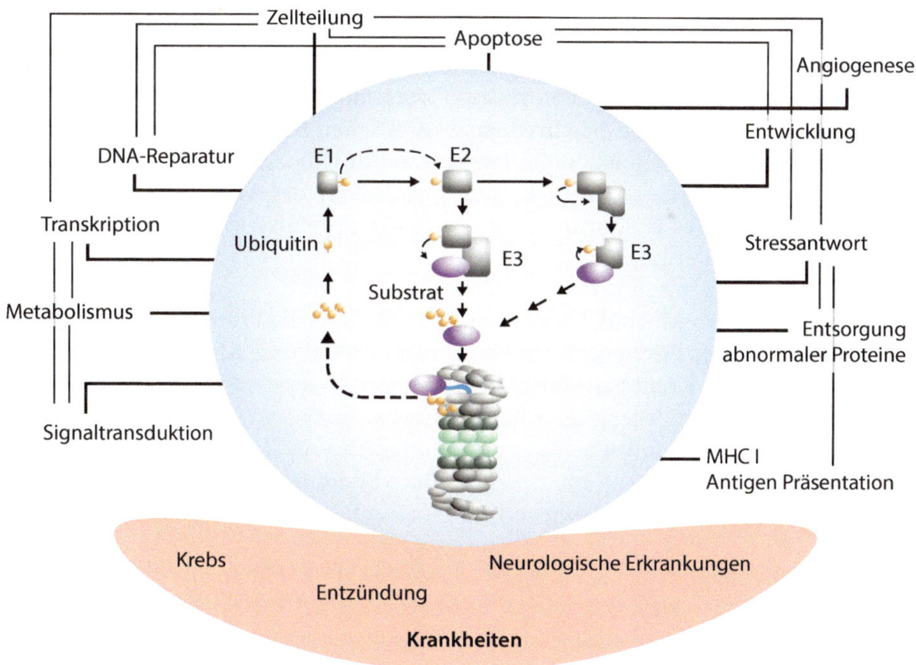

◘ **Abb. 8.1** Das UP-System: Proteasomen degradieren Zielproteine, die durch Anheftung an Polyubiquitinketten markiert wurden. Ubiquitin ist ein kleines Protein mit 76 Aminosäuren, das in Eukaryoten hoch konserviert vorkommt. Ubiquitin wird durch Bindung an ein E1-Enzym aktiviert, anschließend auf E2-Ubiquitin-Konjugasen übertragen. E3-Ubiquitin-Ligasen vermitteln oder bewirken nach Übernahme der Ubiquitineinheit schließlich die Modifizierung der Zielsubstrate. Das UP-System greift durch (signalgesteuerte) Proteolyse von Regulatoren oder anderen Zielproteinen kontrollierend in unterschiedliche zelluläre Funktionen ein. Störungen des Systems tragen zur Entstehung schwerer Krankheiten bei. (Mit freundlicher Genehmigung von Wolfgang Hilt [2], © BIOspektrum, 2005)

polyubiquitinierter Proteine wird endgültig besiegelt, wenn sie der 26S-Untereinheit des Proteasoms zugeführt werden. Diese komplexe Multiuntereinheit erkennt, entfaltet und degradiert mehrfach ubiquitinierte Substrate in kleine Peptide. Mehr Details dazu im ► Abschn. 8.1.2.

Generell ist der Prozess der Ubiquitinierung reversibel. Den Enzymen der Ubiquitinierung stehen für diesen Zweck molekulare Gegenspieler, nämlich die Enzyme der Deubiquitinierung (*deubiquitinating enzymes*, DUBs), gegenüber [3, 4]. Die Aktivität der DUBs erhält das Recycling von Ubiquitin aufrecht und gewährleistet, dass der zelluläre Pool an Ubiquitinmolekülen konstant bleibt. Von dieser Enzymklasse sind insgesamt fünf Subgruppen (USP = Ubiquitin-spezifische prozessierende Peptidasen/Proteasen; UCH = ubiquitin-carboxy-terminale Hydrolasen; OTU = Ovariale Tumorproteine; MJD = Josephin- bzw. Machado-Joseph-Disease-Proteasen und JAMM = Jab1/MPN-domänen-assoziierte Metalloisopeptidasen) bekannt, die jeweils gewebe- und substratspezifisch sind. Beim Menschen wurden bislang drei proteasomale Deubiquitinierungsenzyme beschrieben.

8

Wie wichtig die exakte Regulation der Proteindegradierung ist, wird daran deutlich, dass bei einer Dysfunktion des Ubiquitin-Proteasom-Systems durch fehlerhafte Proteine bzw. Proteinaggregate schwere neurodegenerative Erkrankungen wie etwa Morbus Alzheimer, Chorea Huntington oder Prionenkrankheiten (z. B. Creutzfeldt-Jakob-Krankheit) entstehen können. Um das zu verhindern, gibt es in der Zelle eine Proteinqualitätskontrolle, die in drei Schritten abläuft:

1. Überprüfung der korrekten Faltung von Proteinen (*proofreading*),
2. Versuch der Faltung mit aktiver Hilfe von Chaperonen (Hilfsproteine),
3. Degradierung des Proteins, wenn die Neufaltung scheitert.

Diese Qualitätssicherungsmaßnahme ergibt aus zellulärer Sicht einen Sinn. Verläuft sie rasch und irreversibel, ist sie ein Garant für die exakte Steuerung der Aktivität von Proteinen. Aminosäuren, die dabei als Zwischenprodukte entstehen, können recycelt und für die Herstellung neuer Proteine verwendet werden [2].

8.1.2 Das Proteasom – ein zellulärer Proteinschredder

Bei dem oben bereits erwähnten Proteasom (griech. *soma* = Körper) handelt es sich um einen frei im Cytosol befindlichen, mit dem endoplasmatischen Reticulum assoziierten oder im Zellkern vorhandenen Proteinkomplex. In eukaryotischen Zellen sind Proteasomen für jene proteolytischen Prozesse verantwortlich, die außerhalb der Lysosomen stattfinden. Bis zu 30.000 dieser Proteolysemaschinen findet man in einer Eukaryotenzelle.

Proteasomen bestehen aus einem zylinderförmigen Komplex, aufgebaut aus zwei Untereinheiten (UE) mit verschiedenen Sedimentationskonstanten, nämlich einer 20S- und einer 26S-Einheit. Proteasomen sind aus bis zu 28 verschiedenen Proteinen (ATP-abhängige Proteasen) und einer oder mehreren kleinen cytoplasmatischen RNAs (scRNA) zusammengesetzt. Der Aufbau steht im Einklang mit der Funktion, die in der ATP-abhängigen, unterschiedlichen proteolytischen Aktivität der Untereinheiten liegt.

Der Aufbau des Proteasoms Das 26S-Proteasom besitzt eine Masse von etwa 2 MDa und setzt sich aus zwei regulatorischen 19S-UE (*regulatory particles*) und einer proteolytischen 20S-UE (*core particle*) zusammen. Letztere bildet den Hauptteil des Komplexes und besteht aus vier gestapelten Proteinringen mit je sieben (heptameren) Untereinheiten. Diese Anordnung erinnert an die Form eines Zylinders. Die 20S-UE hat ein Molekulargewicht von etwa 750 kDa. Die beiden inneren Ringe (*β-subunits*) bilden das aktive Zentrum des Enzyms. Die beiden äußeren Ringe (*α-subunits*) haben regulatorische Funktionen wie beispielsweise die Substraterkennung, die Entfaltung des Substratproteins und die Abspaltung von Ubiquitin. Jeweils drei der sieben Untereinheiten besitzen katalytische Aktivität und spalten spezifisch die Peptidbindung zwischen verschiedenen Aminosäuren. Die 19S-Untereinheiten lagern sich an die beiden Öffnungen des Zylinders an und fungieren dabei als „Deckel" der 20S-Untereinheit (siehe ◘ Abb. 8.2). Sie besteht ebenfalls aus mehreren Polypeptiden und hat ATP-Hydrolyseaktivität.

Aufgrund seiner Rolle bei der Ubiquitin-abhängigen Proteolyse wird das 26S-Proteasom auch als *Ubiquitin-conjugate degrading enzyme* (UCDEN) bezeichnet. Substratproteine, die für den Proteinabbau bestimmt sind, werden „markiert", indem Ubiquitinmoleküle als Erkennungssignal an die Lysinreste der Substratproteine gekoppelt werden. Danach erfolgt der erste proteolytische Schritt, der in der ATP-abhängigen Entfaltung des Substrates durch die regulatorische 19S-Domäne besteht. Anschließend erfolgt die Einleitung der Proteinfracht in den Zylinderkanal. Je nach Markierung der Substratproteine sind die resultierenden Spaltprodukte unterschiedlich groß, meist sind es kleine Peptide, die aus etwa 8–9 Aminosäuren bestehen. Diese kleinen Peptide werden freigesetzt und können im Cytoplasma weiter in Aminosäuren gespalten werden (◘ Abb. 8.2).

Wie wird sichergestellt, dass bei diesem Prozess keine Fehler passieren und nur die wirklich für die Proteolyse bestimmten Proteine degradiert werden? Diese Aufgabe wird durch die Aktivität eines ausgeklügelten Schleusensystems sichergestellt [6]. Das zentrale Kontrollelement stellt der Rezeptor RPN13 dar, der sich im Eingangsbereich des zellulären Proteasoms, dem „Deckel", befindet. Er stellt sicher, dass nur die Proteine geschreddert werden, die tatsächlich nicht mehr gebraucht werden. Wie oben schon erwähnt, tragen fälschlicherweise markierte Proteine meist nur einfache Ubiquitin-Markierungen. Proteine hingegen, die definitiv nicht mehr benötigt werden, tragen eine Polyubiquitinkette aus mindestens vier Ubiquitineinheiten. Docken nun einfach ubiquitinierte Proteine am RPN13-Rezeptor an, schneidet ein seitlich am Rezeptor sitzendes Enzym (eins der DUBs) die Ubiquitinmoleküle ab. Wenn ein Protein nur ein oder zwei Ubiquitinmoleküle besitzt, werden diese enzymatisch abgespalten und das Protein wird danach freigesetzt. Die abgespaltenen Ubiquitineinheiten können recycelt werden. Ist jedoch eine längere Kette von Ubiquitinen mit dem Substratprotein konjugiert, reicht das Abspalten der Ubiquitineinheiten nicht aus. In diesem Fall bleibt das Substrat am Rezeptor hängen, wird in den Kanal eingeschleust und geht damit seinem unvermeidlichen Schicksal im Proteinschredder entgegen. Einen detaillierten Überblick über den Ubiquitin-Proteasom-Signalweg bietet ◘ Abb. 8.3.

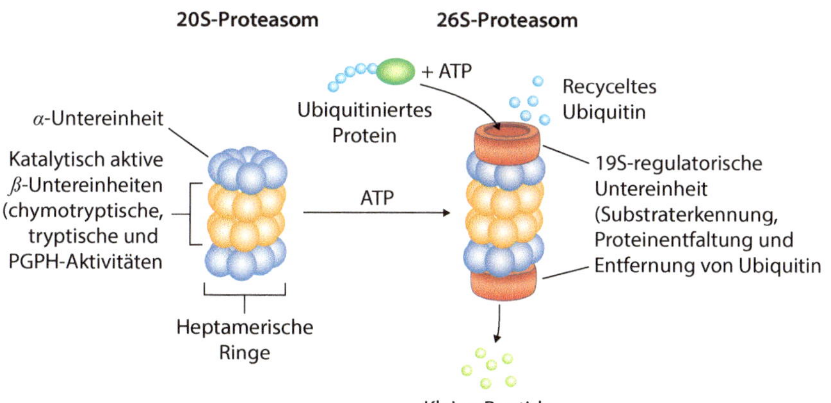

◘ **Abb. 8.2** Der Ubiquitin-Proteasom-Signalweg der Proteindegradierung. Proteinsubstrate werden zunächst mit mehreren Ubiquitinmolekülen konjugiert. Das ubiquitinierte Substrat wird rasch von der 26S-UE des Proteasoms, einem ATP-abhängigen Komplex, bestehend aus dem Kern 20S-Proteasom und zwei regulatorischen 19S-UE, degradiert [5]. (Mit freundlicher Genehmigung von Gerald Cohen, © Leukemia)

8

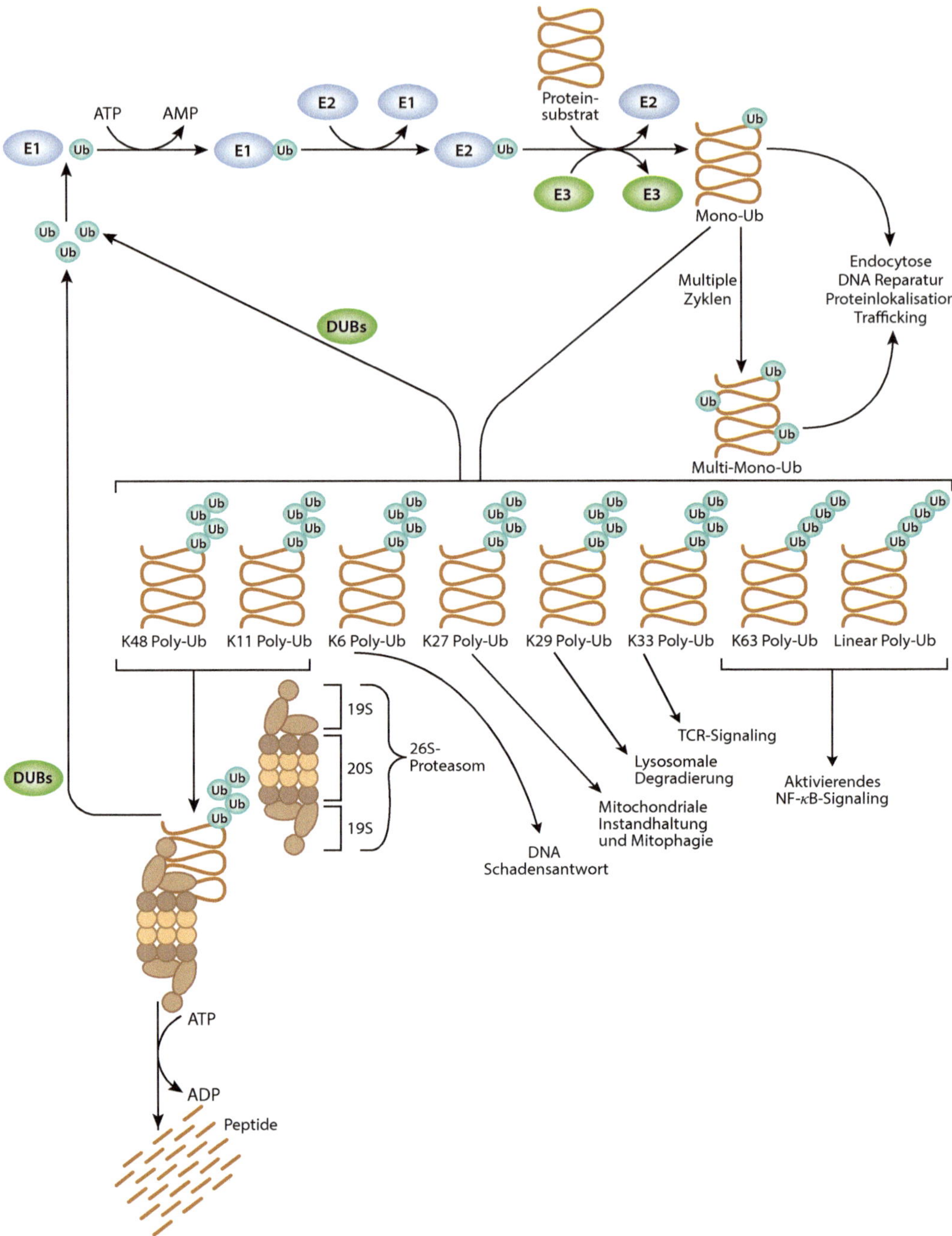

Abb. 8.3 Der Ubiquitin-Proteasom-Signalweg. (Grafik mit freundlicher Genehmigung von © Cell Signaling Technology, Inc. wiedergegeben)

8.1.3 Sumoylierung und Neddylierung

Die Ubiquitinierung ist nicht die einzige posttranslationale Modifikation, durch die Proteine bestimmten zellulären Vorgängen zugeführt werden. Der Vollständigkeit halber sollen an dieser Stelle noch kurz die Sumoylierung und die Neddylierung vorgestellt werden. Für beide Modifikationen gilt, dass sie von den Proteinen SUMO bzw. NEDD8 vermittelt werden, die zur Familie der Ubiquitin-ähnlichen Proteine gehören. SUMO und NEDD8 können kovalent an andere Proteine gebunden werden, weshalb dieser Vorgang als Sumoylierung bzw. Neddylierung bezeichnet wird. Dies geschieht analog wie bei der Ubiquitinierung und erfordert die Beteiligung eines enzymatischen E1-, E2-, E3-Konjugationssystems. Im Gegensatz zur Ubiquitinierung jedoch führen diese beiden Modifikationen nicht zwangsläufig zur Degradierung des Zielproteins. Stattdessen betreffen SUMO- und NEDD-Modifikationen die subzelluläre Lokalisation des Zielproteins, seine Funktion oder dessen Interaktion mit anderen Proteinen.

Sumoylierung Das SUMO-Protein (***S****mall* ***U****biquitin-related* ***MO****difier*) ist ein kleines (12 kDa) Protein, welches mit Ubiquitin verwandt ist und wie dieses modifizierende Eigenschaften besitzt, durch die Zielproteine markiert werden. Bisher sind drei Varianten, nämlich SUMO-1, -2, und -3, beschrieben worden. Der große Unterschied im Vergleich zum Ubiquitin besteht darin, dass die Sumoylierung zu zahlreichen zellulären Effekten, einschließlich dem Kerntransport, der Apoptose, der Regulation der transkriptionalen Aktivität durch induzierten Histonabbau und der Proteinstabilität führt. Es soll auch bei der Autophagie, als antiviraler Mechanismus sowie bei Stressreaktionen eine Rolle spielen. SUMO-Proteine dienen bei all diesen Vorgängen als Regulatorproteine im Organismus, so auch bei der Chromosomentrennung in der Mitose und bei der Einleitung der nächsten Phase im Zellzyklus [7–9]. Der „Cross-talk" zu anderen post-translationalen Modifikationen wie Ubiquitinierung, Phosphorylierung und Acetylierung ist Gegenstand aktueller Forschung. [10]

Auch die Sumoylierung spielt eine Rolle bei Erkrankungen, denen Proteinfehlfaltungen zugrunde liegen (z. B. Chorea Huntington, Alzheimer- und Parkinson-Erkrankung, spinocerebelläre Ataxie 1). Dabei werden die Proteinaggregate zwar sumoyliert, jedoch anschließend nicht ordnungsgemäß abgebaut. Hingegen wurde eine fehlerhafte Sumoylierung etwa bei Krebs, der amyotrophen Lateralsklerose (ALS) sowie bei bestimmten Virusinfektionen (Adeno- und Herpesviren) beobachtet. Diese Viren agieren wie Trittbrettfahrer und benutzen die Sumoylierung der Wirtszellproteine zum Transport der eigenen Virusproteine [11].

Wie eingangs erwähnt, werden alle SUMO-Proteine über die gleichen Enzyme kovalent an Lysinreste konjugiert. Im Gegensatz zu den Hunderten von Enzymen, welche die Ubiquitinierung orchestrieren, ist die Enzymmaschinerie bei der Sumoylierung vergleichsweise übersichtlich. So gibt es nur eine heterodimere E1-Enzymklasse (*SUMO-activating enzyme*), eine einzige Art konjugierender E2-Enzyme (*SUMO-conjugating enzyme*) und lediglich eine kleine Anzahl E3-Ligasen (*SUMO-ligase*). Die E3-Ligasen werden aufgrund ihrer Homologien in drei Gruppen unterteilt (RanBP2-, HECT- und RING-Typ).

Bevor es in den ersten Konjugationszyklus geht, müssen die SUMO-Proteine zunächst in ihre aktive (reife) Form überführt werden. Dieser Prozess wird von SUMO-spezifischen Proteasen (SUPs), die auch als Sentrin-spezifische Proteasen (SENPs) bezeichnet werden, erledigt. Im Prinzip handelt es sich dabei um eine proteolytische Spaltung, mit dem Ziel, ein Glycin-Glycin (GG) Motiv am C-Terminus freizulegen. Dies geschieht für die drei verschiedenen SUMO-Proteine auf jeweils unterschiedliche Weise: SUMO-1 wird um vier, SUMO-2 um elf und SUMO-3 um drei Aminosäuren verkürzt. Am Beginn der folgenden Enzymkaskade steht das E1-Enzym, ein Heterodimer aus SAE1 und SAE2, welches in einem ATP-verbrauchenden Schritt das nun reife SUMO-Protein aktiviert.

Dabei wird ein Thioester zwischen dem C-terminalen Glycin des SUMO-Proteins und dem katalytischen Cysteinrest des SAE-2-Heterodimers ausgebildet. Danach wird eine weitere Thioesterbindung gebildet und das SUMO-Protein auf einen Cysteinrest des E2-Enzyms (Ubc9) übertragen. Zum Schluss verknüpft die E3-Ligase über eine Isopeptidbindung die endständige Carboxylgruppe des Glycins am C-Terminus des SUMO-Proteins mit einem Lysinrest in der Erkennungssequenz des Substratproteins. Die Freisetzung der SUMO-Proteine zur Wiederverwendung erfolgt durch die SENPs [7]. Die recycelten SUMO-Proteine können dann wieder verwendet werden, um durch einen Automodifikationsprozess Polymerketten auszubilden [12]. Wie die Ubiquitinierung ist die Sumoylierung ein reversibler Prozess [13].

Experimentell kann man eine Sumoylierung von DNA-bindenden Proteinen durch eine anti-SUMO-Chromatin-Immunpräzipitation (ChIP) feststellen. ChIP ist eine Methode, mit der man herausfinden kann, ob das zu untersuchende Protein mit spezifischen Genregionen in der DNA assoziiert ist. Verknüpft mit genomweiten DNA-Mikroarrays (dann auch ChIP-chip genannt), ermöglicht die ChIP-Methode das ganze Spektrum von *in-vivo*-DNA-Bindestellen für jedes beliebige Protein zu bestimmen. Auf diese Weise kann die Bindung eines Transkriptionsfaktors an Promotoren, Enhancer oder Repressoren und Silencer analysiert werden [14].

Neddylierung Bei der Neddylierung werden die Substrate mit dem Protein NEDD8 (engl. = *neural-precursor-cell-expressed developmentally down-regulated* 8) modifiziert. Es handelt sich um ein kleines Protein mit einer Sequenz von 76 Aminosäuren. Die Neddylierung erfolgt, analog wie bei der Ubiquitinierung, über eine Isopeptidbindung an der Carboxylgruppe des C-terminalen Glycins von NEDD8 an die ε-Aminogruppe eines Lysins im Zielprotein. In Neddylierungen sind in eine Vielzahl zellulärer Vorgänge eingebunden, dazu gehören die Regulation des Ubiquitin-Proteasom-Systems (Cross-talk) und der Transkription. Auch bei Zellkontakten sind sie involviert. Aus experimenteller Sicht interessant ist MLN4924, ein Inhibitor der Neddylierung [15]. Wie bei Ubiquitin und SUMO auch, führt eine fehlerhafte Neddylierung unter anderem zu Herzerkrankungen [16], Krebs und zu neurodegenerativen Erkrankungen [17].

8.2 Der MAP-Kinase-Signalweg

Mitogen aktivierte Proteinkinasen (*Mitogen-activated protein kinases*, MAPKs) sind eine hoch konservierte Familie von Serin/Threonin-Proteinkinasen, die für eine ganze Reihe von grundlegenden biologischen Prozessen eine zentrale Rolle spielen. Dazu gehören beispielsweise die Proliferation, Differenzierung, zelluläre Motilität, Stressantwort, Apoptose und das Zellüberleben. Man unterscheidet zwischen konventionellen und atypischen MAPKs. Zur Gruppe der konventionellen MAPKs gehören die durch extrazelluläre Signale regulierten Kinasen 1 und 2 (auch Erk1/2 oder p44/42 genannt) sowie die c-JUN N-terminalen Kinasen 1–3 (JNK 1–3), stressaktivierte Proteinkinasen (SAPK1A, -1B, -1C) sowie die p38-Isoformen (p38α, β, y und δ) und Erk5. Die weniger gut untersuchten atypischen MAPKs schließen die Nemo-ähnlichen Kinasen (NLK) Erk3/4 und Erk 7/8 ein. Die konventionellen MAPKs reagieren auf externe Stimuli wie etwa Mitogene, Cytokine, Wachstumsfaktoren sowie umweltbedingte Stressfaktoren. Deren Signalweg folgt dabei einer klassischen 3-zügigen Kinase-Kaskade beginnend mit den MAPKK-Kinasen, gefolgt von den MAPK-Kinasen bis hin zu den Schlusslichtern, den MAP-Kinasen.

Als Antwort auf die oben genannten Reize werden eine oder mehrere MAPKK-Kinasen über rezeptorabhängige oder -unabhängige Mechanismen aktiviert. MAPKK-Kinasen aktivieren durch Phosphorylierung die stromabwärts (*downstream*) arbeitenden MAPK-Kinasen, welche wiederum die MAP-Kinasen phosphorylieren und damit aktivieren. Aktivierte MAP-Kinasen schließlich phosphorylieren spezifische MAPK-aktivierte

Proteinkinasen (MAPKAPKs), zu denen die Mitglieder der ribosomalen S6-**Kinase** (RSK), der Mitogen- und Stress-aktivierte Proteinkinase (MSK), der Mitogen-aktivierten Proteinkinase-interagierenden Kinase (MNK) sowie MK2/3/5 gehören. Deren Funktion besteht in der Signalverstärkung und der Vermittlung der vielfältigen biologischen Prozesse, welche durch die verschiedenen MAP-Kinasen reguliert werden. Während die meisten der MAPKKKs, MAPKKs und MAPKs eine starke Präferenz für eine bestimmte Art von Substraten zeigt, gibt es einen signifikanten Cross-talk bezüglich der Stimulus- und Zelltypabhängigkeit. ◘ Abb. 8.4 bietet hierzu eine tabellarische Orientierungshilfe im Hinblick auf die Kinase-Kaskade, die beteiligten Signalmoleküle und die biologischen Prozesse, die durch diesen Signalweg reguliert werden.

Wem inzwischen angesichts der vielen Kinasen im MAPK-Universum der Kopf schwirrt, der muss jetzt tapfer sein. Es gibt nämlich drei hauptsächliche Signalwege, in denen MAP-Kinasen die Schlüsselmoleküle schlechthin sind. Um es an dieser Stelle nicht ausufern zu lassen, soll hier exemplarisch nur der MAPK/Erk-Signalweg übersichtshalber besprochen werden.

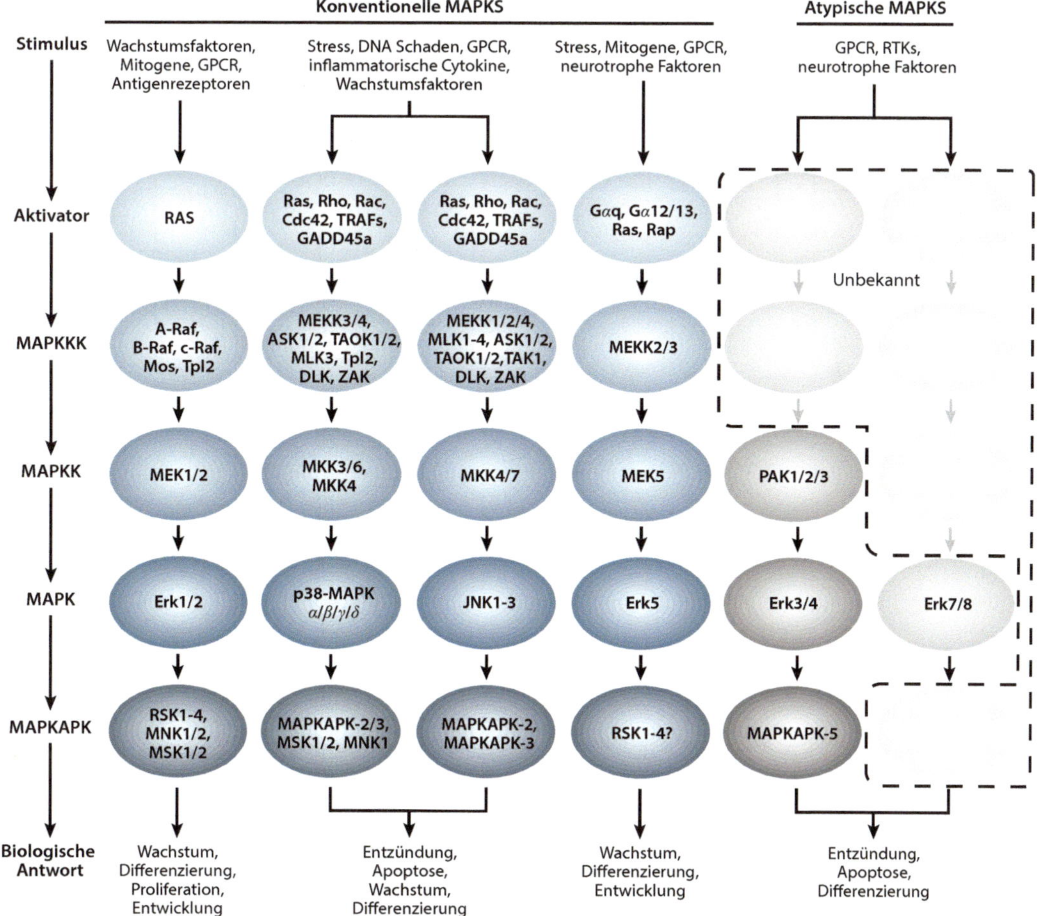

◘ **Abb. 8.4** Signaling der 3-zügigen Kinase-Kaskade: MAPKKK→MAPKK→MAPK. (Mit freundlicher Genehmigung von © Cell Signaling Technology, Inc.)

8.2.1 Der MAPK/Erk-Signalweg in Wachstum und Differenzierung

Der MAPK/Erk-Signalweg wird durch eine große Bandbreite von Rezeptoren aktiviert, die in Wachstum und Differenzierungsprozesse involviert sind. Dazu gehören Rezeptor-Tyrosin-Kinasen (RTKs), Integrine und Ionenkanäle. Die spezifischen Komponenten der jeweiligen Reaktionskaskade variieren in Abhängigkeit vom zugrunde liegenden Anfangsstimulus. Die Architektur des Signalweges beinhaltet jedoch gewöhnlich eine Gruppe von Adaptormolekülen (Shc, GRB2, Crk usw.), welche den Rezeptor mit einem Guanin-Nukceotid-Austauschfaktor (SOS, C3G) verknüpfen. Das Signal wird auf kleine Guanintriphosphat (GTP)-bindende Proteine (Ras, Rap1) übertragen, welche wiederum die Kerneinheit der Kaskade, bestehend aus einer MAPKKK (Raf), einer MAPKK (MEK1/2) und der MAPK (Erk) aktivieren. Ein aktiviertes Erk-Dimer kann dann Ziele im Cytosol regulieren und auch in den Zellkern translozieren, wo es eine Reihe von Transkriptionsfaktoren phosphorylieren kann, die die Genexpression regulieren. Diese hier nur oberflächlich beschriebenen Zusammenhänge sind im Detail in ◘ Abb. 8.5 wiedergegeben.

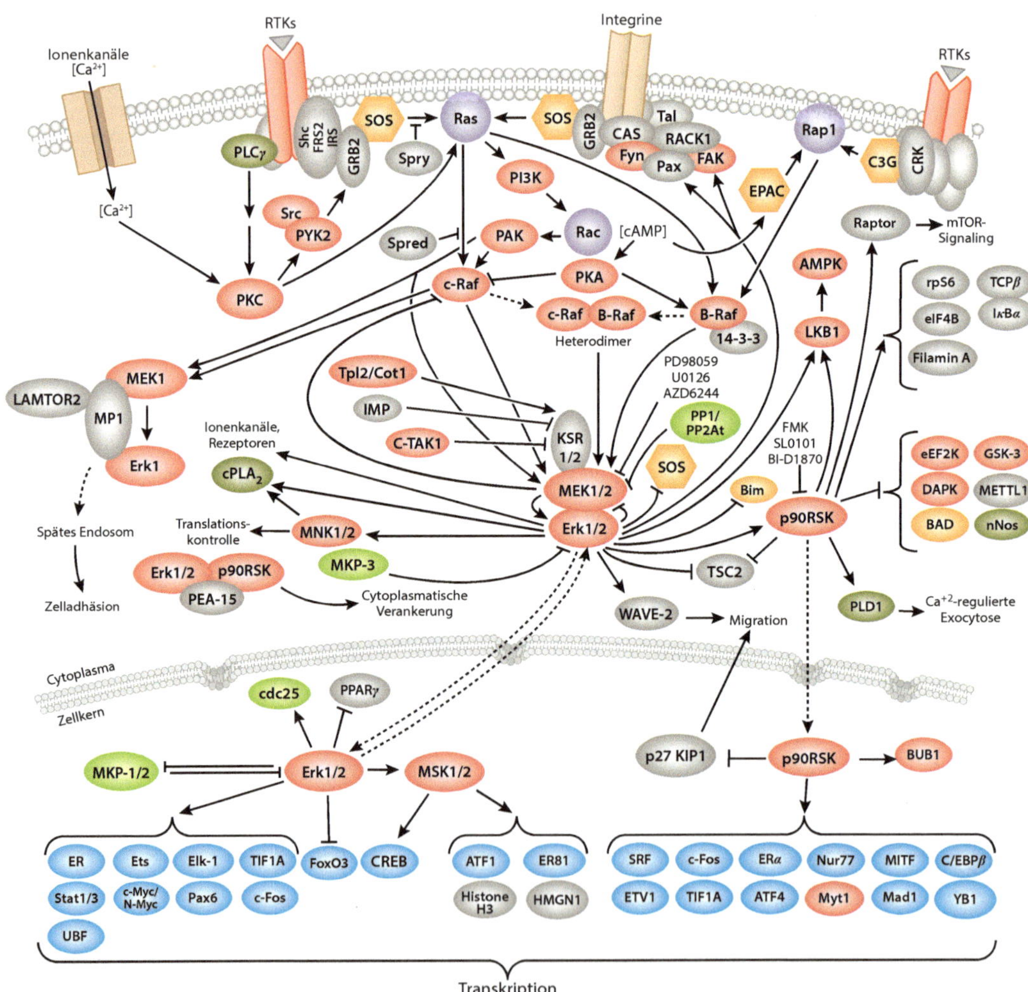

◘ Abb. 8.5 Der MAPK/Erk-Signalweg in Wachstum und Differenzierung. (Mit freundlicher Genehmigung von © Cell Signaling Technology, Inc. wiedergegeben)

Der Vollständigkeit halber sollen hier noch die beiden anderen MAPK-Signalwege erwähnt werden, nämlich der p38-MAPK- und der SAPK/JNK-Signalweg. Der p38-MAP-Kinaseweg wird durch verschiedene umweltbedingte Stressfaktoren sowie durch Entzündungsmediatoren (Cytokine) aktiviert. Der SAPK/JNK-Signalweg wird ebenfalls durch Umweltstressoren (z. B. zellulären Stress, Gammastrahlung), darüber hinaus aber auch durch Cytokine, Wachstumsfaktoren und GPCR-Agonisten (*G protein coupled receptor*) aktiviert.

8.3 Der PI3-Kinase/Akt-Signalweg

Akt ist wie die MAP-Kinasen eine Serin/Threonin-Proteinkinase (auch bekannt als Proteinkinase B, PKB), von der in Säugern insgesamt drei eng verwandte Isoformen identifiziert wurden. Während Akt1und -2 in vielen Geweben weit verbreitet sind, wird Akt3 nur im Testes (Hoden) und im Hirn exprimiert. Seit seiner Entdeckung als Proto-Onkogen zieht Akt zunehmend die Aufmerksamkeit der Wissenschaftsgemeinschaft auf sich, weil es eine entscheidende Rolle bei der Regulation der verschiedensten Zellfunktionen spielt. Dazu gehören Wachstum, Proliferation, Zellüberleben, Transkription und Proteinsynthese sowie der Glykogen-Metabolismus. Wen wundert es angesichts dieser funktionellen Bandbreite, dass eine Fehlregulation dieses Signalweges in vielen humanen Krebserkrankungen gefunden wird, da eine konstitutiv aktivierte Akt-Kinase die ungeregelte Zellvermehrung fördert. So kann beispielsweise ein anormales Akt2-Signaling zu Diabetes und zu Defekten in der Glucose-Homöostase führen. Das ist aber noch nicht alles, denn Akt ist aufgrund seiner Beteiligung bei der Steuerung des Herzwachstums (*cardiac growth*), bei der Angiogenese und Hypertrophie (Herzvergrößerung) ein Schlüsselmolekül im Zusammenhang mit kardiovaskulären Erkrankungen [18].

Akt-Aktivierung Die Akt-Signalkaskade kann durch diverse Wachstumsfaktoren, Hormone und Cytokine durch Bindung an Rezeptor-Tyrosinkinasen (RTK), Integrine, den T- und B-Zell Rezeptor (TCR bzw. BCR), den Cytokinrezeptor oder den G-Protein-gekoppelten Rezeptor (*G protein coupled receptor*, GPCR) aktiviert werden. Aktivierte Akt-Kinasen triggern dann die Aktivität der Lipidkinase PI3K (Phosphoinositid-3-Kinase), die ihrerseits die Produktion von Phosphatidylinositol (3,4,5)-triphosphaten (PIP_3) an der Membran induziert. Dabei handelt es sich um Lipide, die in der Plasmamembran als Andockstellen für Proteine dienen, die eine bestimmte Domäne (Pleckstrin-Homologie-Dömäne, *PH domain*) tragen. Akt bindet über die PH-Domäne an PIP_3 und wird an die Membran transloziert, wo es durch zwei nacheinander ablaufende Phosphorylierungsvorgänge aktiviert wird. Zunächst phosphoryliert der stromaufwärts gelegene (*upstream*) Aktivator PDK1 die Akt-Kinase innerhalb seiner Aktivierungsschleife am Threonin 308, was in seiner partiellen Aktivierung resultiert. Erst eine weitere Phosphorylierung durch den mTOR-Rictor-Komplex (mTORC2, vergl. ► Abschn. 6.3.2) am Serin 473 innerhalb des C-Terminus von Akt führt schließlich zur vollständigen Kinaseaktivität. Die Mitglieder der PI3K-verwandten Kinase-Familie (*PI3-related kinase family*), einschließlich der DNA-PK, können diesen Phosphorylierungsschritt ebenfalls durchführen. Eine Übersicht über die vielfältigen Interaktionen im PI3-Kinase/Akt-Signalweg ist in ◘ Abb. 8.6 wiedergegeben.

8.3.1 Negativregulation von Akt

In experimentellen Ansätzen ist häufig die Hemmung der Akt-Aktivität eine sinnvolle Strategie. Dafür gibt es mehrere Herangehensweisen, wobei bestimmten Proteinphosphatasen eine Schlüsselfunktion zukommt. Beispielsweise kann Akt durch die Proteinphosphatasen PP2A und PHLPP1/2 (*PH-domain leucine-rich-repeat containing protein phosphatase*) dephosphoryliert werden. Letztere ist reich an PH-Domänen und Leucin-reichen Sequenzwiederholungen,

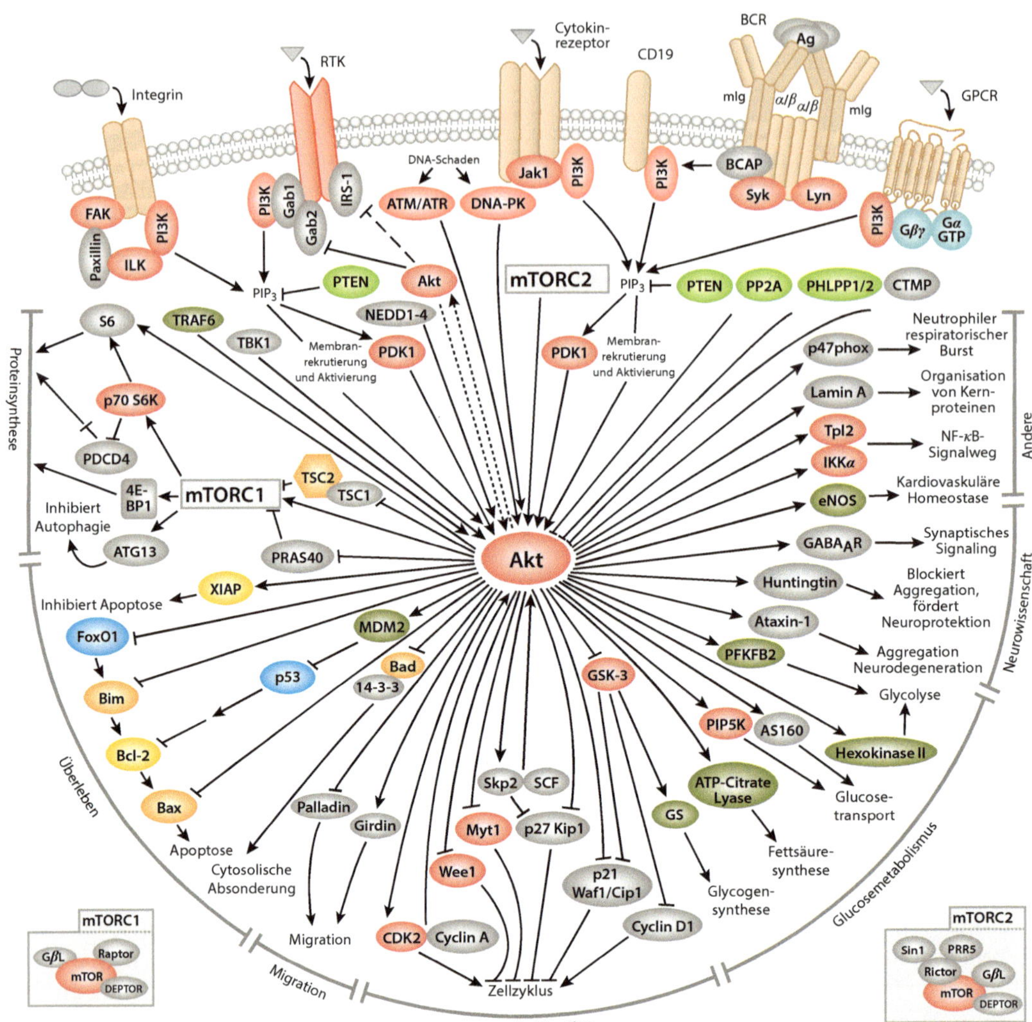

Abb. 8.6 Der PI3-Kinase/Akt-Signalweg. (Mit freundlicher Genehmigung von © Cell Signaling Technology, Inc. wiedergegeben)

was offenbar namensgebend war. Darüber hinaus wird die Aktivität von Akt durch PTEN, einen bedeutenden Negativregulator des Akt-Signalweges gesteuert. Bei PTEN handelt es sich um eine Lipid-Phosphatase, die die Dephosphorylierung von PIP_3 katalysiert. Ein Verlust der PTEN-Funktion wurde in vielen menschlichen Krebserkrankungen identifiziert. Die Fehlregulation kann z. B. zur Resistenz gegen Chemotherapeutika beitragen, das Wachstum krebsinduzierender Zellen und vorzeitiges Altern fördern [19]. Chemische Inhibitoren der PI3K-Aktivität sind Modulatoren wie etwa Wortmannin und LY294002.

8.4 Zellbasierte Assays

Testverfahren auf der Basis von primären Zellen oder permanenten Zellkulturen sind heute besonders in den Bereichen Toxikologie, Pharmazie und Biomedizin nicht mehr wegzudenken und gehören längst zum Laboralltag. Auch wenn solche Tests besonders in der Arzneimittelforschung, z. B. beim Wirkstoffscreening (vergl. Tab. 8.1) aufgrund ihrer Eignung für den Hochdurchsatz besonders attraktiv sind, haben sie nicht nur in Routinelabors, sondern auch im Bereich der Grundlagenforschung erfolgreich Einzug gehalten. Da einige zellbasierte Assays

Tab. 8.1 Die im Arzneimittel-Screening eingesetzten drei Typen zellbasierter Assays [20]. (Mit freundlicher Genehmigung von Thomas Gabrielzyk, © BIOCOM AG)

Was wird gemessen?	Anwendung	Beispiel
Second Messenger	Verfolgen der Signalübertragung nach Aktivieren eines Zelloberflächenrezeptors	Einsatz fluoreszierender Moleküle, die Änderungen der intrazellulären Ca^{2+}-Ionenkonzentration anzeigen, um die Aktivierung von Ionenkanälen zu verfolgen
Reportergen	Verfolgen zellulärer Antworten auf Ebene der Transkription/Translation	Quantifizierung der Aufnahme von G-Protein-gekoppelten Rezeptoren (GPCR) in die Zelle durch Einsatz eines Fusionsproteins aus GPCR und dem grün fluoreszierenden Protein
Zellproliferation/Cytotoxizität	Messung der gesamten Zellvermehrung/des Zelltods als Reaktion auf externe Reize	UV-spektrometrische Messung der virusinduzierten Zellschädigung anhand der Reduktion von Tetrazoliumsalzen zu Formazan

in den vorangegangenen Kapiteln bereits vorgestellt wurden, soll an dieser Stelle das Spektrum schwerpunktmäßig um solche experimentellen Testsysteme erweitert werden, die sich besonders gut für die Analyse von Signalkaskaden eignen. Grundsätzlich sind diese Verfahren natürlich auch für eine große Bandbreite anderer biologisch/medizinischer Fragestellungen einsetzbar.

Da viele Assays bei ihrer Durchführung einen hohen zeitlichen und handwerklichen Aufwand erfordern, spielt die zunehmende Automatisierung eine entscheidende Rolle und war der Motor für die Entwicklung von hochdurchsatzfähigen Testsystemen. Automatisierung und Hochdurchsatz helfen dem Anwender den Zeit- und Arbeitsaufwand zu minimieren und dabei gleichzeitig große Mengen wissenschaftlich aussagefähiger Daten zu erzeugen. Aus diesem Grund sind viele Tests inzwischen sowohl für den normalen Probendurchsatz, als auch für den Hochdurchsatz verfügbar und damit für den Anwender flexibel einsetzbar.

8.4.1 Second-Messenger-Systeme

Hierbei sind sogenannte sekundäre Botenstoffe (engl. *second messenger*) der Dreh- und Angelpunkt. Die Bezeichnung „*second messenger*" deutet bereits an, dass es sich um eine Reaktion handelt, die in zwei Schritten abläuft. Als Antwort auf einen externen Stimulus (*first messenger* = Ligand), der die Zellmembran nicht passieren kann, ändert sich die Konzentration einer intrazellulären chemischen Substanz. Die Funktion des First und des Second Messengers ist damit klar definiert: Das extrazelluläre Primärsignal dient der Signalübertragung zwischen den Zellen, während der Second Messenger der intrazellulären Signalübertragung dient, indem er das von außen kommende primäre Signal innerhalb der Zelle weiterleitet. Nicht selten steht der Second Messenger dabei ganz am Anfang einer oder sogar mehrerer intrazellulärer Signalketten, was der Signalverstärkung dient. Ein klassisches Beispiel hierfür ist die Verfolgung eines sekundären Botenstoffes als Antwort auf die Aktivierung eines Oberflächenrezeptors. Um die resultierende Aktivierung von Ionenkanälen zu verfolgen, kann man beispielsweise Veränderungen in der intrazellulären Ionenkonzentration bestimmen.

Hierbei werden häufig fluoreszierende Moleküle eingesetzt. Das grün fluoreszierende Protein (engl. *green fluorescent protein*, GFP), welches aus der Qualle *Aequorea victoria* stammt, ist in diesem Anwendungsbereich bereits ein Klassiker. Dieses kleine, etwa 27 kDa schwere Protein aus 238 Aminosäureresten wird mit blauem oder ultraviolettem Licht angeregt und emittiert im grünen Spektralbereich, was ihm seinen Namen gegeben hat. Aufgrund seiner Fähigkeit, mit beliebigen anderen Proteinen genspezifisch zu fusionieren, hat es sich einen Stammplatz in biologischen, besonders in zellbiologischen Labors erobert. Zwar wurde das GFP bereits im Jahr 1962 von dem japanischen Biochemiker Osamu Shimomura erstmals beschrieben, jedoch erst 2008 wurde ihm und seinen amerikanischen Kollegen Martin Chalfie und Roger Tsien für die „Entdeckung und Weiterentwicklung des grün fluoreszierenden Proteins" der Nobelpreis für Chemie verliehen. Seither erfreut sich GFP ungebrochen großer Beliebtheit und ist wegen seiner vielfältigen Einsatzmöglichkeiten aus den Labors nicht mehr wegzudenken. Mehr dazu, weiter unten in diesem Abschnitt.

Cyclisches AMP Den Anfang machen möchte ich mit dem am längsten bekannten sekundären Botenmolekül, dem cyclischen AMP (cyclisches Adenosinmonophosphat, cAMP). Nach der Stimulation eines zellulären Oberflächenrezeptors durch ein extrazelluläres Signalmolekül wird die α-Untereinheit eines G-Proteins auf der intrazellulären Seite aktiviert. Das G-Protein stimuliert das Enzym Adenylat-Cyclase (auch Adenylylcyclase genannt, AC) große Mengen cAMP zu produzieren, welches aus der Vorstufe ATP (Adenosintriphosphat) gebildet wird. cAMP bindet an und aktiviert dadurch Zielproteine wie z. B. die α-Kinase, welche spezifische Proteine in der Zelle phosphoryliert. Die Auswirkungen der Phosphorylierung hängen von der Art der Zelle und vom phosphorylierten Zielprotein ab. Eine schematische Darstellung der möglichen G-Protein-vermittelten Aktivierungsvorgänge zeigt ◘ Abb. 8.7.

Das Hauptziel von cAMP ist die Proteinkinase A (PKA), welche Vorgänge wie Transkription und Metabolismus sowie Sekretion/Absorption über die Phosphorylierung von Proteinen vermittelt. Die Bindung der regulatorischen Untereinheit (UE) von PKA an cAMP verursacht die Abspaltung der katalytischen Untereinheit, was eine gute Strategie für die technische Herstellung eines GFP-basierten cAMP-FRET-Sensors darstellt. Dabei werden zwei Fusionsproteine erzeugt, das erste zwischen der katalytischen UE von PKA und GFP, das zweite zwischen der regulatorischen UE von PKA und BFP (*blue fluorescent protein*). Die Bindung an cAMP führt zur Abspaltung der UE und einer reduzierten Effizienz des Förster-Resonanzenergietransfers (FRET) ▶ Abschn. 4.13.1. Darunter versteht man die abstandsabhängige Energieübertragung von einem angeregten Donor-Farbstoff auf einen

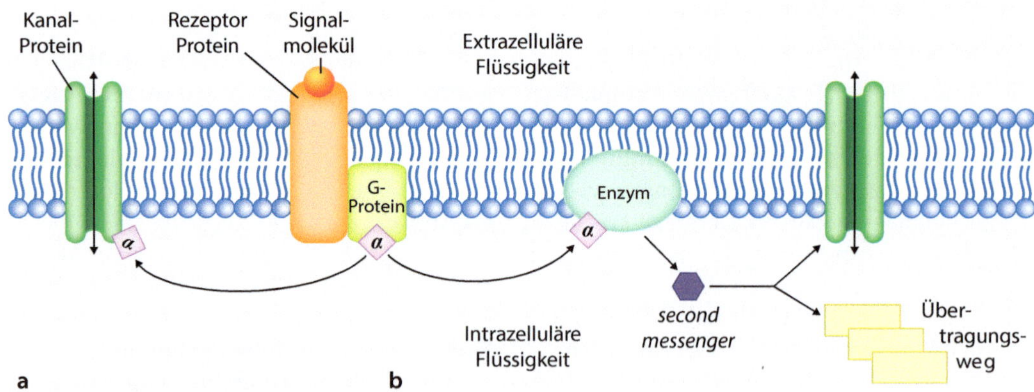

◘ **Abb. 8.7** G-Protein-Aktivierung: Entweder die α- oder die β-Untereinheit oder aber beide UE können intrazelluläre Proteine aktivieren. In der Mitte sind der Rezeptor und die G-Proteine dargestellt. Die *linke Seite* (**a**) zeigt, wie die α-UE einen Transmembrankanal öffnet. Die *rechte Seite* (**b**) zeigt, wie die α-UE ein Enzym aktiviert, welches einen Second Messenger erzeugt. (Steven Telleen, Intracellular Signal Transduction. OpenStax CNX. 21. März 2015, http://cnx.org/contents/81ebb365-75a8-4674-a3ae-85b9b2cbd56f@3)

Akzeptor-Farbstoff über den Förster-Mechanismus. Dabei wird die Energie des angeregten Donors strahlungsfrei über Dipol-Dipol-Wechselwirkungen auf den Akzeptor übertragen. Da die Intensität u. a. vom Abstand zwischen Donor und Akzeptor abhängig ist, kann sie im Bereich von bis zu 10 nm beobachtet werden. Der Nachweis des Energietransfers erfolgt indirekt über die Abnahme der Strahlungsintensität und der Fluoreszenzlebensdauer des Donor-Farbstoffs. Ist der Akzeptor-Farbstoff zur Strahlungsabgabe fähig, kann auch dessen Emission als Maß herangezogen und mithilfe geeigneter Messmethoden nachgewiesen werden.

Calciumionen Calciumionen (Ca^{2+}) stehen meist nicht am Anfang einer intrazellulären Signalkette, dennoch sind sie an einer Vielzahl wichtiger Prozesse, beispielsweise an der Muskelkontraktion, an der Zellteilung, der Sekretion, an der Genexpression oder auch an der Steuerung von Calciumkanälen in Neuronen, beteiligt. Calciumionen können ihre Wirkung entweder direkt oder indirekt entfalten. Besitzen Zielmoleküle wie beispielsweise die Proteinkinase C (PKC) eine spezifische Bindestelle für Calciumionen, dann wird deren Aktivität direkt durch die Calciumionen beeinflusst. Eine indirekte Wirkung hingegen liegt beim Calmodulin vor. Dabei handelt es sich um ein im Cytosol aller Eukaryoten vorkommendes Zielprotein, welches vier Bindestellen für Calciumionen besitzt. Hat Calmodulin Calciumionen gebunden, kann es seinerseits an andere Proteine binden und diese damit aktivieren.

Ein bekanntes Beispiel ist die Steuerung von Calciumkanälen in Nervenzellen. Die intrazelluläre Konzentration freier Calciumionen in einer nicht erregten Zelle ist normalerweise extrem niedrig und beträgt lediglich 100 nM (10^{-7} M). Im Vergleich hierzu ist die Konzentration im Außenmedium im millimolaren Bereich (10^{-3}M) angesiedelt. Nach einer elektrischen Stimulation oder der Bindung eines Liganden (z. B. Hormone) an den Calciumkanal wird dieser geöffnet, und es kommt zum Einstrom von Calciumionen in die Zelle. Die intrazelluläre Calciumkonzentration kann derart drastisch ansteigen, dass sich die Erhöhung sogar im Bereich mehrerer Zehnerpotenzen bewegt. Dieser steile Calciumgradient wird durch mehrere Mechanismen aufrechterhalten wie etwa durch eine Calcium-Pumpe in der Plasmamembran. Eine solche Ionenpumpe ist die ATPase, welche die Energie aus der Hydrolyse von ATP dazu benutzt, Calciumionen aus der Zelle hinaus-, H^+-Ionen dagegen in die Zelle hineinzutransportieren.

Inositol-1,4,5-trisphosphat (IP_3) Der letzte Second Messenger, den ich kurz besprechen möchte, ist das Inositol-1,4,5-trisphosphat (IP3). Die entsprechende Signalkette ist in der Plasmamembran lokalisiert und leitet sich von den Phospholipiden ab. Dabei spielt das Phosphatidylinositolbisphosphat (PIP_2) die Hauptrolle. Wie beim cAMP auch, wird zunächst ein intrazelluläres G-Protein aktiviert. Das war es dann auch schon mit den Gemeinsamkeiten, denn bei diesem Signalweg aktiviert das G-Protein nun ein membrangebundenes Enzym, die Phospholipase C (PLC). Deren Aufgabe besteht darin, PIP_2 in Inositoltrisphosphat (IP_3) und Diacylglycerol (DAG) zu spalten. Die resultierenden Spaltprodukte haben danach unterschiedliche Wirkungen. IP_3 induziert über die Aktivierung seiner spezifischen Rezeptoren die Freisetzung von Calciumionen aus intrazellulären Ca-Speichern, wie etwa dem endoplasmatischen Reticulum (ER). DAG hingegen aktiviert die calciumabhängige Proteinkinase C, die dann wiederum ihre Zielproteine phosphoryliert. Das führt zu ganz unterschiedlichen Wirkungen und kommt etwa bei der Muskelkontraktion als Reaktion auf den Neurotransmitter Acetylcholin zum Tragen. Ein alternativer Mechanismus besteht in der Abspaltung der Arachidonsäure (ARA) durch die Phospholipase A_2 (PLA2). ARA ist eine Omega-6-Fettsäure, die als Ausgangspunkt für die Prostaglandin- und Leukotrien-Synthese eine wichtige Funktion erfüllt. ARA soll besondere Bedeutung für Entzündungsprozesse im Körper, speziell den Gelenken, besitzen. Eine schematische Darstellung der hier vorgestellten Signalketten gibt ▣ Abb. 8.8 wieder.

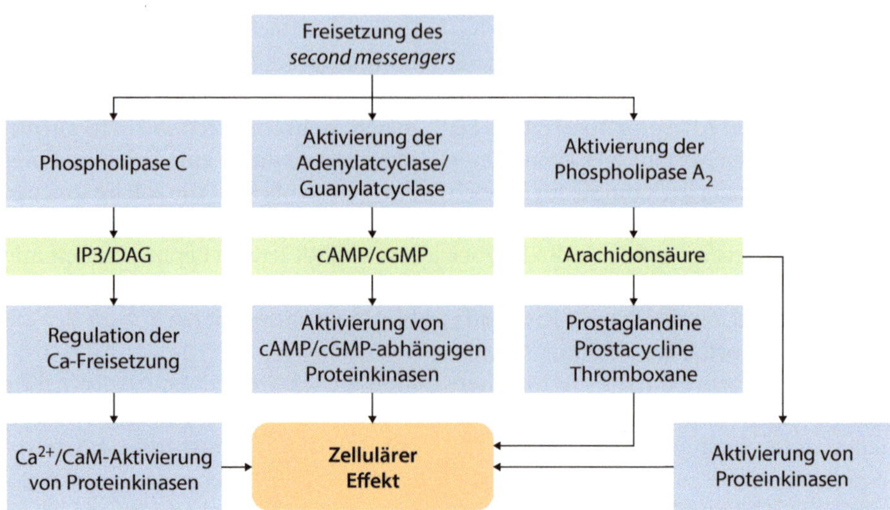

Abb. 8.8 *Downstream*-Aktivierung nach Freisetzung eines Second Messengers

Aktivierung und Wirkungsweise von Signalketten

Welche Aktivierungsmechanismen und Wirkungsweisen gibt es in der Signalübermittlung? Grundsätzlich gibt es zwei verschiedene Kategorien der Signalübertragung an der Zelloberfläche, basierend auf den Mechanismen, die zur Aktivierung der Signalkette benutzt werden. Bei der direkten Aktivierung (liganden-getriggert) teilen sich der Rezeptor und das Effektormolekül das gleiche Protein, wodurch der Ligand den Signalübermittlungsprozess direkt in Gang setzt. In den meisten multizellulären Organismen sind Oberflächenrezeptoren in das Signaling involviert. Bei der indirekten Aktivierung ist der Rezeptor auf einem Protein lokalisiert und das Effektormolekül auf einem anderen Protein. Um das Effektormolekül zu aktivieren, ist ein Zwischenmolekül für die Kommunikation zwischen den beteiligten Proteinen erforderlich (z. B. cAMP). Dieses Zwischenmolekül ist ein G-Protein, weshalb dieser Mechanismus auch G-Protein-gekoppelte Aktivierung heißt. Die Aktivierung des Effektors kann auf zwei unterschiedliche Arten induziert werden, nämlich entweder über ein Enzym oder einen Kanal. Einen Überblick darüber bietet Abb. 8.9.

8.4.2 Reporter-Assays

Was ist ein Reporter? In der Zellbiologie ist damit kein Journalist gemeint, sondern ein Indikatormolekül, welches die Expression eines zu untersuchenden Gens oder Proteins nachweist oder aber zelluläre Ereignisse, die mit der Genexpression bzw. Proteinexpression verknüpft sind. Ein solcher „Berichterstatter" kann ein beliebiges Genprodukt oder Protein markieren, indem es beispielsweise mit ihm fusioniert. Hauptsächliche Einsatzgebiete von Reporter-Assays sind die Analyse von Signalkaskaden, der Genregulation und der Struktur regulatorischer Elemente in Zellen, Geweben oder sogar ganzen Organismen. Die vielzähligen potenziellen Anwendungsgebiete sind in Tab. 8.2 dargestellt.

Welche Merkmale muss ein guter Reporter haben? Jeder Zellbiologie-Experimentator möchte wissenschaftlich belastbare und reproduzierbare Ergebnisse erzielen, daher sollte ein guter Reporter folgende Eigenschaften besitzen:

- Er soll bei Enzymen eine Signalverstärkung erzeugen.
- Er soll nach der Synthese sofort aktiv sein – ohne weitere Prozessierung oder vorherigen Zusammenbau.

		Aktionsmodus	
		Kanal (verstärkt oder inhibiert die Ionenbewegung)	**Enzyme** (*second messenger*-Aktivierung)
Aktivierungs-mechanismus	**Direkt, Ligand** (Rezeptor/Effektor auf dem selben Protein)	Schnell, Liganden-gesteuerter Kanal (öffnet)	Liganden-aktivierte Enzyme
	Indirekt, G-Protein (Rezeptor/Effektor auf verschiedenen Proteinen)	Langsam, G-Protein-gesteuerter Kanal (öffnet oder schließt)	G-Protein-aktivierte Enzyme

Abb. 8.9 Vier mögliche Kombinationen der Aktivierungsmechanismen und der Wirkungsweisen von Signalketten [21]. Schnelle Liganden-gesteuerte Kanäle (nur Öffnen), Liganden-aktivierte Enzyme, langsame G-Protein-gesteuerte Kanäle (Öffnen und Schließen) und G-Protein-aktivierte Enzyme. (© Steven Telleen, Intracellular Signal Transduction. OpenStax CNX. 21. März 2015, http://cnx.org/contents/81ebb365-75a8-4674-a3ae-85b9b2cbd56f@3)

Tab. 8.2 Spektrum der Anwendungsmöglichkeiten für Reporter-Assays. (Modifiziert nach Carl Strayer [22], mit freundlicher Genehmigung der Promega Corporation)

Genexpression	Zelluläre Ereignisse
Transkription und post-transkriptionale Regulation	**Rezeptoraktivierung/Signaling**
– Promotoren/response elements – Enhancers – 5′-und 3′-UTRs – Transkriptionsfaktoren – RNA bindende Proteine & miRNAs	– Rezeptor-Liganden, Agonisten & Antagonisten – Nucleäre Rezeptoren
Post-translationale Regulation	**Analyse von Signalwegen**
– Proteinstabilität – Proteinlokalisation – Protein-Protein-Interaktionen	– Bestimmung von Signalwegen – Protein-Protein-Interaktionen
	Krankheiten/Immunantworten
	– Zellantwort auf Infektionen – Zelluläres Therapieansprechen – Replikation infektiöser Agenzien/Therapieansprechen

- Es soll kein endogenes Analog (Protein oder Substrat) zu ihm in der Zelle existieren, um das Hintergrundsignal möglichst gering zu halten.
- Der Reporter soll sensitiv und gut quantifizierbar sowie in einem weiten dynamischen Bereich einsetzbar sein.
- Der Reporter-Assay soll anwenderfreundlich sein.

Darüber hinaus gibt es weitere Anforderungen, je nach Einsatzgebiet des Reporters. Bei der Analyse der Genexpression fusioniert der Reporter mit dem transkribierten Protein (transkriptionale Fusion). Hier ist es von Vorteil, wenn die Halbwertszeit des Reporterproteins in den Zellen kurz ist, da dadurch ein gutes Ansprechen des Zielgens im Sinne eines *fold change* im induzierten bzw. unterdrückten

Zustand gegeben ist. Kommt der Reporter bei der Untersuchung zellulärer Effekte wie etwa bei der Protein-Protein-Interaktion zum Einsatz, erfolgt die Berichterstattung über den Nachweis eines translationalen Protein-Reporter-Fusionsproduktes Vergl. ► Abschn. 4.12. Hier wiederum ist es vorteilhaft, wenn das Protein klein und kompakt ist und seine Aktivität durch die Fusion nicht beeinträchtigt wird. Auf diese Weise können die Halbwertszeit und die Lokalisation des Proteins durch den Fusionspartner bestimmt werden. Diese Anforderungen werden von den bekanntesten Reportern, wie beispielsweise Chloramphenicol-Acetyl-Transferase (CAT), β-Galactosidase (β-Gal), Luciferase und dem GFP, erfüllt. Wie läuft ein Reporter-Assay ab? Welche Schritte in einem Reporter-Assay notwendig bzw. sinnvoll sind, hängt von der wissenschaftlichen Fragestellung ab. Allerdings kann der generelle Ablauf, wie in Abb. 8.10 dargestellt, in drei Schritte gegliedert werden.

Die spezifische Vorgehensweise orientiert sich daran, ob die Aktivität eines Gens oder aber die Expression eines Proteins im Focus der Untersuchung steht. Im Folgenden soll der Ablauf bei einem genetischen Reporter-Assay in groben Zügen skizziert werden. Ausgangspunkt ist stets ein Reportergen, mit dessen Hilfe man die Eigenschaften und Wirkungen des zu untersuchenden Zielgens analysieren möchte. Diesem Zweck kann entweder ein Enzymreporter, ein fluoreszierendes Protein oder der Nachweis eines Antigens dienen. An dieser Stelle möchte ich ein Promega Webinar von Carl Strayer [22] empfehlen, welches auf diese Punkte noch detaillierter eingeht und sehr gut geeignet ist, wenn man sich einen Überblick verschaffen will. Nach einer kostenlosen Registrierung kann man sich unter folgendem Link eine Youtube-Präsentation ansehen:

https://www.promega.de/resources/webinars/worldwide/archive/understanding-luminescent-reporter-assay-design/

Der erste Schritt im Experiment ist die Klonierung des Fusionsproduktes in einen geeigneten Expressionsvektor. Wie dieser aussieht, hängt davon ab, auf welcher regulatorischen Ebene der Nachweis geführt werden soll. Beispiele für das Design von Reporter-Konstrukten sind in Abb. 8.11 wiedergegeben.

Der Klonierungsvorgang wird in eukaryotischen Zellen „Transfektion“ genannt und

Abb. 8.10 Das Reportergenexperiment umfasst im Wesentlichen drei Schritte: Klonierung – Transfektion & Kultivierung – Signalentwicklung & Detektion. (Mit freundlicher Genehmigung der © Promega GmbH)

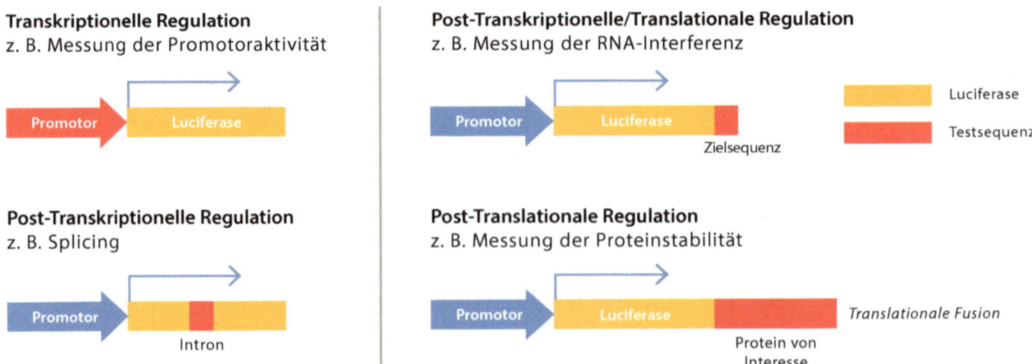

Abb. 8.11 Beispiele für Reporter-Konstrukte zur Messung der Genexpression auf verschiedenen regulatorischen Ebenen. In *rot* dargestellte Sequenzen werden in geeignete Reportervektoren kloniert. (Mit freundlicher Genehmigung der © Promega GmbH)

kann von vorübergehender oder dauerhafter Natur sein. Bei der transienten Variante bleibt das Fusionsprodukt nicht im Genom erhalten, während es bei einer stabilen Transfektion permanent in das Genom der Zellen integriert wird. Die gängigsten Verfahren sind die Calciumphosphat-vermittelte Transfektion, die Lipofektion, die Elektroporation oder die direkte Mikroinjektion in den Zellkern. Die neueste Errungenschaft auf diesem Gebiet ist die Einschleusung von geringsten Mengen einer DNA-Lösung durch eine transiente Pore mittels Laserpuls. Zugegeben, das hört sich ein bisschen nach Star-Wars-Fantasie an, hat aber nicht zu unterschätzende Vorteile. Im Vergleich zu den anderen Methoden ist die Transfektionseffizienz sehr gut und darüber hinaus sterben die transfizierten Zellen auch nicht „wie die Fliegen“, sondern erfreuen sich bester Gesundheit. Generell werden zwar stabil transfizierte Zellen bevorzugt, in denen das fremde Gen abgelesen, anschließend die RNA translatiert und schließlich das Protein unter Steuerung der zelleigenen Maschinerie für die Proteinsynthese gebildet wird. In der Praxis sind aber meist nur transient transfizierte Zellen verfügbar.

Will man das räumliche und zeitliche Expressionsmuster des Zielgens bestimmen, ist eine gängige Strategie, das Reportergen (GFP, Luciferase und Co.) mit den regulatorischen Elementen (Promotor, Enhancer) des Zielgens zu fusionieren. Das Reportergen ist in der Regel so gewählt, dass es ein leicht quantifizierbares (Enzymaktivität) bzw. optisches Signal (Biolumineszenz) erzeugt. Da das Reportergen und das Zielgen in gleichen Mengen produziert werden, ist die Expression des Reportergens ein direktes Maß für die Promotoraktivität bzw. die Expressionsrate des Zielgens.

Folgende Elemente können bei einem genetischen Reporter-Assay beteiligt sein:

- ein distaler Promoter oder Enhancer-Sequenzen,
- nicht translatierte Regionen (*untranslated regions*, UTR),
- Introns
- codierende Sequenzen (*coding sequences*, CDS).

Ein wichtiger Aspekt bei Reporter-Systemen ist die Bestimmung des Hintergrundsignals des Assays mittels Mehrfachkontrollproben. Diese Kontrollen sind nötig, um herauszufinden, ob das detektierte Signal des Reporters signifikant unterschiedlich zu den experimentellen Proben ist. Diese Kontrollen können aus Mehrfachbestimmungen mit nicht transfizierten Zellen, Proben nur mit Medium oder Lysepuffer oder Kontrollen ohne Reporter bestehen, wobei das Detektionsreagenz auf jeden Fall im Reaktionsansatz enthalten sein muss. Solche Hintergrundkontrollen müssen nicht bei jedem Experiment mitgeführt werden, es reicht, wenn man das vor der Etablierung eines neues Assays macht, oder aber, wenn man vorhat, Parameter im Assay zu verändern. **Diese Hintergrundkontrollen sind nicht identisch mit den experimentellen Kontrollen im Sinne einer unbehandelten Reporterprobe!**

Hinsichtlich der Wahl des Reporter-Assays ist zu sagen, dass man grundsätzlich zwischen lytischem und Lebend-Assay unterscheidet. Bei den meisten zellbasierten Reporterexperimenten, die auf Mikrotiterplatten (MTP) durchgeführt werden, ist ein Assay mit einem lytischen Endpunkt aufgrund der Signalstärke und -dauer von Vorteil. Eine vergleichende Gegenüberstellung der beiden Assay-Typen bietet ▫ Tab. 8.3.

Reporter-Assays auf der Basis von Leuchtfarbstoffen wie der Luciferase werden ständig weiterentwickelt und optimiert. Daher wird fortwährend nach neuen Farbstoffen gesucht, die sich besonders für diesen Anwendungszweck eignen. Ein Farbstoff der neuesten Generation stammt aus der Tiefseegarnele *Oplophorus gracilirostris*. Eingesetzt als kleine Luciferase-Untereinheit von 19 kDa verbessert er die Expression der Lumineszenz in Säugerzellen um das 2,5-Millionenfache. Erreicht wird dies durch die Optimierung der Proteinstruktur in Einheit mit der Entwicklung eines neuen Imidazopyrazinon-Substrats (Furimazine). Diese neue Luciferase ist unter dem Namen NanoLuc bekannt und produziert eine Lumineszenz mit einer Halbwertzeit von mehr als zwei Stunden und einer spezifischen Aktivität, die 150-fach größer ist als bei der Luciferase aus dem Leuchtkäfer

Tab. 8.3 Lytischer versus Lebend-Reporter-Assay. (Modifiziert nach Carl Strayer [22], mit freundlicher Genehmigung der Promega Corporation)

	LytischerAssay	Lebend-Assay
Sensitivität	XXX	X
Wiederholungsmessung	Nein	Ja
Erhalt der Probe	Nein	Ja
Multiplex-Fähigkeit	*upstream*	*upstream* und *downstream*
Kompatibel mit MTP-Reader	Ja	Ja
Kompatibel mit Bildgebungsverfahren	Nein	Ja

(*Photinus pyralis*) oder der *Renilla*-Luciferase [23]. Angesichts dieser Neuentwicklungen kann man sich praktisch mit glühendem Eifer in die Arbeit stürzen.

Literatur

1. Amm I, Sommer T, Wolf DH (2014) Protein quality control and elimination of protein waste: the role of the ubiquitin-proteasome system. Biochim Biophys Acta 1843:182–196
2. Hilt W (2005) Das Ubiquitin-Proteasom-System in Proteinqualitätskontrolle und Regulation. BIOspektrum 4: 446–449
3. Burrows JF, Johnston JA (2012) Regulation of cellular responses by deubiquitinating enzymes: an update. Front Biosci (Landmark Ed) 17:1184–1200
4. Weissman AM, Shabek N, Ciechanover A (2011) The predator becomes the prey: regulating the ubiquitin system by ubiquitylation and degradation. Nat Rev Mol Cell Biol 12:605–620
5. Almond JB, Cohen GM (2002) The proteasome: a novel target for cancer chemotherapy. Leukemia 16:433–443
6. Schreiner P, Chen X, Husnjak K, Randles L, Zhang N, Elsasser S, Finley D, Dikic I, Walters KJ, Groll M (2008) Ubiquitin docking at the proteasome through a novel pleckstrin-homology domain interaction. Nature 453:548–552
7. Sarge KD, Park-Sarge OK (2009) Sumoylation and human disease pathogenesis. Trends Biochem Sci 34:200–205
8. Jackson SP, Durocher D (2013) Regulation of DNA damage responses by ubiquitin and SUMO. Mol Cell 49:795–807
9. Wan J, Subramonian D, Zhang XD (2012) SUMOylation in control of accurate chromosome segregation during mitosis. Curr Protein Pept Sci 13:467–481
10. Hendriks IA, Lyon D, Young C, Jensen LJ, Vertegaal AC, Nielsen ML (2017) Site-specific mapping of the human SUMO proteome reveals co-modification with phosphorylation. Nat Struct Mol Biol: 1–15
11. Wang YE, Pernet O, Lee B (2012) Regulation of the nucleocytoplasmic trafficking of viral and cellular proteins by ubiquitin and small ubiquitin-related modifiers. Biol Cell 104:121–138
12. Vertegaal AC (2010) SUMO chains: polymeric signals. Biochem Soc Trans 38:46–49
13. Flotho A, Melchior F (2013) Sumoylation: a regulatory protein modification in health and disease. Annu Rev Biochem 82:357–385
14. Buck MJ, Lieb JD (2004) ChIP-chip: considerations for the design, analysis, and application of genome-wide chromatin immunoprecipitation experiments. Genomics 83:349–360
15. Nawrocki ST, Griffin P, Kelly KR, Carew JS (2012) MLN4924: a novel first-in-class inhibitor of NEDD8-activating enzyme for cancer therapy. Expert Opin Investig Drugs 21:1563–1573
16. Kandala S, Kim IM, Su H (2014) Neddylation and deneddylation in cardiac biology. Am J Cardiol 4:140–158
17. Chen Y, Neve RL, Liu H (2012) Neddylation dysfunction in Alzheimer's disease. J Cell Mol Med 16:2583–2591
18. Toker A, Marmiroli S (2014) Signaling specificity in the Akt pathway in biology and disease. Adv Biol Regul 55:28–38
19. Chappell WH, Steelman LS, Long JM, Kempf RC, Abrams SL, Franklin RA, Basecke J, Stivala F, Donia M, Fagone P, Malaponte G, Mazzarino MC, Nicoletti

F, Libra M, Maksimovic-Ivanic D, Mijatovic S, Montalto G, Cervello M, Laidler P, Milella M, Tafuri A, Bonati A, Evangelisti C, Cocco L, Martelli AM, McCubrey JA (2011) Ras/Raf/MEK/ERK and PI3K/PTEN/Akt/mTOR inhibitors: rationale and importance to inhibiting these pathways in human health. Oncotarget 2:135–164

20. Gabrielczyk T (2014) Zellbasiertes Screening: Lieber 3D- als 2D-Assays? LABORWELT 4: 3–4
21. Telleen S (2015) Intracellular Signal Transduction. In: OpenStax-CNX. http://cnx.org/contents/geuzZXWo@3/Intracellular-Signal-Transduct#fig-ch09_01_04. Zugegriffen: 15. Juni 2017
22. Strayer C (2014) Understanding Luminescent Reporter Assay Design. Promega Corporation
23. Hall MP, Unch J, Binkowski BF, Valley MP, Butler BL, Wood MG, Otto P, Zimmerman K, Vidugiris G, Machleidt T, Robers MB, Benink HA, Eggers CT, Slater MR, Meisenheimer PL, Klaubert DH, Fan F, Encell LP, Wood KV (2012) Engineered luciferase reporter from a deep sea shrimp utilizing a novel imidazopyrazinone substrate. ACS Chem Biol 7:1848–1857

Serviceteil

S. Schmitz, C. Desel, *Der Experimentator Zellbiologie*, Experimentator,
https://doi.org/10.1007/978-3-662-56111-9

Stichwortverzeichnis

E

F

G

H

I

J

K

L

M

U

Z